RESILIÊNCIA

Dados Internacionais de Catalogação na Publicação (CIP)
(Câmara Brasileira do Livro, SP, Brasil)

Berndt, Christina
　　Resiliência : o segredo da força psíquica /
Christina Berndt ; tradução de Markus A. Hediger. –
Petrópolis, RJ : Vozes, 2018.

　　Título original : Resilienz : das Geheimnis der psychischen
Widerstandskraft.
　　Bibliografia.

　　4ª reimpressão, 2019.

　　ISBN 978-85-326-5740-4

　　1. Resiliência 2. Resiliência (Psicologia) I. Título.

18-13076   CDD-158.1

Índices para catálogo sistemático:
1. Resiliência : Psicologia aplicada   158.1

CHRISTINA BERNDT

RESILIÊNCIA
O SEGREDO DA FORÇA PSÍQUICA

Tradução de Markus A. Hediger

© 2013 Deutscher Taschenbuch Verlag GmbH & Co. KG, München
Este livro foi negociado através da Agência Literária Ute Körner, Barcelona
www.uklitag.com

Título do original em alemão: *Resilienz – Das Geheimnis der psychischen Widerstandskraft*, by Christina Berndt.

Direitos de publicação em língua portuguesa – Brasil:
2018, Editora Vozes Ltda.
Rua Frei Luís, 100
25689-900 Petrópolis, RJ
www.vozes.com.br
Brasil

Todos os direitos reservados. Nenhuma parte desta obra poderá ser reproduzida ou transmitida por qualquer forma e/ou quaisquer meios (eletrônico ou mecânico, incluindo fotocópia e gravação) ou arquivada em qualquer sistema ou banco de dados sem permissão escrita da editora.

CONSELHO EDITORIAL

Diretor
Gilberto Gonçalves Garcia

Editores
Aline dos Santos Carneiro
Edrian Josué Pasini
Marilac Loraine Oleniki
Welder Lancieri Marchini

Conselheiros
Francisco Morás
Ludovico Garmus
Teobaldo Heidemann
Volney J. Berkenbrock

Secretário executivo
João Batista Kreuch

Editoração: Maria da Conceição B. de Sousa
Diagramação: Sheilandre Desenv. Gráfico
Revisão gráfica: Nilton Braz da Rocha / Nivaldo S. Menezes
Capa: Renan Rivero

ISBN 978-85-326-5740-4 (Brasil)
ISBN 978-3-423-24976-8 (Alemanha)

Editado conforme o novo acordo ortográfico.

Este livro foi composto e impresso pela Editora Vozes Ltda.

Para Linn e Tessa, duas garotas fortes.

Sumário

Introdução, 9

I – Procura-se um ser humano forte, 13
1 O estresse diário, 14
2 Quando a alma não dispõe dos recursos, 21
3 Autoteste: Qual é o nível de meu estresse?, 30
4 As pessoas e suas crises, 33

II – O que caracteriza as pessoas resistentes no dia a dia?, 59
1 A força de resistência se apoia em várias colunas, 60
2 Uma pessoa forte costuma conhecer bem a si mesma, 70
3 O que fortalece e o que enfraquece, 77
4 A falácia da felicidade constante: resiliência e saúde, 78
5 Uma pessoa resiliente se recupera melhor de experiências negativas, 81
6 É permitido reprimir, 84
7 Crescer com a calamidade, 89
8 Quem é o sexo forte?, 99
9 Autoexame – Qual é a minha resiliência?, 104

III – Os fatos concretos sobre as pessoas fortes – De onde vem a força de resistência?, 109
1 Como o mundo de vivência modela a vida de uma pessoa (ambiente social), 110
2 O que acontece no cérebro (neurobiologia), 115

3 No que contribuem os genes (genética), 121
4 Como os pais transmitem involuntariamente suas próprias
experiências para os filhos (epigenética), 134

IV – Como fortalecer as crianças, 147
1 "As crianças não devem ser embrulhadas em plástico bolha", 148
2 Qual a presença que a mãe precisa ter na vida da criança?, 162

V – Lições para o dia a dia, 171
1 As pessoas podem mudar, 172
2 A resiliência costuma se desenvolver cedo – Como podemos
adquiri-la na idade adulta, 181
3 Vacinado contra o estresse, 191
4 Como preservar a força, 198
5 "Eu estou tão estressado!" – A contribuição própria para a
vulnerabilidade, 201
6 Pequeno treinamento em atenção plena, 208
7 Instruções para o relaxamento, 212

Apêndice, 219
  1 Agradecimentos, 221
  2 Índice dos cientistas mencionados, 222
  3 Índice bibliográfico, 235
  4 Índice de abreviações e siglas, 261
  5 Índice de pessoas, 264
  6 Índice temático, 269
  7 Índice geral, 277

Introdução

A vida ficou difícil no século XXI. A despeito de grande prosperidade, menor necessidade de esforço físico e conquistas tecnológicas de todo tipo, que deveriam facilitar a vida, as pessoas se sentem constantemente sob pressão. Precisamos ser mais rápidos, mais precisos, mais profissionais em nossos empregos. Antigamente, tínhamos uma semana para redigir uma carta comercial bem-elaborada; hoje, já precisamos pedir desculpas se respondermos a um e-mail apenas no dia seguinte. A crítica de chefes ou clientes é impiedosa, e ela nos alcança por meio de mensagens eletrônicas escritas de passagem. "Cultivamos um estilo de comunicação aberta" – é assim que as empresas modernas chamam isso. Ao mesmo tempo, o volume de trabalho não para de crescer, e o medo de perder o emprego também não – porque o número de colegas realmente diminui cada vez mais em virtude da pressão sobre os preços e custos na maioria dos ramos industriais. Quem não consegue acompanhar esse ritmo precisa ter medo de perder o emprego. E as crises cambiais e recessões, frequentes nos anos recentes, aumentam ainda mais a ameaça constante à vida econômica e psíquica.

Mas o monstro do desempenho está à espreita não só no dia a dia profissional. Um relacionamento – e naturalmente não qualquer relacionamento, mas um relacionamento feliz – também faz parte do currículo que o ser humano precisa apresentar para corresponder às exigências sociais. E além de tudo isso, o parceiro e funcionário perfeito deve ser também uma mãe ou um pai excelente, que cria seus filhos não só com muito amor, mas também com liberdade e um método pedagógico escolhido a dedo, sem, porém, perder uma oportunidade sequer de prepará-los por meio de incentivos nas áreas linguística, artística e esportiva para a vida profissional globalizada. O fato de praticamente não existirem mais as estruturas da família grande – e, com elas, a ajuda de tios, tias e avós – torna praticamente impossível satisfazer a todas essas expectativas.

Fracassos, críticas e autocríticas são simplesmente inevitáveis nesse tipo de programa de dia a dia. Muitas vezes, as consequências são graves. As licenças por causa de doenças psíquicas atingiram um nível sem precedentes. Ouvimos agora com frequência também casos de *burnout* e depressões entre astros da música pop e jogadores de futebol – pessoas que, antes de seu colapso psíquico, foram extremamente bem-sucedidas em sua profissão.

Não podemos simplesmente fugir das exigências do mundo moderno. Já que somos seres sociais, nós somos influenciados pelos valores e pelas expectativas das pessoas em nossa volta e, muitas vezes, os incorporamos, apropriando-nos deles. Até mesmo aquele que decide viver na floresta ou passar um tempo num mosteiro para meditar corre o perigo de sofrer frustrações ou golpes do destino. O isolamento alivia talvez a pressão profissional, mas não impede derrotas pessoais, doenças graves ou a perda de um parceiro amado. Cada pessoa é confrontada com problemas, às vezes com problemas sérios, sempre de novo e sempre de forma nova – e, muitas vezes, justamente no momento mais inesperado.

Como seria prático se pudéssemos desenvolver algo como uma casca dura para a alma! Algo que nos protege contra as pontadas constantes na vida profissional e contra as expectativas irrealistas do dia a dia. Uma postura que permite olhar para o futuro com alegria e que não fica focada na tristeza do passado. Uma autossegurança que nos imuniza contra a maior parte das críticas e nos permite processar apenas a parte construtiva.

Existem pessoas que possuem todas essas características. Como rochas em meio à tempestade, nada as abala. Os psicólogos chamam isso de resiliência, essa força misteriosa de resistir às expectativas do mundo ou de sair de uma situação deprimente e voltar para a vida plena.

Um dos exemplos mais emocionantes do nosso tempo é, talvez, a história de Natascha Kampusch, aquela jovem austríaca que, aos 10 anos de idade, foi sequestrada a caminho da escola e presa durante oito anos num cárcere (cf. p. 56-58). Quando se apresentou na TV apenas duas semanas após sua fuga, os espectadores ficaram atônitos. As pessoas haviam esperado ver uma vítima impotente; em vez disso, viram uma jovem mulher autoconfiante e autorreflexiva. É possível que Natascha tenha apenas conseguido esconder bem as feridas em sua alma. Mas mesmo isso teria exigido uma força psíquica digna de admiração. Sua entrevista na TV trouxe uma nova dimensão à questão da força da resiliência.

Como é possível que uma moça jovem sobreviva a esse martírio, enquanto outras pessoas perdem a coragem de viver diante de golpes do destino muito menores? Por que um empreendedor cuja firma acaba de falir já tem mil ideias para novos empreendimentos, enquanto um outro simplesmente desiste? Por que uma observação crítica de um colega ocupa todos os pensamentos de uma pessoa durante três dias, enquanto outra pouco se importa com a crítica? Por que um homem se entrega ao álcool após o fim de um grande amor, enquanto outro logo encontra novo sentido na vida?

A pergunta sobre o que torna algumas pessoas tão fortes é um dos grandes enigmas para o qual os psicólogos, pedagogos e neurocientistas estão encontrando cada vez mais respostas. Durante muito tempo, eles se preocuparam apenas com os abismos da alma. Investigaram os fatores que favorecem o desenvolvimento de obsessões, depressões e crises de pânico. Mas no final da década de 1990, alguns poucos começaram a se interessar pela psicologia positiva. Agora, investigam como as pessoas conseguem sobreviver às crises e procuram identificar estratégias e recursos que as pessoas fortes empregam e aproveitam.

Este livro pretende narrar com a ajuda de exemplos as ferramentas que algumas pessoas possuem; investiga com a ajuda das pesquisas mais recentes como essa força de resistência se desenvolve;

e pretende mostrar a todos aqueles que, às vezes, sentem falta dessa força, algumas maneiras de superar melhor as grandes e pequenas crises da vida a exemplo dessas pessoas mais fortes. Pois mesmo que os fundamentos da força de resistência psíquica sejam estabelecidos já na primeira infância, eles podem ser construídos também mais tarde. Basta saber como.

I
Procura-se um ser humano forte

Permitir-se um momento de preguiça é considerado totalmente antiquado hoje em dia; tédio é o novo monstro assustador da nossa sociedade de desempenho. "Preciso correr" é uma expressão que ouvimos com tanta frequência que até crianças pequenas já a repetem com entusiasmo. Elas sentem que todos aqueles que a usam são, de alguma forma, importantes e reconhecidos. No entanto, todo mundo ignora que preguiça e tédio são necessários para gerar novas forças e criatividade. Respeitada e reconhecida é a pessoa capaz de apresentar sucessos na profissão, no casamento, em passatempos excitantes – e tudo isso ao mesmo tempo.

Um pouco de estresse certamente não faz mal a ninguém. Ele aumenta o desempenho e lhe confere aquele sentimento agradável de ter conseguido realizar algo sob alta pressão. Mas as expectativas excessivas constantes, que hoje em dia dominam muitas áreas da vida, geram com o passar do tempo um sentimento profundamente negativo, que, em algum momento, não desaparece mais. Não podemos ser bem-sucedidos quando as expectativas são tão altas que elas não conseguem ser cumpridas. Uma pessoa psiquicamente forte não vivencia o estresse como algo negativo ou não permite que ele a domine. Mas para uma pessoa menos firme, essas experiências de estresse constante podem vir a representar um risco para a saúde.

Muitas vezes o sofrimento da alma se manifesta primeiro por meio de sintomas físicos aparentemente pouco preocupantes: a coluna dói, a barriga reclama. Mas se os ignorarmos, segue em algum momento o colapso psíquico. Não são apenas os executivos em ramos altamente concorridos ou pessoas que sofreram terríveis golpes do destino que precisam de resistência psíquica. Pressões altas existem por toda parte – no emprego da vendedora, na família pequena, no casamento e, naturalmente, também diante de crises pessoais como relacionamentos rompidos, desemprego, problemas financeiros, doença, luto e perda.

Muitas vezes, a energia não basta para enfrentar ao mesmo tempo e de forma construtiva problemas na profissão e na vida pessoal. Depressões e *burnout* já são considerados doenças típicas do nosso estilo de vida. É justamente aqui que vemos o quão tênue é a linha divisória entre força e fraqueza. Muitas pessoas procuram sua salvação em drogas. Sem uma garrafa de vinho elas não conseguem mais relaxar e se sentir à vontade.

É preciso ter uma autoconsciência saudável, uma autoestima construída como uma mola, ou pelo menos algumas técnicas úteis que permitam defender a saúde psíquica contra os ataques constantes. Este texto mostra como as diferentes ameaças afetam a saúde psíquica e apresenta pessoas que, apesar de tudo, conseguiram sair do fundo do poço.

1 O estresse diário

"Estou tão estressado." Hoje, dizemos essa frase pelo menos uma vez por semana, essa frase que, 75 anos atrás, ninguém conhecia. Foi apenas em 1936 que o médico Hans Selye, que nasceu em Viena, inventou o termo "estresse", que hoje nos é tão familiar. "Dei a todas as línguas uma nova palavra", disse Selye no fim de sua vida, quando já havia publicado 1.700 artigos e 39 livros sobre aquele fenômeno que, antes dele, ninguém havia descrito. Mesmo assim, a humanidade conhece o estresse desde a Idade da Pedra. Afinal de contas, o ser humano sempre vivenciou situações difíceis e exaustivas, e muitas delas certamente eram mais difíceis de suportar do que os desafios de hoje. O desespero diante da tentativa fútil de encontrar algo para comer certamente provocava um sentimento mais negativo do que o medo de fracassar numa palestra diante de um público grande. E todos concordam que o nível de estresse durante a fuga de um tigre-dentes-de-sabre é mais alto do que o medo de se atrasar para a reunião com o chefe.

Pois é justamente essa a função do estresse: fazer com que ajamos rapidamente numa situação difícil em vez de permitir que sejamos comidos. A pressão arterial e a frequência das batidas cardíacas aumentam, a respiração acelera. O hormônio adrenalina se espalha e garante que cérebro e músculos recebam toda a energia de que necessitam. O corpo está pronto para lutar – ou para fugir. "O estresse permite que sejamos capazes de desenvolver um desempenho máximo nas circunstâncias mais diversas", resume o biopsicólogo Clemens Kirschbaum. No entanto, todas essas reações físicas deveriam também cessar assim que o perigo passar.

Hoje, porém, o estresse faz parte do dia a dia. "Atualmente, nós nos sentimos quase na obrigação de repetir que o que não falta é trabalho, que somos importantes e temos muito a fazer", afirma a psicóloga Monika Bullinger. "Não diferenciamos mais entre o sentimento excitante de perder o fôlego de vez em quando e o sentimento negativo permanente que surge quando a reação de estresse não produz nenhum resultado positivo. Subestimamos o fato de que esse estresse constante representa um risco à saúde."

Quando o corpo se encontra em estado constante de alarme, sentimos as consequências primeiro na mente: As pessoas estressadas se sentem mal, ficam assustadas ou tristes. Outras pessoas reagem com irritação e alteração de humor e agem muitas vezes de forma injusta. Uma pessoa que sofre de estresse crônico não consegue se acalmar. Períodos sem pressão lhe são insuportáveis. Ela simplesmente desaprendeu a descansar e se recuperar. Com o passar do tempo, juntam-se aos primeiros sintomas mentais de alarme os problemas físicos. Estes podem variar extremamente de pessoa para pessoa. "Cada um tem seu próprio calcanhar de Aquiles", diz o especialista em prevenção Christoph Bamberger. No fim, não há mais como negar o peso que esmaga a alma. Então surgem distúrbios psíquicos como depressões ou a Síndrome de *Burnout*, que normalmente nada mais é do que uma forma menos grave da depressão.

Quão estressante é um dia cheio, exigente e corrido! Cada pessoa experimenta isso de forma individual. Para uma pessoa já pode ser estressante ter que coordenar dois compromissos, a segunda só entra em parafuso quando o conflito é aparente. E para a terceira nem mesmo isso importa.

A sensação de estresse e pressão depende em medida considerável da força de resistência de cada um, e esta se desenvolve desde a infância. Características pessoais importam tanto quanto o ambiente social e a educação. Existem, porém, também estratégias úteis que facilitam o convívio com o estresse diário e assim fortalecem a resistência pessoal contra os infortúnios da vida. Pois os psicólogos que estudam a personalidade do ser humano percebem cada vez mais que a nossa natureza não é algo tão fixo quanto muitos supõem: As pessoas podem mudar sim! (cf. p. 172-175).

Treinadores antiestresse profissionais procuram transmitir algo aos seus clientes que eles chamam de "competência de estresse". Os participantes de seus cursos devem aprender a reconhecer os diferentes tipos de estresse que eles encontram em seu dia a dia – o estresse negativo e prejudicial e o estresse construtivo, que nos ajuda a superar melhor situações difíceis. Pois apenas aquele que sabe distinguir um do outro consegue enfrentar o estresse que o prejudica (cf. p. 201-204).

No caso do estresse agudo e destrutivo, técnicas que nos permitem relaxar imediatamente são imprescindíveis. Muitos treinadores apostam em técnicas de relaxamento como o treinamento autógeno ou o relaxamento muscular progressivo de Jacobson. Outros recorrem a métodos orientais como a ioga, várias técnicas de meditação, o treinamento de atenção plena, ou exercícios de relaxamento em movimento como Qigong e Tai Chi Chuan. E algumas pessoas encontram também seus métodos pessoais – caminhadas extensas, por exemplo, ou um intervalo obrigatório diário às 12 horas. O método mais eficaz depende não só do tipo do problema vivenciado, mas também das preferências daquele que tenta lidar com o estresse.

Em todos os casos o que vale é: Abaixar a pressão arterial, os batimentos cardíacos e a atividade cerebral, e aumentar a tranquilidade, a satisfação e o bem-estar! Os inventores dos diversos métodos de relaxamento desenvolveram conceitos bastante diferentes em relação à ordem em que isso deve acontecer. Os métodos mais físicos como o relaxamento muscular progressivo segundo Jacobson apostam que o estresse psíquico pode ser influenciado quando trabalhamos com as funções físicas. A pessoa que pretende relaxar dessa forma aprende a alongar grupos individuais de músculos e então relaxá-los. A concentração nesses exercícios acalma o espírito; não há espaço nem tempo para pensar nas tarefas de amanhã; a pessoa passa a se ocupar exclusivamente consigo mesma.

O treinamento autógeno procura alterar os processos psíquicos e assim exercer uma influência sobre as funções do corpo. A pessoa estressada pratica a autossugestão concentrando-se constantemente na mesma imagem que ela repete lentamente em seus pensamentos. "Os braços e as pernas estão pesados", ela diz a si mesma, ou: "A respiração está lenta e rítmica". Uma pessoa que pratica isso com grande dedicação consegue fazer com que isso se transforme em realidade. Como, então, pensar ao mesmo tempo em tudo aquilo que nos estressa?

O perigo, porém, é: Assim que voltamos a pensar nas tarefas ainda inconcluídas, o estresse volta. Em casos assim, técnicas como o treinamento de atenção plena podem ajudar (cf. p. 198-201). Elas podem ajudar a desenvolver uma nova visão do dia a dia, aspectos estressantes são reavaliados e, no melhor dos casos, deixam de ser percebidos como algo indesejado. Incentivam também uma percepção que ajuda a reconhecer quais eventos desagradáveis podem ser mudados e a saber quais são inevitáveis.

Diferenciar entre o importante e o irrelevante é uma das mensagens centrais que os especialistas transmitem aos seus pacientes para vencer o estresse. Faz parte disso também a reconquista da separação clara entre trabalho e tempo livre que, antigamente, era algo tão natural. Num ambiente de trabalho com celulares, tablets e prontidão constante por telefone e e-mail, o passo de simplesmente desligar todos os aparelhos eletrônicos pode ser muito libertador. "Estou offline" – isso são pequenas férias para a alma. Períodos de descanso são importantes. Muitas pessoas constantemente estressadas se esqueceram disso. Elas precisam reaprender a simplesmente desligar a mente (cf. p. 212-215).

No entanto, em meio a todo esse treinamento antiestresse, não precisamos abrir mão de toda e qualquer ambição: certa medida de estresse faz bem. Afinal de contas, estresse significa – como acontece diante da visão de um tigre-dentes-de-sabre – incentivo, criatividade e energia. O estresse se transforma em inimigo do ser humano apenas quando ele persiste e não é aliviado pelo ócio, movimento e relaxamento.

Todos precisam conviver com alguma forma de estresse. Pois existem dificuldades e exigências das quais não podemos fugir. Relacionamentos terminam, as crianças podem nos roubar o último nervo, o chefe decide transferir a produção para o exterior.

Perder o emprego é um dos eventos mais negativos na vida de uma pessoa. O sentimento de ser supérfluo destrói a autoestima mais do que qualquer outra crise. Os psicólogos Michael Eid e Maike Luhmann analisaram isso com mais atenção. A maioria das pessoas vivencia o desemprego com a mesma intensidade quando ocorre pela segunda ou terceira vez. Durante décadas, os cientistas acreditavam que as pessoas se adaptam a tudo, mesmo que isso vire sua vida de ponta-cabeça. Logo após terem ganhado a loteria ou sofrido um acidente que os deixou paralisados, os entrevistados de um estudo famoso avaliavam sua felicidade como igual a antes. "Mas nem sempre essa adaptação ocorre", ressaltam Eid e Luhmann. "O tempo não cura todas as feridas."

No caso do desemprego, tudo indica que o que ocorre é um efeito de sensibilização. "É como uma espiral que nos puxa cada vez mais para baixo", diz o psicólogo de desenvolvimento Denis Gerstorf. Especialistas como esses três sabem há muito tempo: A perda do emprego significa não só uma perda da autoestima, mas também a perda de contatos sociais. Muitas vezes os conflitos com amigos e parentes se tornam mais agudos quando faltam os recursos financeiros. Isso impede a participação em muitas atividades. "Por isso, a nossa sociedade precisa urgentemente de programas que ajudem a aliviar os efeitos do desemprego repetido", dizem Eid e Luhmann. Afinal de contas, o fato de uma pessoa perder seu emprego várias vezes já não é mais tão incomum.

Mas o estresse existe também onde nós não o detectamos com tanta facilidade. A vida na cidade grande representa um perigo para a saúde psíquica: As pessoas que vivem em cidades grandes sofrem muito mais de doenças psíquicas do que pessoas que vivem no isolamento do interior – apesar de o sistema de saúde ser melhor na cidade do que no interior. Fatores dos efeitos negativos da vida na cidade são, provavelmente, o excesso constante de estímulos e o fato de encontrarmos inúmeras pessoas ao longo do dia que jamais queríamos encontrar. Rostos humanos são interessantes para o cérebro, ele procura perceber o maior número possível; mas quem compartilha um espaço relativamente pequeno com centenas de milhares de outras pessoas prefere não ter contato com elas. Por isso, no caso dos moradores urbanos, as regiões cerebrais responsáveis pelo processamento de estresse e pelo controle emocional parecem estar sempre operando no nível máximo. A consequência: O risco de sofrer com depressões é 39% mais alto; o de desenvolver uma fobia, 21% mais alto. E a probabilidade de alguém desenvolver uma esquizofrenia aumenta com o tamanho da cidade, como descobriram Florian Lederbogen e Andreas Meyer-Lindenberg.

Os dois psiquiatras conseguiram até demonstrar que os moradores de cidades grandes são geralmente mais estressados. Analisaram as imagens de ressonância magnética de pessoas psiquicamente saudáveis e observaram o que acontecia em seus cérebros quando eram xingadas feiamente e, ao mesmo tempo, tinham que resolver algum cálculo difícil. Isso significava estresse para todos os participantes do experimento: Seu coração batia mais rápido, a pressão arterial aumentava, e o hormônio de estresse cortisol inundava seu sangue. Mas as células nervosas no centro do medo do cérebro – uma estrutura chamada amígdala – apresentavam uma atividade correspondente ao tamanho da cidade em que a pessoa vivia. Entrementes, é tido como certo que a amígdala participa de vários distúrbios psíquicos. Uma mudança para o interior pode ajudar – mas são precisos vários anos para a atividade cerebral se acalmar.

O que, então, devemos fazer? Devemos nos retirar para um mosteiro idílico, para uma aldeia remota ou para uma ilha solitária para reduzir nosso estresse? Abrir uma empresa própria para não ter que enfrentar o medo do desemprego? Tratar o parceiro sempre da melhor forma possível para que ele não nos abandone? Tudo isso também provoca estresse. As opções infinitas que a vida oferece ao ser humano hoje em dia prejudicam o bem-estar. Concentrar-se naquilo que realmente importa e satisfazer-se com as conquistas realizadas é um dos maiores desafios num mundo supostamente repleto de oportunidades. "Reconhecer suas prioridades pessoais, viver de acordo com elas e não permitir que os outros o levem à loucura – este deveria ser o nosso lema", afirma o psicólogo de desenvolvimento e pesquisador de prevenção Friedrich Lösel.

Antigamente, muitas pessoas tinham uma casa paterna em que cresciam sem jamais se mudar; e quando se mudavam para outra casa, esta ficava na vizinhança imediata; sua formação profissional ocorria em um dos comércios ou empresas locais, que ofereciam esse tipo de formação; ou, após se formarem na faculdade na cidade grande mais próxima, elas voltavam para sua cidade antiga; evidentemente, seus filhos frequentavam a mesma escola como os pais.

Hoje, esse tipo de vida se tornou raro. Nossa liberdade de escolha é tão grande que ela já se tornou um tipo de coação: O ser humano moderno precisa se perguntar constantemente se ele deve ou não aproveitar uma das inúmeras opções que lhe são oferecidas: Não deveria mudar de emprego após dez anos na mesma firma? Não existe em outro lugar um emprego melhor com salário melhor? O que fazer com o dinheiro que economizei? Devo mandar meu filho para uma escola particular? Será que me arrependerei no fim da vida se eu não passar um tempo no exterior? O casamento ainda me satisfaz do jeito que sempre sonhei? O sexo é bom e frequente o bastante?

Numa vida com tantas liberdades, a tranquilidade é algo raro.

Mas não adianta fugir. Sugiro que você fortaleça sua alma.

2 Quando a alma não dispõe dos recursos

Todos admiravam esta mulher. A arquiteta bem-sucedida, que trabalhava em uma grande empresa no norte de Munique, tinha três filhos pequenos. Eles tinham seis, três e um ano de idade, e após uma curta licença de maternidade a mãe voltara ao escritório. No escritório, ela chamava a atenção de todos por estar sempre bem-humorada, bem-vestida e por ser sempre eficiente. Ela gostava de contar aos colegas como ela organizava tudo e conseguia harmonizar as tarefas de casa, o casamento e seu emprego. Todos admiravam essa mulher. Admiravam. Pois pouco antes de completar 40 anos, de um dia para o outro, ela não apareceu mais no escritório. Sofrera um colapso. Ela recebeu uma licença médica de seis meses e foi internada numa clínica. Seu médico lhe sugeriu que não voltasse para casa nos fins de semana para ver sua família. Recomendou também que seu marido e os filhos não a visitassem por um tempo. Ela precisava de distância de tudo. Seus exames clínicos haviam sido péssimos.

O que pessoas absolutamente normais exigem de si mesmas hoje em dia é, muitas vezes, impossível de fazer. Querem resistir aos olhares críticos dos vizinhos e colegas e, ao mesmo tempo, satisfazer as expectativas do chefe, do parceiro, dos filhos e talvez até dos pais idosos. E não de qualquer jeito, mas de modo tão perfeito quanto nos filmes de Hollywood. A pressão tem aumentado – e muitos como a arquiteta de Munique nada percebem disso até o dia em que o corpo se recusa a continuar daquele jeito e puxa o freio de mão no último segundo.

Ao desempenho máximo no trabalho segue muitas vezes o *burnout*, a Síndrome do Fósforo Queimado. A pessoa que inventou esse termo, que hoje é usado por tantos, foi o psicoterapeuta de Nova York Herbert Freudenberger. Na década de 1970, Freudenberger observou pessoas que exerciam alguma atividade social. Essas pessoas, que haviam escolhido sua profissão com grande empenho e idealismo, se sentiam cansadas após alguns anos, se sentiam desmotivadas e fisicamente doentes. Muitas desenvolviam uma relação distanciada e cínica com o trabalho que, antigamente, haviam amado tanto.

Hoje, a Síndrome de *Burnout* já não se limita mais ao trabalho social. Ela representa um perigo em todas as profissões, como escreve a Associação Alemã para Psiquiatria e Psicoterapia, Psicossomática e Neurologia. As vítimas mais prováveis são mães e pais solteiros e pessoas que cuidam de seus entes familiares em casa.

Fato é: O diagnóstico é feito com uma frequência assustadora. Não existem números confiáveis para a Alemanha, mas na Finlândia um censo nacional revelou que um em quatro adultos sofre de algum sintoma leve de *burnout*; e 3% da população apresentam sintomas graves. Livros de autoajuda e revistas sobre o tema são campeões de venda. Evidentemente, as pessoas se interessam muito pelo tema porque experimentam algum dos sintomas descritos em si mesmas.

Uma das razões é que, hoje em dia, o emprego exige muito das pessoas – às vezes, demais. "O mundo de trabalho precisa voltar a se adequar ao ser humano, em vez de satisfazer apenas as expectativas de lucro", exigiram, por isso, os médicos reunidos na Conferência dos Médicos Alemães em 2012. Eles veem todos os dias como seus pacientes desenvolvem cada vez mais doenças de natureza puramente psíquica, como depressões ou angústias, ou que vêm da alma, mas se manifestam na forma de sintomas físicos. Fazem parte dessas doenças psicossomáticas não só barulhos no ouvido ou dores na coluna. Distúrbios circulatórios ou cardíacos também têm, muitas vezes, causas psíquicas.

Entrementes, um em cada dois empregados se queixam de uma carga de trabalho excessiva. 52% sofrem com a pressão da agenda, de prazos e de desempenho, afirma o relato sobre estresse de 2012 do Departamento de Proteção e Medicina Trabalhista da Alemanha. 44% dos 18 mil trabalhadores entrevistados para o estudo vivenciam em seu trabalho também com frequência perturbações por meio de telefonemas e e-mails. Um em cada três entrevistados informou não poder fazer intervalos por causa do excesso de trabalho.

A fuga vem na forma de uma licença médica. Quando a pressão aumenta demais, os alemães recorrem ao médico para obter o alívio necessário. A licença médica concede tranquilidade e descanso por alguns dias; a assinatura e o carimbo do médico afastam todas as obrigações, e o funcionário se vê diante de horas e horas de vazio, de liberdade repentina, de autodeterminação no lugar de determinação alheia. Mesmo quando o médico não constata febre, nenhuma fratura e nenhum problema cardíaco, ele preenche o formulário sem maiores perguntas, pois ele sabe: Alguns dias de liberdade podem funcionar como uma válvula para aliviar a pressão. Podem ajudar a devolver o equilíbrio ao ser humano, podem devolver o fôlego à alma para enfrentar a loucura diária. Muitos médicos chamam isso de prevenção psíquica – prevenir em vez de esperar até o paciente desesperado sofrer um colapso.

No entanto, essas pausas decretadas pelo médico não ajudam de verdade se o estresse for constante e as condições de trabalho não mudarem. Então adiam apenas o *burnout*.

Algumas empresas reconheceram que elas precisam mudar algo. A empresa Unilever®, por exemplo, um gigante na área de alimentação e produtos de higiene britânico-holandês, avalia seus executivos também segundo as faltas de seus funcionários. "É claro que um alto nível de faltas por razões de saúde não significa automaticamente que seu chefe é ruim", explica o médico da empresa Olaf Tscharnezki. As ausências dependem também da idade, do sexo e do histórico patológico dos funcionários. No entanto, os pesquisadores descobriram que um número considerável de executivos leva consigo o nível de ausências para a nova equipe. Se este permanecer igual e constantemente alto, a diretoria da empresa convida o executivo para uma conversa.

O Ministério do Trabalho da Alemanha também mantém registros minuciosos sobre essas ausências. Estes mostram que as doenças nascidas da alma exercem uma influência considerável sobre a produtividade das pessoas. Pois pessoas como a arquiteta de Munique que recebem uma licença médica longa precisam de tratamentos ou internações intensivos e depois só conseguem se integrar lentamente ao dia a dia do trabalho. Os custos causados pelas doenças psíquicas somam, a cada ano e apenas na Europa, 300 bilhões de euros. E continuam crescendo.

Em 2001, houve 33,6 milhões de dias de licença por causa de doenças psíquicas e distúrbios comportamentais na Alemanha, como informa o Ministério do Trabalho. Em 2011, esse número já havia aumentado para 59,2 milhões. E nesse número nem estão incluídas as doenças psicossomáticas. Em 2001, 6,6% das ausências eram justificadas com doenças psíquicas. Em 2010, foram 13,1% – a percentagem havia dobrado. Entrementes, as doenças psíquicas são a razão mais frequente para aposentadorias precoces por motivos de saúde.

Não é à toa que a Organização Mundial da Saúde (OMS) declarou o estresse profissional "uma das maiores ameaças do século XXI". Muitos estados da União Europeia estabeleceram regulamentos para a proteção contra o desgaste psíquico no trabalho, equiparando-o a outros riscos de trabalho. O estresse constante no trabalho é tão danoso para a saúde quanto barulho, luz forte ou veneno. A Alemanha não é um desses estados.

"Apenas uma reavaliação social necessária com consequências sociopolíticas, correções políticas e leis correspondentes conseguirá criar condições de trabalho mais humanas e sustentáveis", diz a declaração da Conferência dos Médicos Alemães. Muitas vezes, porém, a política não reconhece o vínculo que existe entre uma situação de trabalho prejudicial e a ocorrência de doenças psíquicas, deixando assim de tomar as iniciativas adequadas.

O perigo do *burnout* é: esse desgaste é um processo lento e sorrateiro, que transcorre de muitas maneiras diferentes. O corpo de uma pessoa que sofre com dores na coluna, com dificuldades de concentração, problemas intestinais, memória fraca, dores de cabeça, ansiedade ou insônia, pode se revoltar contra o excesso constante de trabalho, contra a frustração recorrente, contra a desilusão ou contra a falta de reconhecimento.

O problema, porém, é ainda mais complicado: Todos esses sintomas podem ter causas completamente diferentes. Por isso, muitas vítimas têm dificuldades de reconhecer que estão exigindo demais de si mesmas. Assim, combatem o vazio interior, o sentimento de falta de sentido e o conflito interior com mais empenho no trabalho, com mais compromissos, com intervalos mais curtos e menos frequentes, tomam remédio para acordar de manhã e para dormir à noite. Às vezes usam drogas mais fortes. Se ninguém intervir, continuam até o dia em que tudo para.

Muitas vezes, nem mesmo os especialistas conseguem reconhecer o que está acontecendo com seus pacientes. Uma das razões é que os psiquiatras e psicólogos ainda não conseguiram encontrar uma definição unânime para o *burnout*. *Burnout*, esse estado de completa exaustão, não é nem considerado um diagnóstico válido. No Catálogo Internacional de Classificação de Doenças, no ICD-10, ele é mencionado como um "problema de lidar com a vida" com o potencial de causar doenças. Do ponto de vista atual, o *burnout* pode ocorrer também em pessoas que jamais se entusiasmaram com seu trabalho.

Isso significa que os médicos só podem usar o termo *burnout* como diagnóstico adicional. E a verdade é que, muitas vezes, outra coisa se esconde por trás dele – na maioria dos casos, uma depressão leve. Muitas vezes, porém, os médicos não dizem isso aos pacientes. Pois *burnout* tem um som mais moderno. A vítima é vista como uma pessoa ativa e empenhada, como pessoa que, no passado, ardia de paixão por uma causa antes de sofrer um colapso, e não como a vítima miserável e passiva de uma depressão. Por isso, os médicos gostam de dar o diagnóstico de *burnout*: Os pacientes o aceitam mais facilmente.

O psiquiatra e diretor da Aliança Alemã contra a Depressão Ulrich Hegerl adverte, porém, que precisamos ter cuidado para não minimizar a depressão. Pois uma avaliação errada da situação pode levar a estratégias de superação erradas – por exemplo, por meio daqueles formulários que permitem a fuga rápida do dia a dia do trabalho, trabalho este que muitas vezes é responsabilizado pelo sofrimento psíquico.

Mas se a sensação de exaustão não for causada pelo excesso de trabalho e por expectativas exageradas no trabalho, mas sim por uma depressão leve, isso pode ser justamente a estratégia errada. "Dormir muito ou ficar remoendo os pensamentos na cama tende a agravar a depressão", afirma Hegerl. Muitas clínicas oferecem até uma terapia de despertar contra a depressão, na qual os pacientes passam a segunda metade da noite não na cama, mas levantam. Hegerl também não recomenda viajar. "Você leva a depressão na bagagem", diz Hegerl. Ela precisa ser tratada para que aquilo que, antigamente, causava estresse passe a causar alegria.

Uma alimentação saudável, exercícios físicos, treinamento de relaxamento e uma nova administração do tempo podem ajudar a uma pessoa que só trabalha demais, mas no caso de uma depressão tudo isso não ajuda, alerta também o diretor da clínica da Universidade de Bonn, Wolfgang Maier. Uma depressão exige ajuda terapêutica ou médica para permitir um tratamento bem-sucedido a longo prazo.

A maioria das pessoas acredita que, hoje em dia, as vítimas podem receber ajuda rápida. Doenças psíquicas são um tema constante nas mídias. Elas já deveriam ter perdido seu estigma social, ou não? Mas a despeito do grande número de médicos que se empenham nessa causa, a despeito dos pacientes corajosos como o famoso jogador de futebol Sebastian Deisler, a cientista de comunicação e parceira de Anne Will, Miriam Meckel, ou o cantor Peter Plate da Banda Rosenstolz, que compartilharam suas histórias com o público, muitas pessoas ainda acreditam que ainda precisam ocultar essa doença. Algo que jamais fariam se sofressem um ataque cardíaco, essa doença supostamente reservada aos executivos. Nem mesmo o governo federal leva os distúrbios psíquicos tão a sério.

Desde 2009, o Ministério de Educação e Pesquisa fundou uma série de "centros alemães para a pesquisa da saúde". Seu objetivo é fazer "avanços em doenças importantes do povo", dizia a ex-ministra de pesquisa Annette Schavan ao apresentar o programa. Mas os seis centros fundados desde então se dedicam exclusivamente a doenças físicas. Primeiro abriram um centro de pesquisas do diabetes, depois, um centro para doenças neurodegenerativas (entre elas a Doença de Alzheimer). Depois veio um centro para a pesquisa cardiocirculatória, outro para a pesquisa de doenças infecciosas, outro para a pesquisa pulmonar e, é claro, um para a pesquisa de câncer. As doenças da alma não foram mencionadas com uma única palavra sequer. Um estudo abrangente, porém, que processou dados de 30 países europeus, revelou que mais de um em cada três europeus sofre de problemas psíquicos uma vez por ano. As doenças da alma são, portanto, um verdadeiro sofrimento do povo, mas sem que isso tivesse consequências políticas.

As doenças psíquicas reduzem a expectativa de vida mais do que todas as outras doenças, como afirma um estudo recente realizado por uma equipe internacional de pesquisadores sob a direção do psiquiatra Hans-Ulrich Wittchen e do psicólogo Frank Jacobi. E o número de anos que uma pessoa pode viver sem maiores limitações físicas também é fortemente reduzido por distúrbios psíquicos.

Uma das doenças mais frequentes são transtornos de ansiedade, que acometem 14% da população; depois seguem a insônia (7%), depressões (7%), doenças psicossomáticas (6%) e dependência química (4%). As mulheres sofrem mais com depressões, crises de pânico e enxaqueca; os homens, com dependência química.

A despeito da propagação assustadora: Não é verdade que as doenças psíquicas se tornam cada vez mais frequentes, como muitos afirmam. Apenas as depressões ocorrem mais frequentemente, principalmente entre menores – um fato que assusta os pesquisadores. "Entre jovens com menos de 18 anos de idade, constatamos uma depressão completamente desenvolvida com uma frequência cinco vezes mais alta do que antigamente", afirma Hans-Ulrich Wittchen. De resto, porém, os pesquisadores não puderam constatar nenhum desenvolvimento dramático. O número de doenças psíquicas aumentou um pouco nos anos após a Segunda Guerra Mundial, mas depois diminuiu novamente.

As licenças médicas em decorrência de doenças psíquicas, porém, tendem a aumentar em número. Pois Wittchen e Jacobi estimam que, atualmente, mais de dois terços das vítimas não são tratados. Muitas vezes, uma pessoa deixa transcorrer anos antes de procurar uma terapia. Segundo Wittchen, este é um dos maiores problemas na luta pela saúde psíquica da população: a falta de consciência em relação ao problema.

Aos poucos, porém, as doenças psíquicas estão sendo diagnosticadas. 20 anos atrás, os médicos teriam diagnosticado uma depressão apenas em 50% dos casos, acredita Jacobi. Hoje, eles reconhecem pelo menos dois terços desses casos.

É provável que, no ambiente profissional de hoje, as pessoas com problemas psíquicos chamam mais atenção. Pois com uma doença psíquica, simplesmente não é possível dar conta das tarefas exigentes nas profissões modernas. Colher o trigo com uma depressão leve é mais fácil do que negociar com um cliente difícil; e muitas vezes um trabalho estruturado como na linha de montagem de uma fábrica oferece mais segurança do que uma profissão no setor de prestação de serviços ou na área artística, que exige muita motivação própria, criatividade e flexibilidade. É possível que a própria pessoa afetada perceba mais rapidamente quando suas forças se esgotam.

Os especialistas em psicossomática descobrem cada vez mais que, por trás de uma doença física, se esconde muitas vezes uma sobrecarga psíquica. Sua especialidade, que estuda o desenvolvimento de doenças físicas a partir da alma, existe apenas há 20 anos. Entrementes, ninguém mais duvida de que uma alma que sofre pode ter consequências drásticas para o corpo. Algumas delas surpreendem: depressões podem aumentar o risco de osteoporose.

Quem mais sofre é o coração. Inúmeros estudos têm confirmado isso. O risco de um infarto dobra para pessoas que sofrem estresse no trabalho. E uma depressão também pode dobrar o risco de um infarto ou um acidente vascular cerebral. O estado da alma influencia em medida considerável também as chances de recuperação. Uma pessoa depressiva que sofre um AVC tem uma probabilidade três vezes maior de morrer em decorrência dele do que um paciente sem doenças psíquicas, informam cientistas da University of Southern California.

Até hoje não sabemos quais são os vínculos exatos entre as doenças da alma, do coração e do cérebro. Existem, porém, várias explicações possíveis. É, por exemplo, muito provável que o sofrimento psíquico tenha efeitos bioquímicos imediatos sobre o corpo: as depressões influenciam o nível de semioquímicos no cérebro e aumentam também os níveis de diversos fatores de infecção no sangue (proteína c-reativa, p. ex., ou interleucina-1 ou interleucina-6). Já foi comprovado que esses fatores de infecção aumentam o risco de um AVC.

No entanto, é possível que existam também mecanismos indiretos. Pois pessoas com depressões ou outros distúrbios psíquicos costumam não cuidar tão bem de sua saúde. Falta-lhes a motivação para praticar esportes, para se alimentar de forma saudável ou para parar de fumar. Tudo isso pode aumentar a pressão e resultar em diabetes, os famosos fatores de risco para o infarto do coração ou do cérebro (isquemia).

"No entanto, não basta evitar circunstâncias negativas, é preciso também incentivar estados agradáveis", ressalta Julia Boehm da Universidade de Harvard. Recentemente, a epidemologista apresentou um estudo surpreendente para oito mil funcionários públicos de Londres. Seu trabalho faz parte dos famosos estudos de Whitehall, que, desde 1967, são realizados sobre as relações entre saúde física e ambiente social. O coração de funcionários felizes goza de uma saúde melhor do que o de funcionários insatisfeitos, resume Boehm. O risco de sofrer um infarto cardíaco é 13% menor em pessoas satisfeitas do que em pessoas insatisfeitas. Os corações são até mais saudáveis quanto mais satisfeitas as pessoas são. Boehm explica: "A satisfação no trabalho não é o único fator. Igualmente importante é a satisfação no amor, no tempo livre, no padrão de vida". Portanto, os médicos não deveriam pensar apenas em pressão alta, excesso de peso e dependências químicas quando conversarem com seus pacientes sobre os riscos de um infarto, mas também sobre o bem-estar psíquico, recomenda a cientista.

No entanto, como já dissemos, o tipo de estresse também importa em grande medida: Imaginaríamos que ser presidente dos Estados Unidos significa um estresse mortal. Pudemos praticamente observar como os cabelos de Bill Clinton e Barack Obama ficaram grisalhos de um dia para o outro. No entanto, os presidentes norte-americanos não costumam adoecer seriamente. Vivem tanto quanto outra pessoa qualquer. O demógrafo Stuart Jay Olshanky comparou a idade de mortandade mediana de todos os presidentes norte-americanos falecidos até então desde George Washington com a expectativa de vida dos homens nascidos no mesmo ano. (Evidentemente, não incluiu em seu estudo os quatro presidentes que haviam sido assassinados.) Assim, descobriu que, em média, os presidentes morriam aos 73,0 anos de vida, enquanto os humanos normais faleciam aos 73,3 anos de idade.

Os exemplos de personalidades famosas que sofrem com *burnout* e depressões poderiam nos levar à conclusão de que as pessoas em posições de ponta seriam especialmente vulneráveis. Mas o *burnout* não é uma doença de executivos, ressalta o professor de Psiquiatria Ulrich Hegerl. Pois o maior estresse não é causado pelos compromissos que nós mesmos marcamos, mas a sensação de sermos meras peças de um jogo. Quem mais sofre é aquele que tem menos poder. É aquele que se sente controlado e manipulado pelo chefe, que não consegue realizar suas próprias ideias, que se vê impotente diante de perdas materiais. Os causadores de estresse mais perigosos são situações que nós – real ou supostamente – não podemos influenciar.

Uma coisa, porém, é certa, a despeito de todos os números assustadores: Nem todos que vivenciam estresse, pressão ou crises profundas desenvolvem sintomas físicos ou psíquicos. Muitas pessoas conseguem sair ilesas dessas situações (cf. p. 78-80). E nós podemos aprender com essas pessoas resistentes.

3 Autoteste: Qual é o nível de meu estresse?

Todos se sentem estressados de alguma forma. Mas qual é a seriedade de tudo isso? O psicólogo austríaco Werner Stangl, que é professor-adjunto no Instituto de Psicologia e Pedagogia da Universidade de Linz, também quis saber isso. Ele desenvolveu um teste que fornecesse uma resposta sólida a essa pergunta importante. Em seu site na internet (http://arbeitsblaetter.stangl-taller.at/) ele apresenta ainda outros testes sobre atenção plena, personalidade, desejos, interesses, controle e tipos de aprendizagem.

Mas voltemos para o teste sobre estresse. Por favor, responda a todas as 40 perguntas – e não pule nenhuma! Caso contrário, não poderá calcular um resultado confiável. Ao responder às perguntas, lembre-se que elas se referem sempre à sua situação pessoal.

		Correto	Parcialmente correto	Incorreto
1	Seu peso está mais do que 10% acima do seu peso normal?			
2	Você costuma comer muitos doces?			
3	Você costuma comer muitos alimentos gordurosos?			
4	Você se movimenta pouco?			
5	Você fuma mais do que cinco cigarros por dia?			
6	Você fuma mais do que 20 cigarros por dia?			
7	Você fuma mais do que 30 cigarros por dia?			
8	Você bebe mais do que 3 xícaras de café por dia?			
9	Você dorme mal ou pouco?			
10	De manhã, você se sente "acabado"?			
11	Você toma calmantes, remédios para dormir ou psicofármacos?			
12	Você fica com dores de cabeça facilmente?			
13	Você sente alterações em seu bem-estar quando o tempo muda?			
14	Você desenvolve facilmente dores de estômago, constipação ou diarreia?			
15	Você desenvolve facilmente dores cardíacas?			

		Correto	Parcialmente correto	Incorreto
16	Você é muito sensível a barulho?			
17	Em estado de descanso, seu pulso fica acima de 80 batidas por minuto?			
18	Suas mãos costumam suar facilmente?			
19	Você se excita, estressa ou inquieta com frequência?			
20	Internamente, você rejeita seu trabalho?			
21	Você não gosta de seu chefe?			
22	Você está insatisfeito com sua situação?			
23	Você se irrita facilmente?			
24	Seus funcionários ou colegas o irritam facilmente?			
25	Você é perfeccionista em seu trabalho?			
26	Você é muito ambicioso?			
27	Você tem certos medos ou obsessões?			
28	Você perde a paciência facilmente?			
29	Você tem dificuldades de tomar decisões?			
30	Você é uma pessoa que sente inveja facilmente?			
31	Você sente ciúmes rapidamente?			
32	Você percebe seu trabalho como peso?			
33	Você sofre muita pressão em termos de tempo?			
34	Você sofre com complexos de inferioridade?			

35	Você é desconfiado em relação a outras pessoas?			
36	Você tem pouco contato com outras pessoas?			
37	Você não consegue mais se alegrar com as coisas pequenas do dia a dia?			
38	Você acredita que é um azarado ou fracassado?			
39	Você tem medo do futuro (amizades, família, profissão)?			
40	Você acha difícil relaxar?			

Avaliação

Para cada "correto", você recebe dois pontos; para cada "parcialmente correto", um ponto. Agora, soma todos os pontos e avalie seu resultado com a ajuda desta tabela:

Pontos	Interpretação
Até 19	Você não sofre muita pressão no momento e não está estressado.
20-26	Atualmente, o estresse em sua vida é baixo. Mesmo assim, você deveria refletir criticamente sobre os causadores de estresse.
27-33	Atualmente, você sofre um estresse em nível mediano. Você deveria tentar relaxar sistemática e regularmente, por exemplo, tente reduzir os fatores permanentes de estresse.
34-41	Atualmente, você sofre muito estresse. Um relaxamento sistemático é absolutamente necessário, e você deveria tentar eliminar alguns dos fatores de estresse em sua vida.
Acima de 42	Se o estresse continuar no nível atual, sugerimos que você mude a sua vida. Se você não conseguir fazer isso, você deve procurar um médico ou alguma ajuda psicológica.

4 As pessoas e suas crises

Elas existem, as pessoas fortes. Elas encontram novas forças quando perdem o emprego, um parceiro querido ou quase a própria vida. Recorrendo a uma misteriosa força interior, elas não desistem, resistem aos golpes do destino e, às vezes, saem da crise fortalecidas e em condições melhores do que antes. Muitas vezes, essas pessoas especialmente resistentes não conseguem explicar a terceiros o que se passa dentro delas. Apenas algumas declarações suas dão a entender por que elas, ao contrário de tantas outras, conseguem ter esperança no fundo do poço. Os cientistas tentam há décadas desvelar os mistérios dessas pessoas fortes para disponibilizá-los a todos. Na base de algumas biografias e também com a ajuda de estudos inteligentemente elaborados, os psicólogos e pedagogos tentam decifrar aqueles fatores e qualidades que ajudam às pessoas a encontrar novo ânimo em meio às maiores crises.

A vida confronta cada um de nós com numerosos desafios. Os duros golpes do destino aparecem de várias formas. Os maiores desastres pessoais que costumamos imaginar no nosso mundo ocidental ocorrem em relações amorosas frustradas, em doenças graves, dificuldades financeiras, na morte de pessoas próximas, na perda do lar, da liberdade ou da identidade e na falta de reconhecimento no trabalho ou num acidente grave. Em todas essas situações, as pessoas precisam de uma resistência psíquica caso não queiram sucumbir diante da catástrofe. Todo funcionário precisa dessa força, toda pessoa que ama e até mesmo a pessoa bem-sucedida.

Este capítulo pretende apresentar alguns exemplos reais de pessoas que conseguiram sair bem de crises das mais diversas. Reproduzo aqui sem filtro a avaliação pessoal das pessoas afetadas: Como elas mesmas acreditam ter conseguido superar um golpe do destino a princípio insuportável? Elas alguma vez se perguntaram se conseguiriam voltar a ser felizes após o seu sequestro, após a morte de um filho ou após um ataque terrorista, que ameaçou sua vida? Quais condições em seu ambiente social, quais traços de personalidade lhes ajudaram?

Sem dúvida alguma, os destinos individuais também são subjetivos – por isso, dou a palavra aos próprios afetados ou às pessoas que lhe são próximas. Pois o modo de lidar com golpes do destino é altamente individual. E importa também em grande medida o tipo de catástrofe que acomete uma pessoa. Uma pessoa que consegue reencontrar a alegria da vida após a perda de um parente próximo não vai necessariamente ser capaz de superar também um ato de violência contra sua própria pessoa, a perda da mobilidade física ou seu fracasso em sua profissão.

A despeito de toda individualidade e exemplaridade: As biografias narradas neste capítulo lançam luz sobre as qualidades humanas importantes que compõem uma psique forte. Fazem parte disso a capacidade de desenvolver relacionamentos sociais confiáveis, a autoconsciência, a inteligência, a alegria, a capacidade de impor sua vontade, força, autoconhecimento, resistência à frustração e a consciência de poder alcançar algo na vida. Ajuda também uma postura que se mostra aberta a mudanças – quando necessário também a mudanças que, a princípio, não parecem ser nada agradáveis.

Não é preciso dispor de todas as características para superar bem uma crise. Às vezes, bastam algumas poucas dessas qualidades, como mostram os seguintes exemplos. O mais importante é que, em tempos de crise, as pessoas conheçam os recursos dos quais dispõem – e saibam como podem recorrer a eles em momentos de frustração e tristeza.

4.1 A mãe órfã

Dennis tinha 3 anos de idade quando seu câncer foi diagnosticado, e sua mãe ainda não sabia que o destino lhe traria uma prova ainda mais cruel. O câncer não matou Dennis. Ele sobreviveu à cirurgia que removeu o tumor de cinco centímetros em seu cérebro e se recuperou maravilhosamente bem. "Eles conseguiram tirar 100% do tumor. Tudo parecia estar indo bem", conta sua mãe Ute Hönscheid com uma voz amável, alegre e cristalina. Sua voz não revela nada daquilo que ela teve que suportar nos meses após a operação e da dor que sente até hoje.

A princípio, o destino parecia favorável à sua família. Pouco tempo após a arriscada cirurgia em 1997, Dennis já conseguia pegar sozinho a sua chupeta, resolver quebra-cabeças para crianças e colocar fitas K7 em seu gravador. Quando os médicos retiraram os tubos e lhe causaram dores, ele teve até energias para se irritar: "Mamãe chata", ele reclamou. Os pais ficaram extasiados.

No entanto, não demorou, e o destino se voltou novamente contra eles. O quarto no hospital estava escuro, escuro demais. Há dias, a pequena lâmpada ao lado da cama de Dennis não funcionava. As enfermeiras não queriam ligar a lâmpada grande para não perturbar o sono do garoto. "Por favor, acenda a luz", dizia a mãe quando uma enfermeira entrava no quarto de noite para ver se estava tudo bem com o Dennis. De alguma forma, talvez pressentindo algo, ela não gostava dessa atividade na escuridão. Mas a enfermeira não acendeu a luz. Em vez disso, cometeu um erro fatal.

Os dois remédios estavam muito próximos um do outro no criado-mudo de Dennis. Como era fácil errar a mão. Como era fácil errar a mão num quarto escuro. A catástrofe aconteceu: em vez de acrescentar a solução antibiótica ao soro de Dennis, ela lhe deu a injeção de potássio. Assim, o mineral foi introduzido rapidamente no braço do menino – com uma velocidade de 80 mililitros por hora no lugar dos 3 mililitros corretos. Os carrascos nos Estados Unidos não usam nem metade disso para encerrar a vida dos prisioneiros condenados à morte.

O coração de Dennis parou de bater. Por 48 minutos insuportáveis, durante os quais seu cérebro não recebeu oxigênio. Os médicos ainda conseguiram reanimar o menino de 3 anos de idade. Mas ele nunca mais recuperou a consciência, nunca mais conseguiu se comunicar. A partir daí o corpo de Dennis sofreu convulsões numa frequência cada vez maior e parecia suportar dores incríveis. Ele não conseguia gritar, mas seu corpo se contorcia, se estendia excessivamente. "Temíamos a cada momento que ele simplesmente quebrasse ao meio", conta sua mãe.

Logo, "a terrível verdade se tornou evidente", como relata Ute Hönscheid. Os médicos fizeram imagens de ressonância magnética do cérebro de Dennis. Não havia dúvida: O menino se encontrava em estado vegetativo. A probabilidade de ele, em algum momento, recuperar a consciência era, em vista dos extensos danos sofridos pelo cérebro, extremamente pequena.

"Mal havíamos voltado para o quarto com o Dennis, quando a porta se abriu. O médico responsável e toda a sua equipe invadiram o quarto", lembra Ute Hönscheid. "Ele se posicionou a uma palma de distância do meu rosto e fixou meus olhos: 'Dennis jamais voltará a se sentar. Jamais voltará a falar. Jamais voltará a andar. Leve-o para casa e dê-lhe um tempo agradável'", ele disse. Suas palavras em dialeto de Frankfurt acertaram Ute Hönscheid e seu marido Jürgen como "chicotadas". "Ele o condenou à morte. Subamos ao patíbulo. Foi assim que nós nos sentimos."

Por fim, os Hönscheid fazem o que o médico pouco sensível lhes sugeriu. Levam Dennis de volta para casa, na Ilha de Sylt. Lá, o menino morre alguns meses mais tarde em sua cama. Finalmente, o rosto da criança, contorcido de dor, relaxa.

A morte de Dennis ocorreu há 16 anos. Hoje, seria um homem adulto. A voz da mãe expressa felicidade, leveza, energia – também quando relembra os terríveis eventos de 1997. O ouvinte chega quase a se incomodar. Como uma pessoa que sofreu um golpe tão cruel do destino conseguiria superar o luto?

É possível, diz Ute Hönscheid: "Vocês voltarão a ser felizes!" Esta é, para ela, a lição mais importante que ela tenta ensinar às pessoas igualmente castigadas pelo destino. "Mesmo que seja impossível imaginar isso no momento de mais profundo desespero e tristeza: Algum dia, você voltará a ser feliz – e não importa quão duro tenha sido o golpe do destino." A mulher que hoje tem 58 anos de idade não duvida disso.

No início, a própria Ute Hönscheid não quis acreditar nisso. Depois daquele erro da enfermeira, essa mulher magra e alta, que emana tanta alegria de viver, estava destruída, profundamente abalada. "A família inteira estava imersa em tristeza", ela relata. Dennis havia sido seu único filho após três filhas mais velhas, que hoje têm entre 34 e 22 anos de idade. Eles haviam sempre sido a "California Family", como Jürgen Fliege, o pastor da televisão, os chamara certa vez. Nada podia abalá-los, essa família radiante, loura e bronzeada de surfistas. O pai, um surfista de nível mundial, já havia sobrevivido a uma manobra malograda no Mar do Norte, na qual ele fraturara vértebras cervicais. Mas agora, a sorte parecia ter abandonado a família. Havia dias em que não conseguiam fazer nada além de chorar. Até o dia em que Jürgen Hönscheid tomou uma decisão. "Na pior fase", conta Ute Hönscheid, "quando todos nós estávamos deitados no chão do banheiro da minha sogra em Sylt, o Jürgen disse essa frase: Queremos voltar a ser felizes!"

No início, Ute Hönscheid reagiu com irritação. Ela havia perdido seu filho. Mas logo ela entendeu que eles não podiam continuar assim e que sua tristeza não ajudava a ninguém. "Decidimos que o tempo de luto havia passado. Que queríamos voltar a ver as coisas belas da vida", ela explica. Os Hönscheid abriram uma loja para surfistas em Fuerteventura, onde já costumavam passar o inverno há vários anos. Jürgen passava as manhãs em sua oficina de alta tecnologia. Lá, ele produzia suas pranchas de surfe de alta qualidade. As mulheres da família também descobriram sua criatividade e chegaram a criar uma coleção de moda.

Todos os membros da família se concentraram conscientemente apenas nas coisas belas da vida. Faziam parte destas o mar e o pôr do sol, as vitórias das filhas, que agora venciam seus primeiros campeonatos de surfe. O sentimento de alegria que os invadia quando corriam entre as dunas. "No entanto, nos afastamos também de modo bem egoísta de todos os problemas dos nossos amigos e nem assistíamos aos noticiários", conta a mãe. "Foi assim que conseguimos nos erguer."

Essa exclusão consciente das coisas negativas fez com que, em algum momento, a sensação boa de viver voltou. Um ponto essencial nisso tudo foi a unidade da família, que transmite força e segurança: "Somos um verdadeiro clã!" Já no hospital, as enfermeiras haviam se perguntado como uma família com uma criança que sofria de câncer podia ser tão alegre, como ela se abraçava e espalhava felicidade. Na época, Ute Hönscheid costumava dizer: "É preciso adaptar-se a situações novas e se concentrar no que há de bom nela".

Chegou o momento em que Ute Hönscheid havia recuperado tanta energia que ela se viu capaz de enfrentar uma luta dolorosa. Não havia mais nada que ela pudesse fazer pelo filho. Mas ela não queria que sua morte precoce fosse em vão. Ela queria impedir que outras pessoas sofressem um destino semelhante, queria despertar a consciência para erros médicos e suas consequências e garantir que os hospitais criassem registros de erros para evitar outros acidentes. Por isso, os Hönscheid processaram o hospital da Universidade de Frankfurt durante anos, que tentou abafar o erro cometido. Parecia um romance policial com documentos desaparecidos, testemunhas ameaçadas e uma juíza comprometida. Médicos inescrupulosos tentaram convencer os Hönscheid de que seu estado havia sido causado por seu tumor e não por uma injeção errada.

Ute e Jürgen Hönscheid passaram sete anos lutando pela verdade. Ute Hönscheid até chegou a escrever um livro sobre isso (*Drei Kinder und ein Engel* [Três filhas e um anjo]). Finalmente, o tribunal reconheceu que Dennis havia morrido em decorrência de um erro médico. A mãe não sente ódio até hoje – nem contra a enfermeira, à qual ela perdoou há muito tempo. "Enfermeiras, médicos e professores já nos ajudaram tantas vezes, e somos infinitamente gratos por isso", ela escreve no prefácio de seu livro. "Somos apenas contra o abafamento e ocultamento de erros de tratamento, como aconteceu no caso do nosso filho." Os pais receberam 40 mil euros de indenização após o processo. Eles doaram a soma inteira – metade para a clínica em Frankfurt, onde tudo acontecera. É importante reconciliar-se – com as pessoas, com o destino, afirma a mãe.

"É impossível processar algo assim. Uma experiência desse tipo o acompanha e se transforma ao longo do tempo", Ute Hönscheid conta sem qualquer traço de amargura. "Mas a pessoa que sobrevive a algo assim passa a ter uma alegria de viver, consegue lidar melhor com o dia a dia. Hoje nós sabemos que conseguimos suportar muita coisa sem que aquilo nos quebre. Isso fortalece."

Hoje ela diz que só pode recomendar a todos que "tomem aquela decisão que nós tomamos na época – uma decisão totalmente radical e ousada". O fim de uma crise tem também a ver com a vontade. "Muito se decide na cabeça. Precisamos estar dispostos e decididos a sobreviver bem à crise." Uma ajuda pode ser aproveitar a oportunidade para dar início a uma nova fase da vida. Ute Hönscheid acaba de descobrir algo novo para si mesma: "Trabalho agora como modelo, como modelo da melhor idade", ela conta. "É maravilhoso fazer algo tão banal, lindo, leve divertido. E sei que é algo perfeitamente adequado para mim."

4.2 O autoexplorador

Ele reapareceu tão rápido quanto havia desaparecido. No final de setembro de 2011, Ralf Rangnick, o treinador do clube de futebol da primeira liga alemã FC Schalke 04 anunciou que largaria seu emprego imediatamente. Um dos profissionais mais duros entre os durões disse que se sentia esgotado, que estava sem apetite, que não comia nem dormia mais. Disse que simplesmente não conseguia mais alcançar seu "nível de energia", tão necessário para fornecer a força que uma equipe precisa para vencer no campo.

Em junho de 2012, nove meses mais tarde, ele estava de volta no palco do espetáculo futebolístico. Ele se tornou diretor esportivo de dois clubes de futebol, do multicampeão austríaco FC Red Bull Salzburg e do RB Leipzig, da quarta liga. "Hoje começa uma nova contagem do tempo", ele disse ao assumir seus novos empregos. Rangnick afirmou que seu entusiasmo havia voltado. "Nunca me senti tão bem."

Rangnick sempre havia sido visto como homem cheio de energia. Ele entrou na história da Bundesliga como "professor de futebol", porque, em 1998, como jovem treinador de sucesso do SSV Ulm, explicou os fundamentos essenciais da teoria do futebol num programa de TV alemão. Ele demonstrou a importância de defender os espaços e de jogar com quatro zagueiros, mostrando assim porque a posição do líbero era antiquada no futebol moderno. Ele parecia tão concentrado, tão sério e quase obsessivo que todos já sabiam na época: Essa pessoa se empenha por seus objetivos profissionais e defende suas ideias a qualquer custo, mesmo se isso significasse a perda de sua própria felicidade.

O autoexplorador Rangnick logo teve o sucesso esperado. Ele se tornou um dos treinadores da Bundesliga de maior visibilidade. Ele foi o primeiro treinador alemão, formado em Educação Física e Inglês, a levar o TSG 1899 Hoffenheim, um clube da terceira liga, diretamente para o primeiro lugar da primeira Bundesliga. Rangnick exigia tudo não só de seus jogadores. Ele era famoso por também sempre trabalhar no limite, por ser perfeccionista e fiel aos seus princípios. Ele investia muita energia em coisas que os outros consideravam irrelevantes. Como treinador, queria até reservar pessoalmente os hotéis para sua equipe. Segundo seus companheiros, uma coisa que ele não conseguia fazer era relaxar. "Certamente existem situações em que eu posso dar nos nervos dos outros", ele confessou anos atrás. "Quando percebo que alguém está se acomodando, eu me torno desagradável!"

Ele nunca escondeu sua ambição. Ele gostava de contar a seguinte anedota: Certa vez, jogou um carrinho de brinquedo pela janela só porque havia perdido contra seu avô num jogo de cartas. Derrotas o deixavam mal – além do normal no difícil ramo do futebol. "Ralf é uma pessoa que sempre dá 200% para alcançar o melhor resultado, e, como todos sabem, ele espera o mesmo das pessoas que trabalham com ele", relata seu conselheiro Oliver Mintzlaff.

De repente, porém, ele não aguentou mais. Rangnick se sentiu esgotado. O treinador ambicioso ainda tentou durante várias semanas negar os seus problemas. Mas já em setembro de 2011 o médico do FC Schalke 04, Thorsten Rarreck, diagnosticou em Rangnick uma síndrome de exaustão vegetativa. Ele teve que se esforçar muito para convencer o seu paciente de seu diagnóstico, o médico contou mais tarde. No fim, porém, o treinador sentiu certo alívio quando o médico do clube lhe sugeriu se afastar do trabalho durante algum tempo.

Rarreck havia percebido que Rangnick "não estava apenas exausto". Por isso, "teve que puxar o freio de mão". E o próprio Rangnick diria mais tarde: "Era uma necessidade brutal parar". Apenas uma pessoa que arde pode incendiar outras pessoas. Mas ele se sentira como se alguém tivesse desligado o interruptor. "Pensei: Aguenta. Seja homem. Mas chegou o momento em que eu não conseguia mais", ele contou. Seu hemograma apresentava valores catastróficos, os hormônios estavam um caos, e seu sistema imunológico praticamente não existia mais. "Foi um colapso físico total."

Ele mesmo havia percebido os primeiros sintomas alguns meses antes. Antes de assumir sua posição como treinador do Schalke em março de 2011, ele pretendera se ausentar por algum tempo. Ele queria fazer uma pausa de vários meses após se separar de seu time anterior, o TSG Hoffenheim, no início de janeiro. Mas então recebeu a oferta do Schalke. É agora ou nunca, disseram. E Rangnick aceitou a despeito do vazio interior que sentia. "Ele simplesmente exigiu demais de si mesmo", disse o médico Rarreck. "Eu comparo isso com um atleta que treinou demais. O corpo inteiro está completamente esgotado."

Muito provavelmente, não foram os outros que exerceram a maior pressão sobre Rangnick, foi ele mesmo. Provavelmente, ele se sentiu profundamente magoado por, a despeito de todo seu sucesso, ainda não ter conquistado um título importante. Conseguiu chegar à semifinal da Champions League com o Schalke e levar o Hoffenheim ao título de campeão da primeira rodada da Bundesliga – sempre a metade daquilo que ele realmente queria alcançar. Pessoas que trabalham em profissões criativas e no mundo do atletismo de ponta são especialmente ameaçadas de cair na armadilha da perfeição. Elas gostam do sucesso, mas se sentem também pessoalmente responsáveis quando fracassam. Paradoxalmente, o explorador e o explorado são a mesma pessoa. "Ele é uma pessoa com uma energia extraordinária, justamente por isso ele é ameaçado", explicou o médico Rarreck.

Ao mesmo tempo, Rangnick é também muito sensível. Ele se sentia facilmente magoado por críticas. Era uma pessoa emocional. O quão sensível ele é se tornou evidente quando seu pai foi internado em 2010, algo que o deprimiu durante semanas. Ele sentiu também o peso emocional quando um câncer foi diagnosticado em seu amigo. Mas o professor de futebol nunca conseguiu se integrar em sua equipe. Quando seus jogadores festejavam uma vitória com cerveja, Rangnick sempre permanecia às margens. É possível que isso também o afetou.

Quando Rangnick voltou ao trabalho, tudo indicava que ele não havia aprendido nada. Voltou com metas exageradas: Disse que dificilmente seria possível levar o clube de Leipzig da quarta liga diretamente para a Bundesliga em um único ano, "mas tenho certeza de que o avanço pode acontecer rapidamente se as condições forem apropriadas". O próximo colapso parecia ser uma questão de tempo.

Mas Rangnick disse também como ele havia superado a sua crise. "Isso não é possível sem mudar algumas coisas fundamentais", ele contou num programa de TV. "É preciso respeitar os intervalos, alimentar-se corretamente e praticar esportes." No futuro pretendia fazer pausas maiores com regularidade. "É preciso insistir nisso. Isso será decisivo para mim." Durante sua crise, dois conceitos tinham adquirido um novo significado para ele: autodisciplina e delegar responsabilidade. "Durante as refeições, os celulares não precisam ficar ao lado do prato, e quando estou em casa com minha família, eles podem até ficar desligados", disse Rangnick. "É preciso cuidar de si mesmo, principalmente nessa profissão."

O médico Rarreck sempre deu um bom prognóstico sobre seu paciente. "Rangnick não é um homem que desiste. Ele enfrenta tudo de forma ativa", ele explicou. Além disso, possui muitas outras qualidades e é um sujeito inteligente. "Depois dessa pausa, ele recuperará sua antiga força", Rarreck prognosticou no mesmo dia em que informou sobre o *burnout* de Rangnick.

4.3 O banido

Erwin* fazia parte da reserva secreta de Adolf Hitler. Ele tinha 19 anos de idade, quando o Führer achou que ainda deveria mandá-lo para a guerra para alcançar a sua vitória final a despeito de todos os prognósticos contrários. Até então, Erwin só conhecia a vida tranquila do campo na Pomerânia. Lá, seus pais possuíam uma grande fazenda. A família, como muitos outros alemães da região, era considerada rica. Os filhos de fazendeiros mais jovens como ele haviam sido poupados do campo de batalha. Eles podiam ajudar na colheita caso tivessem irmãos mais velhos que já lutavam pela

---

* Nome fictício.

pátria. Assim, Erwin levava uma vida tranquila, até mesmo durante os anos da Segunda Guerra Mundial. Mas agora, no inverno de 1944/1945, ele também teve que enfrentar o campo de batalha. Ele sempre tivera medo da guerra, mas nas trincheiras geladas do Leste, as coisas eram ainda piores do que ele havia imaginado.

Quase dez anos passariam antes de Erwin poder voltar. Mas voltar para onde? A Pomerânia pertencia agora à Polônia, a grande fazenda dos pais havia sido desapropriada. Dez anos haviam passado, no início, nas trincheiras, onde presenciou tremendas calamidades e viu seus colegas morrerem miseravelmente, depois, no campo de trabalho na Estônia, onde ele, totalmente subnutrido e morrendo de frio, teve que trabalhar para os soviéticos.

Agora, no verão de 1955, ele finalmente voltou da guerra. Ele passou muito tempo procurando seus pais, mas a mãe havia morrido durante a fuga. Finalmente, encontrou seu pai numa pequena fazenda perto de Magdeburg, que pertencia ao irmão da mãe. Erwin e seu irmão, que também acabara de voltar da guerra, conseguiram se abrigar ali. E foi onde Erwin ficou até o final de sua vida.

O jovem casou-se com uma mulher de uma aldeia próxima. Ela era o grande amor de Erwin, mas as coisas não foram fáceis. Seu sogro não gostava desse homem, que teve que largar toda a sua herança, a fazenda, na Pomerânia, e agora trabalhava como simples funcionário na fazenda de seu tio. Ele nunca aceitou seu genro – nem falou com ele.

Mesmo assim, Erwin foi feliz com sua esposa. Eles não tinham muito, mas conseguiram sobreviver. Eles tiveram dois filhos, uma menina e um garoto. Mas então uma doença fatal acometeu a família. Antes de completar 30 anos de idade, a esposa de Erwin foi morta pela leucemia. Erwin estava sozinho com seus dois pequenos filhos. Nem mesmo os sogros ajudaram o genro desprezado. Como ele criaria seus filhos?

Amigos, que também haviam vindo da Pomerânia, tiveram uma ideia. Organizaram um encontro entre Erwin e Brigitte*. O

---

* Nome fictício.

destino dos dois havia sido muito parecido. Brigitte também provinha de uma grande fazenda no Oriente alemão. Era silesiana. Ela e toda sua família haviam sido expulsas de seu lar aos 9 anos de idade. Erwin e Brigitte se tornaram amigos, casaram e ainda tiveram um filho juntos. Eles se compreendiam, mas havia algo que os separava: a forma como lidavam com sua pátria perdida.

Ainda 40 anos depois, havia uma fotografia da fazenda silesiana na parede da sala de sua casinha, da fazenda na qual Brigitte havia sido criada. Quase todos os dias, ela falava sobre a perda que sofrera em sua infância. Diferentemente de Erwin, ela nunca perdoou o povo polonês. A fazenda paterna havia sido mais do que um lar ou garantia financeira. Era para ela o símbolo de fazer parte de uma classe especial, e foi essa a perda que ela nunca conseguiu superar. Ela parecia ter sido expulsa não só da fazenda dos pais, mas também da felicidade.

Erwin, por sua vez, sempre falava bem dos poloneses e até mesmo sobre os russos, que o haviam mantido preso durante tanto tempo. O fato de ele ter tido experiências ruins com alguns deles não era motivo de ódio ou amargura. As experiências da guerra eram, para ele, parte de sua biografia, mas não parte de seu dia a dia; a fazenda de sua família fazia parte do passado; a rejeição dos sogros não era agradável, mas não havia nada que ele pudesse fazer em relação a isso; a morte precoce de sua esposa era algo que simplesmente havia acontecido.

Os olhos de Erwin brilhavam quando ele falava sobre os amigos que ele encontrara no cativeiro, ele contava piadas em russo e quando narrava como conseguira encontrar seu pai, ele usava apenas poucas palavras para contar os aspectos tristes e a morte da mãe durante a fuga. Ele preferia gastar muito mais palavras descrevendo sua alegria quando finalmente reencontrou o pai.

E mesmo com mais de 80 anos de idade, Erwin conseguia se alegrar como uma criança. "As coisas são como são", ele costumava dizer. E: "A vida conta suas próprias histórias". Sua vida, que certamente lhe desferiu vários golpes, estava em ordem. Ele nunca acreditou que outros eram culpados por sua desgraça. Sua esposa, dez anos mais nova do que ele, morreu muitos anos antes dele.

4.4 A mulher que perdeu sua identidade

As pessoas em sua volta reagiram confusas diante do fato de ela não ter ficado confusa. Afinal de contas, existiam tantos artigos em jornais e também pesquisas científicas, segundo os quais as pessoas perdem o equilíbrio quando, de repente, não sabem mais de onde elas vêm. Às vezes, são exames genéticos que o trazem à luz, por outras, revelações dos próprios pais, que finalmente querem compartilhar um segredo: De um dia para o outro, as pessoas ficam sabendo que elas foram adotadas, que são fruto de um caso extraconjugal ou que foram geradas com o esperma de um doador anônimo. De repente, falta-lhes o conhecimento por meio do qual tantas pessoas se definem: Quem são meus pais? Quem é meu pai? Como ele é? Eu me pareço com ele? Em outras palavras: De onde venho?

No caso de Sabine*, de Munique, a perda de identidade foi um acaso curioso ou a manifestação de um inconsciente forçado a se calar durante muito tempo. "Veja só, que interessante!" exclamou sua mãe, evidentemente surpresa, poucas semanas após o nascimento da filha de Sabine. Sabine e sua mãe estavam olhando as imagens de ultrassom, a fita de identificação que a filha usara no hospital e outras lembranças da gravidez e do parto. Nisso, a avó do bebê percebeu aquela discrepância nos grupos sanguíneos. "Que engraçado", ela disse, "seu grupo sanguíneo é B? Seu pai e eu somos ambos do grupo A!"

Sabine também achou interessante, mas não achou graça nenhuma. Como cientista, ela sabia que isso não era possível. Alguma coisa estava errada aqui. Ou o médico havia feito um erro ao determinar o grupo sanguíneo de uma das três pessoas, ou ela não podia ser filha de seus pais. Sabine era curiosa demais para se contentar com essas possibilidades e simplesmente voltar para o dia a dia. Não existia essa velha história segundo a qual ela poderia ter sido trocada como bebê no hospital? Ela queria resolver essas discrepâncias.

A princípio, seus pais acharam isso completamente desnecessário. A ciência também erra, diziam. Existem coisas entre o céu e

---

* Nome fictício.

a terra que fogem aos métodos modernos da ciência. Além disso, o ginecologista que determinou o grupo sanguíneo da mãe vivia bêbado. Portanto, era bem possível que ele tivesse cometido um erro em sua clínica. E se outro homem fosse o pai? Impossível. Eles sempre foram fiéis um ao outro, garantiam os pais. A única coisa que os fez apoiar a curiosidade científica de Sabine foi aquela história da possível troca de bebês. Afinal de contas, a parteira havia parabenizado a mãe pelo nascimento de um belo garoto saudável e forte, mas depois voltou para o quarto dizendo que a criança era uma menina.

Nos próximos meses, vários exames de sangue revelaram que os grupos sanguíneos haviam sido determinados corretamente. Dois testes genéticos trouxeram à tona a verdade: Sabine era filha de sua mãe; não, porém, filha de seu pai. Isso foi uma surpresa para ela, pois a mãe continuou firme em sua alegação de sempre ter sido fiel ao marido. Apenas alguns meses após o teste genético, ela se lembrou de um caso extraconjugal que, aparentemente, havia sido reprimido por sua consciência.

Mesmo assim: A novidade totalmente surpreendente para Sabine de que ela não era a filha biológica de seu pai a abalou, mas não a derrubou. De seu ponto de vista, isso não mudou em nada seu relacionamento com seu pai social, apesar de este ter ficado muito magoado com a notícia. Ele reagiu confuso e ficou com medo de não mais ser aceito pelos filhos e netos.

Os amigos e a irmã de Sabine lhe perguntaram repetidas vezes se ela não estava totalmente confusa. Se ela não queria encontrar e conhecer seu pai biológico. Ela não queria partir em busca de seu "eu verdadeiro"? Enquanto seu pai de criação quase foi destruído pela nova verdade, ela tinha a sensação de que nada de essencial havia mudado. A notícia alcançou seu cérebro, mas em seu íntimo ela não se sentia afetada por ela. "Eu sou quem eu sou", ela disse, segura de si, "isso não muda só porque meu pai é outro".

A maioria das pessoas que são confrontadas com perguntas semelhantes em sua vida tem uma visão completamente diferente de Sabine. Muitos, como, por exemplo, uma jovem mulher chamada Sonja, que, aos 27 anos de idade, descobriu que ela era filha de um doador anônimo, entram em uma profunda crise de identidade. O dia em que ela recebeu a notícia foi o pior dia de sua vida, escreve Sonja na internet. Ela se sentia como se "o chão tivesse sido puxado sob seus pés". Os juízes do Supremo Tribunal Constitucional da Alemanha estavam cientes disso, por isso, concederam em 1989 a todas as pessoas o direito ao acesso às informações sobre sua descendência. Por isso, a possibilidade de entregar bebês anonimamente nos hospitais ou de fazer um parto anônimo continua a ser fortemente criticada. Entrementes, a Alemanha proíbe doações anônimas de esperma. E isso é bom, diz a terapeuta de famílias Petra Thorn. Ela trata pacientes que apresentam lacunas em sua árvore genealógica. Ela diz que, muitas vezes, é preciso de muito tempo para que essas pessoas se recuperem.

Sabine, por sua vez, achou a nova situação também um tanto interessante. Era uma característica dela que ela já havia percebido antes em si mesma. Quando algo mudava em sua vida, ela achava isso excitante – mesmo quando a mudança era essencialmente negativa. Até mesmo após a morte de seu querido avô, ela se sentiu assim. Ela acordou de manhã sabendo: Algo mudou; não é algo agradável. E mesmo assim ela se sentiu impulsionada – por razões que nem ela entendia completamente.

Bem, agora que tudo o que ela sabia sobre sua descendência tinha ido água abaixo, ela teve uma sensação semelhante. Sabine aceitou a situação. As coisas eram como eram. Ela só não gostou do fato de não saber quais eram as doenças mais comuns em "sua família". Se ela corria um risco alto ou baixo de desenvolver um câncer de mama. Se ela morreria velha ou ainda jovem. De repente, ela entendeu por que suas pernas eram tão diferentes das pernas de todos os outros familiares. Mas ela não sabia qual era a origem dessas pernas ou quem mais neste mundo tinha pernas iguais às dela. E mesmo assim ela dizia a si mesma: "Eu me conheço, e isso é muito mais importante do que conhecer meu pai biológico".

4.5 Os homens que escaparam do assassino

Quem estava sintonizado no canal de TV inglês BBC em 25 de julho de 2011 e ouviu o jovem na frente do tribunal de Oslo falar sobre o terror de Utoya podia acreditar que estava ouvindo as palavras de um repórter. Certamente, esse jovem louro de 27 anos se mostrou abalado diante dos eventos terríveis sobre os quais estava falando. Mas qual norueguês, que ser humano não estava abalado naquele momento? Apenas três dias antes, Anders Behring Breivik, simpatizante da extrema-direita, havia cometido um terrível massacre na pequena ilha norueguesa de Utoya, onde as organizações da juventude do Partido Social-democrata haviam se reunido.

Calmo e autoconfiante, sem gaguejar, Vegard Groslie Wennesland relatou o que acontecera na ilha. Mas ele não era repórter. Wennesland estivera pessoalmente na ilha quando Breivik matou 69 pessoas em 75 minutos. E, por pouco, Wennesland também teria perdido a vida. O fato de que o jovem democrata social conseguiu relatar as suas experiências para as câmeras apenas três dias após aqueles eventos já era surpreendente. Mas a maneira como ele o fez foi ainda mais impressionante.

"Quando foram disparados os primeiros tiros, eu me encontrava no acampamento. Não pude ver o atirador", ele contou ao público em postura ereta. Apenas seus olhos revelavam certa inquietação. Olhos inseguros, típicos daqueles que não estão acostumados a falar na frente de uma câmera. "Mas assim que saí da barraca, percebi imediatamente a seriedade do que estava acontecendo", continuou Wennesland. "Vi meus amigos correrem em minha direção, para longe dele." Algumas das pessoas em fuga tropeçaram, e Wennesland viu como Breivik se aproximou delas e as executou com um tiro na cabeça. Foi aí que Wennesland correu para salvar sua vida.

Ele se refugiou numa cabana de madeira, onde ele conseguiu se trancar com outros 40 jovens. Breivik tentou arrombar a cabana; ele atirou pela janela e pelas paredes, antes de, finalmente, desistir e procurar outras vítimas lá fora. Lá de dentro, continuaram a ouvir tiros e gritos, ouviram como amigos e conhecidos imploravam pela sua vida e se perguntaram se alguém conseguiria chegar a tempo naquela pequena ilha para socorrê-los em tempo. Uma ajuda que conseguiria dar conta desse monstro lá fora. "Acho que fiquei uma hora embaixo daquela cama, rezando e esperando. Foi terrível. Foi terrível", disse Wennesland na TV.

Wennesland não havia trancado suas experiências em algum canto remoto e escondido do seu íntimo. Ele não falava sobre elas como se não o afetassem pessoalmente. Evidentemente, era uma força interna que lhe permitia manter a compostura. Uma vez, lágrimas se anunciaram em seus olhos. A jornalista da BBC, sentada em seu sofá vermelho no estúdio, perguntou como ele conseguiu mandar mensagens para a família e os amigos numa situação dessas. "Quando Breivik começou a atirar pelas paredes da cabana, pensei: Agora ele vai matar cada um de nós. Eu não queria alarmar as pessoas em casa desnecessariamente, mas pensei que esta seria, talvez, minha última oportunidade", respondeu Wennesland, visivelmente abalado. "Queria dizer-lhes que eu os amo e que eu esperava revê-los."

E também a BBC demonstrou respeito pela apresentação de Wennesland: "Cada um que está nos assistindo nesta manhã e o vê está impressionado com sua coragem, pelo fato de você estar falando conosco e pela maneira como você está lidando com tudo isso", disse o jornalista, sentado ao lado de sua colega no estúdio. E insistiu: "Você pode nos explicar o quanto isso é difícil para você?" "É extremamente triste", respondeu Wennesland. Na véspera, reunido com sua família e sua namorada em seu lar, ele sofrera um colapso: "É o momento em que você não aguenta mais e simplesmente chora".

Mas ele sabia também por que conseguia ser tão forte neste momento. Por que conseguia ficar de pé em vez de se esconder em baixo das cobertas de sua cama: Graças ao seu partido, ele tinha contatos no mundo inteiro, explicou o jovem, que, até o dia do massacre, havia sido vice-presidente da Liga da Juventude dos Democratas Sociais do Distrito de Oslo e que agora, devido à morte de seu amigo, havia se tornado presidente. Ele recebeu apoio do mundo inteiro. Isso lhe ajudou muito, afirmou – e também o fato de ele poder ajudar muitos outros. "Vivenciamos uma solidariedade enorme", disse ele, e um sorriso fraco passou pelo seu rosto. "Estamos ajudando uns aos outros. Acredito que, sem essa ajuda, não seria possível sobreviver a essa situação."

Wennesland não foge da confrontação com as piores horas de sua vida nem mesmo nove meses depois, quando se encontra com uma jornalista da agência de notícias Reuters. Ele ainda usa a faixa cor de laranja com a palavra UTOYA escrita em grandes letras brancas. Cada participante do acampamento na pequena ilha havia recebido uma faixa dessas. "Não consigo tirá-la", ele diz. Ela o lembra de sempre ser grato por tudo – até mesmo por esse café terrível de refeitório da universidade, ele brinca. "E evidentemente eu a uso em honra de todas as pessoas que perdemos."

No primeiro tempo após o atentado, as coisas não foram fáceis para Wennesland. Não conseguiu se concentrar em sua tese sobre os acampamentos de refugiados palestinos no Líbano, que estava quase pronta quando o massacre ocorreu. Ele teve sessões semanais com um psiquiatra. Isso lhe ajudou a organizar seus pensamentos. Eu não queria sucumbir aos terríveis eventos.

Wennesland encontrou seu caminho: Ele transformou seu medo, seu luto, sua raiva em atividade. "Aquele sujeito queria me matar, porque eu acredito na democracia, na sinceridade, na tolerância e no diálogo", diz o estudante em blusa e tênis para a jornalista da Reuters. "Bem, então vai pro inferno!" ele explode de repente. "Se ele queria me matar por causa disso, eu lutarei ainda mais por tudo isso!" Caso contrário, Breivik teria vencido. "E ninguém em toda a Noruega quer que ele vença. Aqueles de nós que sobreviveram serão mais fortes. Seremos mais resistentes."

Nem todos os sobreviventes de Utoya se encontram num estado tão estável quanto Wennesland. Adrian Pracon, de 21 anos de idade, também tentou transformar seus medos e suas angústias em algo útil. Ele escreveu um livro (cujo título traduzido seria algo como "Coração contra pedra") sobre os minutos mais terríveis de sua vida – "para homenagear os mortos", como ele diz, e para mostrar "que o terror não pode vencer o empenho político". Incansavelmente, ele faz palestras contra o ódio e a discriminação entre raças.

Em Utoya, Pracon havia simulado a morte para escapar de Breivik. Ele se cobriu com o sangue de seus amigos mortos e se deitou numa rocha. Quando Breivik se aproximou, Pracon não conseguiu nem perceber sua própria respiração, tamanho era seu medo; só sentiu como seu coração batia contra a pedra. Mesmo assim, Breivik disparou seu último tiro contra ele. Pracon teve uma sorte incrível. A bala passou a poucos milímetros de sua cabeça e perfurou apenas seu ombro.

As feridas na alma, porém, são profundas. Mesmo meses após o atentado, Adrian Pracon continua de licença médica. Ele luta contra depressões. Não importa onde ele esteja, sempre procura algum refúgio. Aqui, no teto da cafeteria, essas três aberturas, elas poderiam salvá-lo, ele pensa. Sem essas rotas de fuga ele não consegue fazer nada. Em Utoya, diz Pracon, não havia saída.

Uma coisa o ocupa o tempo todo: Em seu primeiro encontro com o assassino na praia, Breivik poupou sua vida. Ele já havia apontado suas armas para ele, e ele não popou a vida de nenhum outro adulto. Como uma máquina assassina, ele matou um após o outro. A água foi ficando cada vez mais vermelha. Mas quando Adrian gritou desesperado: "Não atire!", Breivik abaixou sua arma e seguiu em frente.

Para quase todos os sobreviventes de uma grande tragédia, é muito difícil entender como eles podem continuar a viver quando tantos tiveram que morrer. Para Pracon, a situação é quase insuportável. O que poupou sua vida não foi algum acaso, não foram os poderes do destino, mas um repugnante assassino. Foi Breivik que decidiu que ele viveria.

Por quê? Essa pergunta não o deixa em paz. "Às vezes, passo dias não conseguindo pensar em outra coisa", ele conta. Será que Breivik gostou dele? Essa seria uma das piores respostas para o jovem social-democrata.

Quatro meses após o massacre de Utoya, em novembro de 2011, Adrian Pracon é chamado como testemunha no processo contra Andres Breivik em Oslo. À noite, por nenhuma razão específica, ele ataca um homem e uma mulher na frente de um bar. Sem que eles tivessem o provocado, sem nenhuma causa visível, ele derruba o homem e chuta sua cabeça repetidas vezes.

Quando Adrian Pracon perdeu o controle, o processo contra Andres Breivik ainda não tinha começado. Ao longo do processo, o assassino dirá que ele poupou a vida de Adrian porque ele aparentava ser da "direita".

Poucos dias antes da sentença contra Breivik em agosto de 2012, uma corte condena Adrian Pracon a 180 horas de trabalho comunitário e a uma multa de 10 mil coroas norueguesas (mais ou menos 1.400 euros). O juiz leva em consideração o fator atenuante de que o jovem social-democrata sofre de um distúrbio de estresse pós-traumático. O próprio Pracon se mostra arrependido. Depois dos eventos terríveis de Utoya, ele precisou "conhecer-se de novo".

4.6 O paciente com deficiência grave

O jovem médico mal teve coragem de entrar no quarto deste paciente. Ver o homem deitado em sua miséria era algo que o médico achava perturbador. Mas uma pessoa assim não merecia um tempo extra de sua atenção? Que ele o ouvisse e conversasse com ele um pouco? Esse homem havia perdido tudo em sua vida. Deveria ser insuportável ter que lidar com um destino desse tipo. O homem estava paralisado a partir da segunda vértebra cervical. A única coisa que ele ainda conseguia movimentar eram os músculos de sua cabeça. Ele conseguia falar e engolir, conseguia franzir a testa, piscar os olhos e mexer as orelhas. Mas isso era tudo. Ele não controlava mais o resto de seu corpo desde que, muitos anos atrás, havia pulado de um rochedo numa praia da Espanha.

Agora, ficava deitado ali, assistindo à TV. Ficava deitado ouvindo rádio. Ficava deitado enquanto outros o alimentavam. Às vezes, ficava apenas deitado.

Há anos essa era a sua rotina. Normalmente, o homem, que ainda não havia completado 40 anos de idade, vivia em casa com sua família. Vivia? Ele não conseguia nem comer sozinho, e quando queria beber, alguém precisava apoiar sua cabeça. Ele conseguia ler um livro se alguém virasse as páginas para ele. Poucas semanas atrás, ele havia sido internado no hospital da Universidade de Munique por causa de uma infecção pulmonar. Mas agora já estava se recuperando. Em breve, poderia voltar para casa.

Certa manhã, pouco antes de receber alta, o jovem médico decidiu conversar com ele. E ele não acreditou quando ouviu tudo o que aquele paciente contou sobre si mesmo. Ele havia esperado conhecer um homem desesperado e altamente depressivo. Uma pessoa que não se aguenta mais e que se queixa da falta de sentido em sua vida. Que preferia morrer hoje do que viver mais um dia.

Mas o que o médico encontrou foi o contrário disso. O maior medo do paciente era que alguém pudesse pôr um fim à sua vida contra a sua vontade. "Gosto da minha vida", ele contou. Sua família queria se livrar dele, para ela, ele era um peso enorme. Ele ouvira como sua esposa pediu ao médico que parassem de lhe dar antibióticos. Seria melhor permitir que a infecção pulmonar o matasse. Mas ele queria viver. Ele gostava da vida – a despeito de tudo. Ele se sentia bem.

O jovem médico quase não conseguiu acreditar naquilo. Como para a maioria das pessoas, a ideia de ter seu espírito preso em um corpo completamente paralisado lhe era insuportável. "Eu preferiria estar morto do que me ver numa situação dessas", dizem quase todos que, em estado saudável, se vê diante dessa situação. Na década de 1970, acreditava-se que cada pessoa tinha seu próprio nível de felicidade pessoal. Não importava se você ganhasse na Mega-Sena® ou tivesse que passar o resto de sua vida em uma cadeira de rodas: Após um pico na escala de felicidade para cima ou para baixo, as pessoas voltariam a recuperar seu antigo nível de felicidade e sua satisfação inata com a vida. Mas não é assim que as coisas funcionam. O jovem médico sabia disso. Por isso mesmo ele tivera tanto medo do contato com esse infeliz.

Mesmo assim, existem vários relatos de pessoas gravemente acometidas por uma doença que amam sua vida. Até mesmo de pessoas ainda mais deficientes do que esse homem paralítico. Há pouco tempo o médico havia lido um estudo belga sobre pacientes que sofriam da Síndrome do Encarceramento. Essas pessoas estão presas em um corpo imóvel e normalmente também insensível. Isso pode acontecer após um AVC, em decorrência de uma doença degenerativa ou de um acidente. Quase sempre, os pacientes dependem de uma respiração e alimentação artificial.

Mesmo assim, mais de dois terços dos 65 pacientes com Síndrome de Encarceramento entrevistados pelo estudo belga afirmavam ser felizes. Alguns conseguiram dizer isso com dificuldades, a maioria respondeu com a ajuda dos únicos movimentos que lhes restavam: Muitos conseguem apenas piscar os olhos ou mexê-los de um lado para o outro. Quando um enfermeiro ou um computador recita o alfabeto, eles o interrompem com um piscar de olhos. Assim eles se comunicam com os médicos, letra por letra. Apenas 7% dos pacientes preferiam estar mortos. Talvez essa percentagem seria mais alta se todos os pacientes contatados tivessem participado do estudo. Mas apenas poucos se mostraram dispostos a participar do estudo. E aqueles que participaram devem ter sido aqueles pacientes com a maior vontade de viver. Mesmo assim, o estudo mostrou de forma inequívoca: Existem também pacientes com deficiências gravíssimas que se apegam à vida. Mesmo quando essa vida consiste apenas de seu próprio eu.

Pouco tempo após o acidente, ele cogitou a possibilidade de cometer suicídio, contou o paciente paralítico ao médico no hospital de Munique. Mas nem mesmo isso ele teria conseguido fazer. Ele não conseguia fazer nada sozinho; não existia mais uma vida determinada por ele mesmo. No início, isso foi uma tortura. Se sua vontade tivesse sido capaz de matá-lo, ele teria morrido.

Mas após alguns meses, ele começou a se instalar em sua vida nova e a sentir prazer. Ele gosta dos muitos livros em áudio que ouve. Gosta de aprender coisas novas todos os dias, de se educar e formar cada dia um pouco mais. E ele gosta de comer. Sem dúvida: Se tivesse uma escolha e pudesse voltar no tempo, ele não voltaria a pular daquela rocha. Mas há muito tempo que ele não pensa mais nisso. Jovens fazem coisas idiotas. No caso dele, as consequências foram especialmente chatas.

No entanto, há algo de bom em tudo isso. "Estou vivo", diz ele. E sua imaginação, sua percepção e suas lembranças – tudo isso lhe restou.

4.7 A refém

Sua apresentação foi tão impressionante que os especialistas se envolveram numa discussão depois dela. Isso era possível? Não fazia duas semanas que essa jovem mulher de 18 anos havia escapado de seu sequestrador. A última vez em que desfrutara de liberdade, ela havia sido uma criança. Natascha Kampusch passou oito anos em cativeiro, e só pôde sair da casa de seu sequestrador algumas poucas vezes, passando o resto de todos esses anos num cárcere de cinco metros quadrados, sempre à disposição daquele homem. Às vezes, ele a prendia no escuro, fazendo-a passar fome. Então, em agosto de 2006, após 3.096 dias em cativeiro, ela finalmente conseguiu fugir.

A despeito desse destino inimaginável, a pessoa que se apresentou na TV era uma mulher jovem forte e segura de si, que refletia de forma inteligente e impressionante sobre seu relacionamento com seu torturador e os anos de seu martírio. 14 dias após sua fuga, ela já estava fazendo planos para aquilo que pretendia fazer com sua liberdade recém-conquistada. Nem mesmo a grande publicidade que acompanhava cada um de seus passos com surpresa e, por vezes, com dúvidas, parecia perturbá-la após tantos anos de isolamento. Em breve, Natascha Kampusch receberia um programa próprio na TV austríaca.

"Ela me impressionou muito. O que vi foi uma pessoa muito forte, inteligente, determinada e eloquente, capaz de refletir e falar sobre si mesma e suas experiências", disse a psicóloga Daniela Hosser após a primeira entrevista de Kampusch. "Aquilo era autêntico. Todos viram que, para ela, foi difícil falar sobre alguns temas." O que impressionou foi a compostura que a jovem de 18 anos manteve diante do terror que ela tinha vivenciado. Provavelmente, essa compostura é também o produto de muitos anos de reflexão sobre ela mesma e sua situação, suspeita Hosser.

Muitos psiquiatras e psicólogos não conseguiam crer no que viram. Por que essa jovem mulher não era apenas uma sombra de si mesma? De onde vinha essa coragem e vontade de viver – ou será que tudo isso não passava de um mero teatro?

"Essa mulher surpreendeu todos os especialistas. Eu também fui pego de surpresa", disse o já falecido psicanalista Horst-Eberhard Richter poucas semanas mais tarde. Sem dúvida alguma, Natascha Kampusch se "comportou de forma totalmente diferente do que muitas pessoas traumatizadas", continuou Richter. Ele se irritou com alguns colegas porque eles questionavam a sinceridade da jovem por causa disso e suspeitavam que ela havia decorado suas falas de antemão. Em algum momento, ela desabaria, suspeitavam outros. E alguns diziam que, agora, ela precisaria de muitos anos de acompanhamento psicológico. "É possível que ela queira isso", disse Richter, "mas não necessariamente. Em todo caso, ela demonstra que sua capacidade de autocura é poderosa."

Durante oito anos, o sequestrador havia determinado cada detalhe na vida de Natascha Kampusch. Ele decidia o que ela comia, o que ela vestia, quando a luz se apagava à noite. Ele até lhe deu outro nome, lhe dizia o quanto ela podia pesar e que não devia mais mencionar sua família. Quando ela não obedecia, ela apanhava. Mesmo assim, ela se recusou a chamar esse homem de "meu senhor" e de se dirigir a ele como "maestro", como ele exigia. Ela suportou os socos e chutes.

Mais tarde, ela diria ao público que ele havia escolhido a mulher errada. "Ele não era meu senhor. Eu era tão forte quanto ele." Foi isso que Natascha escreveu em uma carta aberta uma semana após sua fuga, lida pelo seu psiquiatra numa conferência com a imprensa. Já na época o médico ressaltou que as formulações não eram dele, mas de sua paciente. O sequestrador também se surpreendeu, Natascha contou na entrevista. "Ele não entendeu como eu consegui suportar tudo com tanta compostura." Mas ela era assim: "Não adianta ver tudo de forma excessivamente emocional. Só por causa de tudo isso, eu não deixarei de ser eu mesma".

Aparentemente, Natascha Kampusch conseguiu enfrentar as circunstâncias externas com uma liberdade interna. Ela demonstrou que, "mesmo em situações de extrema humilhação e coerção, é possível manter seu respeito próprio", disse Horst-Eberhard Richter. E ela tinha também uma visão até comovente que se concentrava nos aspectos positivos: Em sua carta aberta, ela escreveu que estava ciente de não ter tido uma infância normal. Mas ela não tinha a sensação de ter perdido algo. Sob aquelas circunstâncias, ela pelo menos não começou a "beber e fumar", não fez "amizades ruins", ela disse com toda sinceridade.

Mas como ela conseguiu resistir durante tanto tempo em seu isolamento? "Fiz um pacto com meu eu futuro, que, em algum momento, ele viria e libertaria a garotinha", disse a jovem na TV. "Nunca me senti solitária em meu coração, minha família e lembranças positivas sempre estiveram comigo. Jurei que cresceria, me tornaria mais forte, para, um dia, me libertar."

Além de sua força, de sua fé no futuro e seu vínculo com a família, existia ainda um aspecto especial em Natascha Kampusch: Sua empatia. Apesar de ninguém ter demonstrado empatia por ela durante anos, ela preservou sua simpatia pelas pessoas e pela humanidade. Com as doações que ela recebeu após sua fuga, ela financiou um hospital infantil em Sri Lanka. Por que justamente ali? "Durante o meu cativeiro, eu ouvia rádio", ela contou. "Em 2004, quando houve aquele tsunami e eu ouvi todos aqueles relatos, imagens terríveis se gravaram em minha mente."

Até o sequestrador e sua mãe evocaram sua empatia. No Instituto de Medicina Legal, para onde levaram o corpo de seu sequestrador, que cometera suicídio após a fuga da jovem, ela acendeu uma vela ao lado dele. "A meu ver, sua morte não teria sido necessária", disse ela – fazendo uma reflexão sobre a aproximação ao sequestrador, realizada por quase todos os reféns. Não foi algo doentio, ela escreveu em sua autobiografia "3.096 dias", foi antes uma "estratégia de sobrevivência em uma situação sem saída" – ou, como ela disse na TV: "Na vida real não podemos existir sem lutas internas".

II

O que caracteriza as pessoas resistentes no dia a dia?

Ninguém teria apostado no futuro do pequeno William. Apesar de ter nascido num pequeno vilarejo chamado Hope [esperança], no Estado norte-americano de Arkansas, não existia muita esperança em sua vida jovem. Certo dia, quando William tentou, mais uma vez, proteger sua mãe de seu padrasto violento, este chegou a atirar nos dois. Embriagado, ele não os acertou, mas as marcas dos tiros ficaram na parede como advertência. Mesmo assim, William, apelidado de Billy, assumiu o sobrenome do padrasto aos 14 anos de idade. Ele se tornaria famoso como Bill Clinton.

Outra criança de outra constituição talvez teria sido destruída por esse lar. William, porém, conseguiu chegar à presidência dos Estados Unidos. Por que ele aguentou a tirania e o desprezo de seu padrasto? Quais fatores de sua juventude, de resto tão terrível, lhe deram essa força?

Sentimo-nos inclinados a buscar as causas de sua grande força de resistência apenas em sua personalidade. E realmente, pessoas que sempre se levantam quando caem, como, por exemplo, Bill Clinton, reúnem muitas características que lhes dão força. Aquele que levanta depois de sofrer um golpe do destino precisa, sem dúvida alguma, ser capaz de suportar e processar frustrações. Uma proteção contra o deslize são também inteligência e a capacidade de manter relacionamentos com outras pessoas. Pois estas ajudam a pessoa resistente encontrar saídas da crise e construir uma rede de apoiadores em tempos difíceis. O que ajuda também é não se agarrar a hábitos e estar aberto a mudanças em sua vida – e até extrair delas certo fascínio. Ajudam também otimismo e um pouco de humor para conseguir enxergar a luz no fim do túnel após um golpe do destino.

Mas resiliência não se reduz a uma qualidade, a um traço da personalidade ou à soma de características. O que importa também, além desses fatores pessoais, são fatores ambientes, que exercem um papel essencial na formação da força de resistência psíquica. Por mais forte que seja, nenhuma personalidade sobrevive em um ambiente totalmente contrário; e personalidades fracas podem ser tão fortalecidas por seu ambiente social que elas conseguem superar uma crise com maior facilidade do que uma pessoa extremamente forte.

1 A força de resistência se apoia em várias colunas

As chances das crianças de terem uma vida bela e realizada eram tudo menos boas. Entre os indígenas da Ilha Kauai no Havaí dominava a tristeza na década de 1950, que acomete tantos povos primitivos quando são dominados por poderes estrangeiros. A paisagem era paradisíaca, mas para muitas crianças aqui, a vida era um inferno. Alcoolismo e pobreza determinavam o dia a dia na ilha. A vida triste já se estendia à segunda geração: Os filhos dos trabalhadores pobres das plantações de cana dessa ilha paradisíaca eram negligenciados ou até mesmo abusados; muitas vezes, os casamentos dos pais estavam abalados, sempre faltava dinheiro. Ninguém teria acreditado num futuro para esses meninos e meninas.

No fim, porém, houve uma surpresa: Durante 40 anos, a psicóloga de desenvolvimento norte-americana Emmy Werner e sua equipe da University of California entrevistaram e observaram exatamente 698 meninos e meninas de Kauai. Eram todas as crianças que haviam nascido na ilha no ano de 1955. 201 delas cresceram na pequena ilha sob condições extremamente problemáticas: Desde o início de suas vidas, foram expostas a experiências traumáticas, tinham pais com distúrbios psíquicos ou dependentes químicos ou viviam em conflito crônico com suas famílias. Essas crianças cativaram a atenção de Werner.

Ela se concentrou naquelas pessoas, que a maioria dos pesquisadores prefere ignorar: Ela se interessou menos pelos dois terços de crianças que dificilmente conseguiriam sair das dificuldades nas quais haviam nascido. Esses 129 jovens cumpriram as expectativas negativas: Já aos 10 anos de idade eles apresentaram problemas de aprendizado e conduta; e antes de completarem os 18 anos, eles já apresentavam um longo histórico de conflitos com a lei ou haviam adoecido psiquicamente.

A jovem psicóloga analisou o terceiro terço, o terço mais surpreendente dessas crianças sofridas: 72 pequenos havaianos conseguiram superar sua situação difícil e construir uma vida normal, a despeito dos prognósticos sociais negativos. Em momento algum, essas crianças apresentaram um comportamento anormal. Eram bons alunos, estavam integradas na vida social da ilha e perseguiam metas realistas. Aos 40 anos de idade, nenhuma dessas pessoas estava desempregada, nenhuma tinha uma ficha policial e nenhuma dependia da assistência social do Estado. Uma em três das crianças mais negligenciadas de Kauai se transformou em um adulto autoconsciente, responsável e produtivo, que tinha sucesso no trabalho e conseguia manter relacionamentos.

Assim, Emmy Werner conseguiu abalar a tese até então inabalável segundo a qual uma criança criada sob esse tipo de circunstâncias jamais conseguiria escapar de seu destino desastroso. Pela primeira vez, a psicóloga demonstrou cientificamente: As condições inicias podem ser do pior tipo, mas mesmo assim algumas pessoas conseguem vencer na vida.

Então, Emmy Werner passou a se interessar pelos fatores que protegem as pessoas contra as dificuldades da vida. O que exatamente ela perguntou que protegeu algumas das crianças de Kauai contra os problemas psíquicos e contra a queda no abandono?

Isso é uma pergunta fundamental não só para a medicina e a psicologia, ressalta o pedagogo Michael Fingerle, mas também para a pedagogia: "Durante muito tempo, nós nos interessamos apenas pela pergunta por que as pessoas não conseguem lidar com a vida", diz ele. "Para toda educação, porém, é absolutamente importante saber como podemos ser bem-sucedidos na vida." Primeiro, porém, os pesquisadores tiveram que determinar o que é uma vida boa. A despeito de seu trabalho pioneiro, Emmy Werner era filha de seu tempo no que diz respeito a esse ponto. Em seu estudo iniciado em 1958, ela definiu uma vida boa principalmente por meio de fatores externos, de sucessos que podiam ser facilmente medidos.

Ela perguntou pelas notas escolares das crianças de Kauai e pela formação profissional. Ela documentou se haviam entrado em conflito com a lei e se eram capazes de manter um relacionamento matrimonial que durasse mais do que alguns poucos anos. Por fim, registrou também se os jovens desenvolviam algum distúrbio psíquico.

Fingerle critica que essa é uma visão muito conservadora, orientada por normas da vida das pessoas. "Na verdade, a ciência deveria ser livre de valores", afirma ele. Seria importante perguntar às pessoas se elas estão satisfeitas consigo mesmas. Afinal de contas, isso importa mais do que um emprego fixo ou um casamento com dois filhos: é muito mais importante uma pessoa saber dar sentido à sua vida a despeito das mais graves crises; ela estar satisfeita consigo mesma e com sua existência, apesar de tudo que lhe aconteceu.

1.1 A chave para a força é o laço

A despeito de algumas críticas, Michael Fingerle avalia o valor fundamental do trabalho pioneiro de Emmy Werner como alto: "O estudo de Kauai nos apontou os fatores essenciais que preservam a saúde das pessoas mesmo em circunstâncias muito difíceis", diz ele. Friedrich Lösel concorda com ele. O psicólogo é também criminologista e se interessa também nesse contexto pelas chances que as crianças de ambientes sociais difíceis têm de não passar sua vida na prisão – diferentemente de seus exemplos familiares.

"A maior proteção de todas na vida são os laços", resume Lösel. As crianças fortes de Kauai tinham algo que todas as outras que acabaram se afundando no álcool não tinham: Tinham pelo menos uma pessoa de referência íntima, que cuidou delas com muito amor e reagiu às suas necessidades, que impôs limites e ofereceu orientação.

Bill Clinton também tinha esse tipo de pessoas de confiança. Antes de sua mãe se casar com o terrível padrasto, ele foi criado por seus avós amorosos. E ele sabia: Ele não podia depender exclusivamente deles. A despeito de suas falhas, sua mãe também era uma pessoa de referência para ele, que, na medida de suas capacidades, se fazia presente em sua vida e juntamente com ele procurava encontrar saídas da tirania do padrasto.

"Um único laço íntimo já basta para compensar muitos fatores negativos", afirma a pedagoga Monika Schumann e ressalta: "Esta é a nossa chance pedagógica".

Pois a pessoa de confiança não precisa, necessariamente, ser a mãe ou o pai, a avó ou o avô. Uma tia, um professor, uma vizinha também podem assumir esse papel. "É importante ir ao encontro da criança", explica Schumann. "Alguém precisa oferecer-lhe segurança, reconhecer os progressos, incentivar suas habilidades e amá-la independentemente de desempenho e boa conduta: Isso fortalece para a vida."

Não é, portanto, um acaso que, em Kauai, foram principalmente os primogênitos que melhor se desenvolveram e aqueles que não tinham muitos irmãos. As perspectivas eram especialmente boas para aquelas crianças que já haviam completado dois anos de vida antes de terem que compartilhar a atenção dos pais com seus irmãos.

O amor é um presente. Mas nem sempre as crianças o recebem sem algum esforço próprio. No fundo, resiliência é a capacidade de construir relacionamentos incentivadores e de conseguir o apoio de pessoas ou instituições, explica a psicóloga e terapeuta de casais Ulrike Borst. Algumas pessoas nem precisam se esforçar muito para conseguir isso: Uma pessoa que nasce como o brilho de um pequeno sol e conquista imediatamente os corações de seus próximos simplesmente atrai a atenção e o carinho de outros sem esforço próprio. "Crianças com um temperamento amigável, esperto e aberto facilitam as coisas também para as suas pessoas de referência", afirma a socióloga e especialista em resiliência Karena Leppert, "por isso, encontram amigos e apoiadores com maior facilidade".

Vemos isso já nas crianças de Kauai: Aquelas crianças que "não dão trabalho", que não torturam suas pessoas de referência com um comportamento irritante à mesa ou na hora de dormir, atraem na idade de um ou dois anos mais atenção positiva dos pais ou de outras pessoas de referência do que os bebês mais difíceis. As mães descreveram aquelas crianças que, mais tarde, foram classificadas como resilientes, já na idade de um ano como ativas, amorosas, carinhosas e amigáveis. Quando as crianças completaram 2 anos de idade, observadores independentes confirmaram essa avaliação e descreveram as crianças como agradáveis, alegres, educadas e sociáveis. As crianças resilientes também se integravam mais no jogo social com crianças de sua idade. Ajudavam aquelas que precisavam de ajuda – e conseguiam também pedir ajuda quando precisavam dela.

É uma relação recíproca entre o temperamento da criança e a sensibilidade de sua pessoa de referência, explica Karena Leppert. A natureza amigável das crianças faz com que – já que assim elas conseguem garantir a atenção de outras pessoas – elas se tornem mais fortes na vida. Ao mesmo tempo, o efeito é positivo também para os pais e amigos quando uma pessoa é forte, cheia de energia e sociável. Relacionamentos fortalecem – e a força gera relacionamentos: um lucro duplo.

O resultado é que pessoas que possuem uma resistência psíquica se sentem também seguras e acolhidas em seu mundo. Elas conseguem se integrar bem em grupos, como o jovem social--democrata Vegard Groslie Wennesland, que sobreviveu ao terror de Utoya relativamente ileso, elas são agradáveis, empenhadas, conseguem se entusiasmar e são responsáveis. Elas tendem a ser extrovertidas, gostam de fazer experiências novas e de conhecer pessoas. E em situações de crise, elas podem recorrer a uma rede confiável, que lhes oferece apoio e conselhos para resolver problemas de forma construtiva.

1.2 A força de resistência é também uma questão da frustração

Susanne deixou o psicólogo especialmente impressionado. Quando Friedrich Lösel conheceu a moça, ela tinha 15 anos de idade. Isso foi no início da década de 1990, e Lösel trabalhava como professor na Universidade de Bielefeld. Na época, os psicólogos começavam a se interessar mais pelos pontos fortes do que pelas fraquezas das pessoas. Queriam conhecer seus potenciais – descobrir como elas resolviam problemas graves sem sacrificar sua saúde psíquica. Os cientistas acreditavam que a melhor maneira de descobrir isso seria analisar pessoas que já tiveram que superar desafios extremos. Por isso, procuraram como cobaias aqueles adolescentes que enfrentavam uma abundância de dificuldades. E encontraram esse tipo de pessoas principalmente às margens da sociedade – em ambientes em que drogas e violência faziam parte do dia a dia, onde, muitas vezes, um dos pais estava ausente e o outro não dava conta de educar seus filhos.

Susanne era uma adolescente desse tipo. E era uma pessoa que, apesar de tudo, não desistia. Sua infância oferecia todos os ingredientes para histórias tão terríveis que costumamos ver apenas no cinema. O pai afogava suas preocupações e suas lembranças da própria infância terrível na bebida e a mãe tomava – para suportar sua existência de alguma forma – diariamente tantos comprimidos que estes corroeram sua alma.

Quando Susanne tinha 5 anos de idade, surgiu uma pequena esperança: Seus pais se separaram. Mas sua mãe logo procurou novos homens, sempre outros, que ou maltratavam a criança ou a maltratavam ainda mais. Quando a mãe engravidou de seu terceiro filho, ela se casou com o pai do bebê. Infelizmente, este não era o melhor de seus muitos amantes, essa escolha foi ruim também para Susanne. O padrasto maltratava a criança e a mãe. Então, aos 12 anos de idade, Susanne também começou a beber excessivamente – o que, no fim das contas, não foi tão ruim assim para ela. Pois ela chamou a atenção da assistência social. Volta e meia, a polícia encontrava a jovem fortemente alcoolizada, e então a Secretaria de Assistência ao Jovem internou Susanne numa instituição estatal. Finalmente ocorreu uma virada positiva em sua vida: Ela foi acolhida por uma família cuja mãe conseguiu estabelecer um bom relacionamento com ela, que a entendia, que compartilhava suas preocupações e que lhe transmitiu valores e a apoiou. Susanne não precisava mais do álcool, ela voltou a frequentar a escola e terminou o ensino médio – sua vida de adolescente era rica, ela tinha amigos e se interessava por muitas coisas.

Susanne fazia parte do grupo dos 146 jovens, de condições difíceis, que Friedrich Lösel entrevistou juntamente com sua colega Doris Bender, na década de 1990, no contexto do "Estudo de invulnerabilidade de Bielefeld". Oitenta desses jovens de instituições da assistência social desistiram da escola, consumiram drogas ou praticavam violência.

Mas quase a metade, inclusive Susanne, conseguiu deixar para trás a sua infância terrível sem desenvolver uma doença psíquica ou se desviar das normas sociais. Era uma percentagem semelhante à das crianças de Kauai, onde quase uma em três crianças possuía uma força de resistência psíquica grande o bastante para não continuar sua vida sob as mesmas condições desastrosas sob as quais sua vida havia começado. E como as crianças resilientes do Havaí, os jovens de Bielefeld também se destacavam principalmente pelo fato de terem encontrado uma pessoa amorosa fora de sua família, que cuidou deles, que lhe serviram como exemplo – como a mãe adotiva de Susanne – e que lhe ensinaram regras que precisam ser obedecidas na vida.

Mas os cientistas encontraram ainda outros fatores que foram determinantes para a força de resistência dos jovens contra seu ambiente destrutivo: O que mais chamou sua atenção foi o equilíbrio emocional dos jovens fortes. "Os jovens resilientes como Susanne tinham um temperamento mais flexível, menos impulsivo do que os adolescentes vulneráveis", conta Friedrich Lösel. Ao contrário das pessoas com maior estabilidade emocional, as pessoas desequilibradas têm mais dificuldades de lidar de forma construtiva com desafios, após uma derrota ou sob grande pressão elas tendem a reagir exageradamente. O predomínio da agressão, do luto ou da raiva muitas vezes as impede de extrair o melhor de uma situação desagradável.

Quem deseja processar bem os golpes do destino precisa ser capaz de aguentar bastante. Na maioria das vezes, precisa encontrar uma nova direção para a sua vida, mudar muitas coisas e seguir caminhos até então desconhecidos, como Natascha Kampusch ou o homem quase que totalmente paralisado no Hospital Grosshadern em Munique o fizeram de forma quase inacreditável. É preciso certa medida de tolerância em relação à frustração, força e capacidade de se impor. Mas quem fica frustrado com qualquer vento contrário, não possui a energia para se opor às dificuldades da vida. "Sem certa dose de robustez emocional não dá", diz também a socióloga Karena Leppert, que, durante muitos anos estudou com seus colegas no hospital universitário de Jena os fatores da personalidade que tornam uma pessoa resistente.

Os cientistas descobriram que as pessoas fortes não lutam contra seu destino, antes se mostram dispostas a aceitar sua situação e os sentimentos desagradáveis ligados a ela, como o fez, por exemplo, Ute Hönscheid, que perdeu seu filho em decorrência de um pequeno erro médico, ou Ralf Rangnick, que, a despeito de seu *burnout*, rapidamente conseguiu retomar seu trabalho no futebol. "Pessoas resilientes não se veem como vítimas, mas assumem a responsabilidade por seu próprio destino."

Uma postura aberta é extremamente importante, ressalta Corina Wustmann Seiler, diretora do Projeto "Incentivo de Formação e Resiliência na Infância", em Zurique. Isso vale não só para crianças, mas também para adultos. Em vez de fugir dos problemas, as crianças fortes de Kauai tentaram superá-los ativamente, demonstrando nisso uma grande flexibilidade. As crianças "assumiram a responsabilidade nas respectivas situações e se esforçaram ativamente para solucionar seus problemas", explica Wustmann Seiler. "Elas não esperaram até que alguém aparecesse e resolvesse seus problemas."

1.3 Personalidade e ambiente social

Um sentimento de pertencer a uma comunidade, a confiança na relevância da própria pessoa e do próprio agir (cf. p. 72-75) e também a fé em um sentido maior na vida, tudo isso, apontam os estudos, fortalece as pessoas de modo que conseguem lidar melhor com os desafios. Muitas pessoas relatam, após terem passado por crises, como foi importante a sua espiritualidade e a convicção profunda de que, no fim, tudo ficaria bem.

Muitas pessoas resistentes possuem esse tipo de visão positiva do mundo. Em Kauai e Bielefeld, os cientistas viram que muitas pessoas com uma postura positiva em relação a vida contavam com sua vitória na luta contra a situação difícil. Acreditavam em si mesmas e nas possibilidades de controlar a situação. "Por isso, percebiam as situações problemáticas menos como peso, mas como um desafio", afirma Friedrich Lösel.

O que ajuda também é a inteligência. Quem quiser ser aprovado nas provas da vida, não precisa ter um talento acima da média. Mas ajuda ser esperto o bastante para entender sua situação, pensar em alternativas e realizá-las. "É mais fácil dar uma nova perspectiva à vida quando a pessoa possui certa inteligência", diz Lösel. Assim como as habilidades cognitivas nos ajudam a conseguir notas melhores na escola. Estas, por sua vez, aumentam nossas chances quando tentamos construir uma vida ativa.

"Existe ainda outra coisa que nos fortalece", afirma Friedrich Lösel, "o humor. Quem não leva tudo tão a sério, mas também consegue rir de si mesmo de vez em quando, tem uma facilidade maior de aceitar seu destino." Evidentemente, "não é possível superar com humor uma experiência traumática como um estupro." Mas se enfrentarmos as dificuldades do dia a dia com humor, alegria e otimismo, como fez Erwin, o homem expulso da Pomerânia, nossa vida é mais saudável.

Todos esses fatores de resiliência foram confirmados múltiplas vezes, independentemente de os jovens terem crescido na ilha havaiana ou no ambiente problemático de Bielefeld. As mesmas estruturas foram importantes também para pessoas em regiões de guerra civil, para condenados que precisavam voltar a encontrar seu lugar na liberdade, para famílias que viviam em pobreza num país rico, para crianças com pais com doenças psíquicas ou para pessoas que precisavam lidar com um divórcio.

Alguns especialistas como Karena Leppert acreditam que a resiliência é exclusivamente uma questão de personalidade, ou até mesmo uma característica da personalidade. Mas um número cada vez maior de cientistas chegou à convicção de que, além dessas qualidades de caráter, os fatores ambientais como ambiente de educação, responsabilidade e comunicação de um sentimento de pertencimento também exercem um papel importante. Nem sempre é fácil separar personalidade e ambiente: Pois quando uma criança se mostra disposta a ajudar ou desenvolve um passatempo depende não só de sua personalidade, mas também dos modelos que ela encontra em sua vida.

"Ao contrário de abordagens anteriores, podemos demonstrar hoje que a resiliência não designa uma característica inata da personalidade", ressalta Corina Wustmann Seiler. "As raízes para o desenvolvimento de resiliência se encontram em fatores especiais que diminuem o risco, e esses fatores podem ser localizados tanto na pessoa quanto no ambiente social." Ela considera a aptidão à vida uma capacidade que as pessoas adquirem ao longo de seu desenvolvimento. Com a ajuda de outras pessoas, de instituições como a Igreja ou a escola e também dos próprios talentos, elas constroem um muro de proteção contra condições difíceis, como as crianças de Kauai ou os jovens de Bielefeld. Elas se adaptam a situações repentinas de estresse como pessoas em regiões de guerra ou superam ferimentos psíquicos causados, por exemplo, por acidentes de carro graves. Resiliência protege, ajuda a consertar e a se regenerar, afirma Friedrich Lösel.

Todas as qualidades das quais as pessoas até agora pesquisadas dispunham em medida extraordinária não são imprescindíveis. "Essas qualidades ajudam na superação de situações difíceis", diz Lösel. Mas pouquíssimas pessoas possuem todos esses fatores. Mas isso também não é necessário.

2 Uma pessoa forte costuma conhecer bem a si mesma

A mosca aprendia rápido. Na situação terrível em que ela se encontrava, não havia muito que pudesse fazer. Mesmo assim, fazia tudo em seu poder para escapar do calor enorme que repetidas vezes surgia do nada e ameaçava queimar suas asas.

Era um experimento arriscado, não só para a mosca. Com uma habilidade notável, os cientistas do laboratório de Martin Heisenberg haviam amarrado o inseto de apenas dois milímetros e meio de comprimento com a ajuda de dois fios de metal. A mosca flutuava em uma realidade virtual, lâmpadas LED simulavam uma realidade que não existia. Por meio dos fios de metal, sensores registravam o que o animal fazia nesse mundo artificial. Não era muito, pois só pode se virar um pouco para a esquerda ou para a direita. O animal preso não tinha outras alternativas.

Essa alternativa, porém, era de grande importância para a mosca. Pois sempre que ela se virava para a direita, o calor ficava insuportável. Rapidamente, o animal aprendeu que era mais saudável voar para a esquerda. Não demorou, e a mosca passou a voar exclusivamente para a esquerda. Mesmo quando os cientistas desligaram a fonte de calor, ela não quis voltar a voar para a direita e demorou a reconquistar essa liberdade.

O pequeno inseto estava voando a serviço da pesquisa psicológica. O fato de não só a genética e a biologia evolucionista quererem aprender de seres supostamente sem alma, mas também a psicologia, pode surpreender. Fato é, porém, que os cientistas podem usar não só mamíferos, mas também seres inferiores, para investigar um fenômeno tão complexo quanto a força de resistência psíquica.

Até mesmo a menor de suas cobaias, a mosca com seu cérebro minúsculo, pode revelar algo sobre a vida psíquica do ser humano, afirma Martin Heisenberg. Ela ajuda até mesmo a compreendermos os contextos de um comportamento tão complexo quanto cair em letargia ou encontrar um caminho novo numa situação aparentemente sem saída. Sim: Até mesmo algumas moscas desistiam às vezes. Elas parecem perder o prazer de viver – semelhante aos seres humanos quando se sentem entregues ao destino e percebem suas decisões como irrelevantes para o curso de sua vida.

A fim de demonstrar isso, Heisenberg coloca as moscas numa caixa minúscula, cuja base esquenta desagradavelmente de vez em quando. Mas quando os animais não ficam paralisados de susto e continuam a andar, o chão logo esfria. Um segundo grupo de moscas, porém, não consegue influenciar o calor. Esse aparece e desaparece – independentemente daquilo que os animais tentam fazer para solucionar o problema. O efeito sobre esse segundo grupo de moscas – os animais escravizados, oprimidos – é avassalador: Num segundo experimento, esses animais nem tentam mais fugir do calor. As moscas oprimidas simplesmente ficam paradas em sua caixa, mesmo quando o solo quente deveria animá-las a sair dali. Dessa vez, a fuga até seria muito fácil; precisariam apenas procurar o outro lado da caixa, onde o solo é agradavelmente frio. As moscas, porém, não sabem disso e nem esperam mais isso. Aparentemente, acreditam que sua situação não tem saída e perderam qualquer vontade de melhorá-la.

Os insetos se comportam como cachorros que apanharam. A inspiração para o experimento de Heisenberg com as moscas provém da década de 1960. Na época, os psicólogos Martin Seligman e Steven Maier expuseram cães a choques elétricos. Também aqui os animais que, na primeira parte do experimento, não podiam influenciar o seu destino, nem tentaram escapar dos choques na segunda parte do experimento e permaneceram deitados em letargia em suas jaulas. Desde então, os psicólogos falam de "*learned helplessness*", de "impotência adquirida". Até hoje, esse modelo é usado no tratamento de depressões, mas ajuda também a sondar as diversas extensões de força de resistência psíquica que as pessoas possuem. Pois nesses experimentos sempre há alguns indivíduos que se recusam a reconhecer que eles são impotentes e que continuam a lutar.

Será que o comportamento das moscas realmente tem algo a ver com algum tipo de depressão? É o que pergunta também Martin Heisenberg. Recentemente, ele observou que as moscas, após terem sido submetidas a uma situação sem saída, costumam mover--se menos e mais lentamente. "Ainda não sabemos se esses animais também têm um desejo menor de se reproduzir", diz ele. O que chama a atenção é que as moscas femininas são afetadas mais frequentemente pela impotência adquirida do que as moscas masculinas, o que vale também para as pessoas com depressão.

Não importa em que medida a impotência adquirida das moscas possa ser comparada com as depressões das pessoas: Aparentemente, as semelhanças bastam para os testes de medicamentos. Pois as moscas podem ser tratadas com psicofármacos. Alguns microgramas de Citalopram, um pouco de 5-HTP ou também a fluoxetina, que, nos Estados Unidos, é usada para todos os tipos de problemas psicológicos, ajudam os animais a recuperar o ânimo. Sua depressão desaparece, e eles passam a se salvar do calor com o mesmo êxito quanto seus colegas não traumatizados.

Assim como as moscas, os seres humanos também aprendem por meio de sucesso e fracasso. A natureza, porém, equipou os seres que recorrem a essa estratégia de aprendizado com um programa que faz com que eles desistam a partir de determinado momento. "Quando um ser se desenvolve por meio da tentativa, ele precisa de um interruptor de emergência que o impede de continuar tentando perpetuamente", afirma Heisenberg. O interruptor de emergência salva o ser humano, mas contém também riscos: "É possível", explica Heisenberg, "que ele seja o fundamento para as depressões."

Essa interrupção emergencial, porém, parece não funcionar na mesma medida em todos os seres humanos. Alguns dos nossos conterrâneos desistem muito cedo quando algo não ocorre como esperam; outros, porém, possuem tanta esperança, coragem e tolerância à frustração que lhes permite repetir suas tentativas muitas vezes – até finalmente alcançarem o sucesso ou terem que reconhecer seu fracasso. Dependendo do êxito desses esforços, consideramos inteligente aquele ou este tipo de pessoas.

2.1 A fé em si mesmo fortalece

À forma como lidamos com um desafio subjaz, em muitos casos, mais do que uma falta ou um excesso de impulso. A pessoa que ousa algo costuma dispor de uma qualidade essencial: Ela acredita em si mesma. No lugar do sentimento de impotência, essas pessoas adquiriram já cedo na vida uma alta expectativa de autoeficiência, como dizem os psicólogos. Essa expressão se refere à convicção da capacidade de exercer uma influência objetiva sobre o mundo. Ao contrário de pessoas, cachorros ou moscas letárgicos, essas pessoas acreditam que existe esperança; acreditam poder contribuir pessoalmente para que as coisas se desenvolvam da forma como desejam. O lema de Obama "Yes, we can!" [Sim, nós podemos!] é praticamente o grito de batalha da autoeficiência.

O estudo de invulnerabilidade de Bielefeld demonstra também o quanto essa convicção ajuda. Os jovens estudados no contexto desse estudo, que provinham de circunstâncias difíceis, que, a despeito de sua infância desfavorável, conseguiram vencer na vida, se viam em média como menos impotentes e confiavam mais em suas próprias forças do que os adolescentes que vieram a fracassar mais tarde, explica o pesquisador de resiliência e psicólogo Friedrich Lösel: "Esses adolescentes tinham certeza de que eles poderiam alcançar algo na vida se eles se empenhassem".

Algo semelhante pôde ser observado em Kauai: "Na idade de 10 anos, as crianças resilientes acreditavam realmente conseguir algo por conta própria", diz Corina Wustmann Seiler. "Quem não espera alcançar algo por meio de sua própria ação nem tenta mudar ou arriscar algo, mas evita essas situações e se vê de forma mais negativa", explica a pedagoga. "Quem, porém, possui uma expectativa de autoeficiência positiva a transfere também para situações novas e enfrenta certo nível de dificuldades." A expectativa de conseguir lidar com um problema ajuda a resolvê-lo. Essa expectativa fortalece.

As crianças descobrem já cedo se elas conseguem efetuar algo ou não. "A autoeficiência é transmitida já na idade do recém-nascido", afirma a pedagoga Monika Schumann. Quando um bebê chora pela mãe, e quando essa realmente vem e o abraça e consola, ele sabe: Eu sou importante e consigo algo. Crianças, porém, que, desde cedo, fazem a experiência de que suas necessidades são ignoradas, que elas só importunam e que suas ideias não servem para nada dificilmente desenvolverão uma expectativa de autoeficiência.

Falta a essas crianças a certeza de que conseguem resolver problemas. Quando ocorre algo difícil, elas ficam paralisadas e não procuram uma saída. Consequentemente, não desenvolvem a capacidade de encontrar soluções.

Nessa linha, verificou-se que as crianças de Kauai que se tornaram especialmente resistentes eram aquelas que tiveram de assumir responsabilidade desde cedo: precisavam cuidar de seus irmãos mais novos, assumir uma tarefa na sociedade ou cuidar da casa, porque ambos os pais trabalhavam ou estavam doentes. Algumas das crianças especialmente resilientes tiveram que ganhar dinheiro para garantir a sobrevivência da família. "Essa responsabilidade precoce favorece, aparentemente, o desenvolvimento da autoeficiência e da perseverança", afirma Corina Wustmann Seiler: "As crianças descobriram muito cedo que elas podem causar um efeito por meio de seu próprio desempenho e assim podem receber aprovação. Não importava se esse desempenho consistia em cuidar dos irmãos ou de fazer um gol no clube de futebol".

Assim, a autoeficiência gera autoconsciência – outra precondição importante para a resiliência. Pois atacar um desafio de frente é, sem dúvida, também uma questão de coragem e autoconfiança. No entanto, não existe uma relação direta entre resiliência e autoconsciência, ressalta o pedagogo Michael Fingerle. Uma boa dose de autoestima pode motivar desempenho e ajuda a superar derrotas e eventos críticos – não é à toa que falamos de uma "autoestima saudável"; uma autoestima baixa, por sua vez, contém um risco de depressão e desmotivação. "Mas uma autoconsciência excessiva pode também se transformar em narcisismo", adverte Fingerle. E este leva rapidamente a uma autoestima instável, pois cada mágoa insignificante passa a significar o fim do mundo para o narcisista. E uma alta medida de autoconsciência pode resultar em uma confiança excessiva. Uma pessoa que superestima as suas capacidades tende a ter um risco maior de fracasso, pois toma as decisões erradas ou acredita ser imune a determinadas dificuldades. Derrotas graves parecem então inevitáveis.

Avaliações equivocadas e ilusões são extremamente prejudiciais também por motivos práticos, quando precisamos superar situações difíceis. Friedrich Lösel entrevistou esposas de prisioneiros para um estudo e perguntou o que elas esperavam para o tempo em que seu marido fosse liberto. "Aquelas que não nutriam sonhos irrealistas, mas sabiam que isso lhes traria novas dificuldades conseguiram lidar muito melhor com a situação mais tarde."

Saber quando vale a pena lutar: É principalmente esta a diferença entre os lutadores bem-sucedidos e os lutadores fracassados, entre pessoas que desistem por causa de sua impotência e pessoas que desistem por esperteza. Não vale apenas fazer uma avaliação realista da situação; aquelas pessoas que conhecem bem a si mesmas e que sabem se e como elas podem vencer essas dificuldades, possuem uma vantagem clara.

"Resiliência é uma capacidade dinâmica", explica Karena Leppert. Ela ajuda a controlar e modular o próprio bem-estar, dependendo do desafio e da carga emocional. Nem sempre as pessoas resilientes sabem como superar determinada situação. Mas elas dispõem de uma multiplicidade de condutas cognitivas, emocionais e sociais – ou seja, elas já fizeram a experiência de que, de alguma forma, sempre conseguiram sair de dificuldades. "Podemos aprender a confiar nessa capacidade", afirma Leppert. "Eu sei do que sou capaz e sei também o que não consigo fazer. Sei que consigo me levantar sempre de novo."

Eu TENHO, eu SOU, eu POSSO – é assim que a escocesa Brigid Daniel, professora de assistência social, resume os três elementos fundamentais da resiliência: Eu TENHO pessoas que me amam e que me ajudam. Eu SOU uma pessoa amável e que respeita a si mesma e aos outros. Eu POSSO encontrar caminhos para resolver problemas e decidir meu próprio destino.

Conhecer a si mesmo resulta em força também por outro motivo: Aquele que possui uma visão desobstruída de si mesmo procura um parceiro para a vida e seu emprego segundo seus próprios critérios, necessidades e preferências e não segundo os padrões de outros, que talvez precisem de um grande carro preto ou do jaleco branco de um médico. "Assim, emprego e casamento se transformam em fontes de energia, não em perda constante de energia", afirma Monika Schumann.

Não é proibido sonhar um pouquinho: "Muitas vezes, a mera convicção de que conseguiremos fazer algo já ajuda", diz o psicólogo de personalidade Jens Asendorpf. A fé pode deslocar montanhas de problemas. É, também, uma questão de interpretação: Para uma pessoa que acredita conseguir resolver problemas, situações estressantes e resultados problemáticos se tornam menos onerosos do que para uma pessoa que desiste mesmo antes de tentar. A pessoa ativa pode até encarar dificuldades como desafio de vencê-las e que será recompensada com a sensação positiva de ter obtido outra vitória na vida. "O modo como as pessoas compreendem o estresse depende em grande medida da percepção subjetiva", explica Asendorpf. "Uma pessoa que encara o estresse como desafio deixa de vê-lo como algo negativo." Pessoas com uma baixa expectativa de autoeficiência, por sua vez, veem o estresse desde o início como algo negativo. "Assim, um desafio se transforma em uma forte ameaça que pode chegar a provocar a sensação de perda de controle", diz o psicólogo Ralf Schwarzer. Isso é intensificado ainda mais quando essas pessoas atribuem os fracassos a si mesmas – "um ciclo vicioso".

Schwarzer garante: "Pessoas com uma alta expectativa de autoeficiência demonstram um esforço e uma perseverança maiores". Quando algo dá errado, elas costumam atribuir isso a causas externas, menos a si mesmas. Isso preserva sua autoestima. Pessoas com uma baixa expectativa de autoeficiência costumam ver os fracassos como confirmação de sua visão negativa. A profecia que se realiza a si mesma enfraquece ainda mais a expectativa de autoeficiência e, portanto, também a motivação. O resultado inevitável é uma diminuição da satisfação e do desempenho.

Às vezes, isso tem efeitos chocantes: Pessoas mais velhas que acreditam com otimismo na preservação de suas capacidades cognitivas apresentaram em estudos realmente uma memória melhor do que pessoas da mesma idade acostumadas a detectar sinais de enfraquecimento mental em seu dia a dia.

3 O que fortalece e o que enfraquece

Os cientistas realizaram grandes estudos para descobrir o que caracteriza as pessoas fortes e descobriram um número cada vez maior de peculiaridades na natureza de pessoas resilientes. Entrementes, existem listas de qualidades que as pessoas com resistência psíquica apresentam em grau especialmente alto ou especialmente baixo. Os cientistas têm descrito essas qualidades no mundo todo – independentemente do contexto em que trabalhavam ou das condições geográficas. A tabela mostra quais fatores ajudam a sobreviver a crises sem grandes danos (adaptação da lista de Friedrich Lösel).

(+) = contribui para a resistência psíquica
(-) = diminui a resistência psíquica

TEMPERAMENTO
+ humor
+ flexibilidade
+ equilíbrio emocional
+ tolerância à frustração
+ capacidade de se impor
+ perseverança
+ força
+ otimismo
+ *hobbys*
- impulsividade

COMPETÊNCIAS COGNITIVAS
+ bom desempenho escolar
+ talentos especiais
+ planejamento realista/perspectivas para o futuro
+ motivação de desempenho
+ inteligência

VIVÊNCIA PRÓPRIA
+ autoeficiência
+ autoestima
- impotência

CAPACIDADE DE LIDAR (*COPING*)
+ solução ativa de problemas
+ capacidade de se distanciar
- reação passivo-agressiva a problemas

RELACIONAMENTOS SOCIAIS
+ pessoa de referência fora da família nuclear
+ bom relacionamento com os educadores
+ irmãos que apoiam
+ boa relação com a escola
+ experiência de sentido e estrutura na vida
+ religiosidade/espiritualidade
+ satisfação com o apoio recebido
+ comportamento social positivo
+ talentos linguísticos

CLIMA EDUCACIONAL
+ caloroso, acolhedor
+ controle, orientação por normas
+ exigências e responsabilidades dosadas

4 A falácia da felicidade constante: resiliência e saúde

Foi difícil, mas ele sabia que sobreviveria. Policiais como Dick são duros na queda. Caso contrário, não teriam escolhido essa profissão. Mas no dia 11 de setembro de 2001 Dick também chegou ao limite. Como muitos de seus colegas, o policial de 36 anos de idade foi um dos primeiros a chegar no World Trade Center em Nova York, no local do terror. Eles testemunharam pessoas saltando das torres em chamas. Naquele caos, eles procuraram sobreviventes e ajudaram àqueles que encontraram. Mas na maioria das vezes, encontraram sob os escombros apenas os corpos já mortos. Dick viu partes de corpos espalhadas por toda parte. Ele ouviu as vozes desesperadas dos sobreviventes, viu seus rostos assombrados ou completamente inexpressivos. Mulheres cobertas de poeira branca; homens em lágrimas; crianças aos gritos, como ele jamais havia ouvido. E ele sabia que encontraria outros mortos e outras partes de corpos sob os escombros – mesmo assim, continuou procurando.

Depois do 11 de setembro, Dick precisou da ajuda de um psiquiatra. Por causa da tristeza que simplesmente se recusou a ir embora nos primeiros dias após a catástrofe. Ele acordava de manhã, e a primeira coisa que sentia era essa profunda tristeza. Ele nem sabia exatamente por quê. Não eram os destinos terríveis das pessoas, não eram os rostos desfigurados pela dor, não eram as histórias das viúvas e dos órfãos que apareciam nos noticiários e que ele não pôde evitar a despeito de seu empenho corajoso. Era uma tristeza profunda que provinha de dentro dele. Seu psiquiatra lhe disse que isso era uma consequência das situações terríveis que Dick havia vivenciado. Mas também o médico chegou à conclusão: Estava sendo difícil para seu paciente, mas ele conseguiria superar. A despeito das feridas psíquicas que ele havia sofrido, o homem está autoconfiante e em paz consigo mesmo. As perspectivas eram boas.

Dez anos mais tarde, Dick realmente voltou a ser o velho Dick de antes dos ataques às torres do World Trade Center. Talvez seja uma pouco mais sensível do que antigamente; talvez tenha adquirido uma visão diferente da vida. Algumas das cenas que ele vivencia hoje como policial o lembram do 11 de setembro e dos dias seguintes. Mas elas não provocam mais aquele aperto, aquela tristeza que ele vivenciou nos primeiros anos após o evento.

"Eu sabia que isso passaria", Dick contou mais tarde. Ele jamais acreditara que algo fosse capaz de abalá-lo tanto; que algum dia ele teria que procurar a ajuda de um psiquiatra – não por causa das coisas que ele vivenciava na sua profissão. Mas mesmo que ele tenha sofrido durante pouco tempo: Dick pode ser considerado um exemplo de uma personalidade resiliente, de um lutador que não se rende e que, após sofrer um revés, arregaça as mangas em vez de desistir.

"Resiliência não significa estar sempre bem", ressalta Jens Asendorpf. Almas fortes também são vulneráveis. Dependendo da situação, algumas sofrem muito sob os efeitos de uma experiência, outras têm dificuldades de aceitar o destino. No entanto, uma pessoa resistente não permanece presa na frustração, no luto ou no terror; logo ela volta a se erguer e não adoece facilmente. Pessoas resilientes não se rendem a golpes do destino; elas atravessam o vale das lágrimas e voltam a escalar a montanha.

Antigamente, os cientistas tinham outra visão. Eles acreditavam que pessoas resilientes eram completamente invulneráveis. Essa imagem da pessoa invulnerável foi cunhada por um dos primeiros pesquisadores no campo da resiliência, pelo psicólogo norte-

-americano Norman Garmezy. Ele ficou tão entusiasmado com sua descoberta de pessoas fortes que ele as estilizou como heróis. Outros cientistas acataram essa noção. "A princípio, nós também partimos da invulnerabilidade das pessoas resilientes", conta o psicólogo Friedrich Lösel. "Foi por isso que chamamos nosso estudo sobre os jovens provenientes de circunstâncias difíceis 'Estudo de invulnerabilidade de Bielefeld'." Hoje, Lösel prefere chamá-lo "Estudo de resiliência de Bielefeld".

Pois nos círculos especializados, a imagem ideal da pessoa invulnerável veio a ser cada vez mais criticada. A psicóloga clínica Froma Walsh de Chicago debochou já em 1998 dizendo que o conceito da invulnerabilidade se devia ao sonho masculino de um "eu de teflon" e ao etos norte-americano do super-homem. A ideia também não resistiu aos resultados de pesquisa. Estes evidenciaram em medida crescente que também as pessoas resilientes passavam por fases de dúvida e desespero.

"Nenhuma pessoa é invulnerável ou imune ao destino", ressaltou a já falecida psicoterapeuta suíça Rosmarie Welter-Enderlin. "Resiliência designa a capacidade de pessoas de superar crises no ciclo da vida com recurso a capacidades pessoais e socialmente transmitidas e de aproveitá-las para o desenvolvimento pessoal."

Ser resiliente também não significa voltar ao estado anterior de forma ilesa e inalterada, como acrescenta Froma Walsh. Significa que condições desfavoráveis são enfrentadas com sucesso, atravessadas, aproveitadas para o aprendizado e para a tentativa de integrá-las ao tecido de sua vida. A pessoa resiliente é vulnerável, mas as feridas saram relativamente rápido e não deixam cicatrizes muito grandes. Invulnerável? "Não, ela não é invulnerável", afirma agora também Emmy Werner sobre as crianças resilientes de Kauai: "Elas são vulneráveis, mas invencíveis".

"Na verdade, não deveríamos falar de robustez psíquica, mas de elasticidade psíquica", diz o psicólogo Ralf Schwarzer. Às vezes, a vida dói; às vezes, ela nos derruba. Mas no fim encontramos forças para algo novo.

5 Uma pessoa resiliente se recupera melhor de experiências negativas

Ralf Schwarzer investigou intensamente a resistência psíquica dos policiais de Nova York que, como Dick, trabalharam no World Trade Center após o ataque terrorista. Quase três mil policiais deram permissão para que seus dados de saúde fossem arquivados no "World Trade Center Health Registry" (WTCHR), que Schwarzer e sua colega norte-americana Rosemarie Bowler puderam avaliar. O resultado surpreendente e notável: Muitos desses policiais sofreram com os efeitos daquilo que haviam vivenciado, mas, no fim, a maioria conseguiu superar com saúde essas experiências terríveis.

Apenas 7,8% dos 2.527 policiais masculinos e das 413 policiais femininas haviam desenvolvido um transtorno de estresse pós-traumático (Tept) dois a três anos após os eventos. Mas entre os homens, a percentagem aumentou para 16,5 após cinco ou seis anos. "Tept costuma aparecer com certo atraso", afirma Schwarzer, "principalmente em homens." Dois ou três anos após os ataques terroristas, a percentagem entre as policiais mulheres que sofriam de Tept era duas vezes maior do que entre os colegas masculinos, mas cinco a seis anos após o ataque, ambos os sexos apresentavam a mesma percentagem de casos de Tept.

O estudo de Schwarzer comprova, portanto, também o seguinte fenômeno: No início, certas pessoas podem conseguir lidar bem com uma experiência traumática, mas anos mais tarde esta ainda pode assaltá-las. É possível que, a princípio, uma pessoa consiga processar bem um golpe do destino. Mas seu estado é apenas metaestável. "Quando ocorre outra experiência difícil, o trauma ressurge", explica Schwarzer. Um fator de risco importante é, por exemplo, quando uma pessoa sofre de uma deficiência física em decorrência de uma experiência traumática ou quando ela perde seu emprego porque simplesmente não quer correr o risco de vivenciar a mesma situação.

Mais de 80% dos policiais de Nova York, porém, não passaram por um Tept. A percentagem dos especialmente inabaláveis era, portanto, extremamente alta, ressalta Schwarzer. Aparentemente, encontramos mais pessoas resilientes entre esses policiais do que na população normal. Aqui, um número muito menor sobreviveu ileso ao terror. "Esses policiais certamente não são pessoas medianas", afirma Schwarzer. Sua força de resistência a uma calamidade séria provém, possivelmente, não exclusivamente deles mesmos, mas pode ter sido influenciada também por fatores externos: "O fato de terem escapado pode ter a ver com sua formação, que procura prepará-los para esse tipo de situações extremas".

As pesquisas mostraram que, no fim das contas, um desastre sério provoca danos psíquicos graves apenas numa minoria das pessoas normais. "As pessoas podem reagir a catástrofes com medo, tristeza, depressões e pensamentos suicidas ou começar a tomar drogas", diz o psicólogo clínico George Bonanno. "Mas efeitos realmente graves ocorrem raramente em mais de 30% dos afetados."

Esses eventos podem causar também doenças físicas. "A força física exerce uma influência considerável sobre a saúde – e não falo aqui apenas de transtornos pós-traumáticos e outros fenômenos psíquicos", afirma Ralf Schwarzer. Isso se evidenciou de modo fascinante em pessoas que precisavam se submeter a uma cirurgia de ponte de safena.

Antes da cirurgia, a equipe de Schwarzer determinou com a ajuda de formulários qual era a expectativa de autoeficiência dos pacientes. Outro fator de resiliência que Schwarzer levou em consideração era sua integração social: Quantas pessoas pertenciam à sua rede social, quantos amigos tinham? E quão acolhidos eles se sentiam por eles?

O resultado foi claro: Os pacientes cardíacos resilientes sobreviveram bem melhor à operação: Uma semana após a cirurgia, eles apresentavam muito menos sintomas patológicos do que os pacientes com uma baixa expectativa de autoeficiência e baixa sensação de acolhimento; sua ferida cicatrizou bem mais rápido, eles caminhavam pelo quarto e eram mais ativos. Seis meses após a cirurgia, o poder curador da resiliência voltou a se evidenciar: Muitos dos pacientes resilientes já planejavam as próximas férias e muitos deles já haviam retomado seu emprego.

Os colegas de Karena Leppert constataram algo semelhante. Eles pesquisaram a frequência com que pacientes de câncer submetidos a uma radioterapia sofriam de forte exaustão. A chamada fadiga ocorre com frequência em pacientes de câncer – às vezes, como reação psíquica à doença; mas ela pode ser provocada também pela químio ou radioterapia. O estudo com mais de cem pacientes de câncer mostrou: Pacientes com forte resiliência não sofriam tanto de fadiga quanto pessoas menos estáveis.

A resistência psíquica se evidencia também no modo como lidamos com uma doença crônica – por exemplo, com diabetes. Hoje em dia, a diabetes já não é mais uma grande ameaça: Quando os pacientes possuem uma postura saudável e tomam seus remédios com regularidade, eles costumam conseguir lidar bem com a doença; efeitos de longo prazo – como, por exemplo, danos à visão ou nos rins – podem ser minimizados. Mesmo assim, a diabetes interfere na rotina diária. Poucos se dão ao luxo de comer despreocupadamente. E os pacientes precisam ser muito disciplinados e lembrar de tomar seus remédios.

Por isso, a socióloga Leppert investigou a influência da força psíquica de pessoas com diabetes sobre seu convívio com a doença. O que ficou muito claro: Os diabéticos que, segundo os testes, eram especialmente resilientes, tinham uma qualidade de vida melhor. "Eles diziam a si mesmos: A vida com a doença é difícil, mas eu consigo lidar com isso", conta Leppert. Por causa disso, eles se sentiam bem melhor do que os pacientes menos resilientes.

"Esse sentimento não precisa necessariamente refletir um estado fisiológico objetivo", ressalta Leppert. Os diabéticos resilientes não estavam necessariamente melhores, quando examinados do ponto de vista médico. "Mas subjetivamente eles conseguiam lidar melhor com a doença do que os pacientes menos resilientes." Conseguiam cuidar de si mesmos e precisavam de menos acompanhamento e aconselhamento de seus médicos.

Entrementes, Ralf Schwarzer pesquisou diversos desafios psíquicos como são as características relacionadas à força que favorecem a saúde. Ele descobriu que a expectativa de autoeficiência pode ser medida até fisiologicamente. Segundo Schwarzer, ela mostra seus efeitos em situações desafiantes na pressão arterial, no pulso e no nível de adrenalina. Isso pode ser aproveitado de modo terapêutico: Quando a autoconfiança de pacientes com reumatismo é fortalecida por meio de uma terapia, eles sentem menos dor e conseguem lidar melhor com seu dia a dia.

Além da expectativa de autoeficiência, é sobretudo o otimismo, presente em medida especial em personalidades resilientes, que tem um efeito positivo sobre a sensação de bem-estar e a recuperação durante uma doença. Schwarzer afirma: "O tamanho das dificuldades e a qualidade da superação de problemas se devem principalmente à pusilanimidade em relação ao grau de otimismo".

6 É permitido reprimir

O que é que Sigmund Freud teria dito sobre as pessoas resilientes? Pelo menos aquelas personalidades fortes que conseguem superar crises dentro de pouco tempo e ousam se levantar de novo vivem, aparentemente, contra a sua teoria. O fundador da psicanálise não se cansava de repetir: Após a perda de uma pessoa ou de uma coisa querida – a profissão, por exemplo, ou o ambiente habitual – o luto é normal e importante. Quem não se ocupa com a sensação de vazio, da perda ou da despedida, quem a reprime, arrisca adoecer na alma. Fobias, neuroses e a chamada "histeria de defesa" provocariam doenças físicas, alertava ele.

Desde que, no final do século XIX, Freud cunhou o conceito da repressão, que ele explicou detalhadamente num ensaio de 1915, os psicólogos e psiquiatras debatem o valor desse conceito. Mesmo que, há muito, as pessoas falem de repressão no dia a dia e acreditem que existe uma relação direta entre esse comportamento e o desenvolvimento de doenças, não existia uma prova científica para isso até agora. Segundo Freud, o ato de reprimir é um processo absolutamente natural ao qual as pessoas recorrem diante de experiências dolorosas ou assustadoras.

Mas qual é a fronteira entre reprimir e esquecer, o que é saudável, o que é danoso? Pouco tempo atrás, dois cientistas da Universidade de Jena realizaram um experimento interessante. Os dois psicólogos Kristin Mitte e Marcus Mund queriam fundamentar com dados científicos a tese segundo a qual a repressão causa doenças. Mitte e Mund recorreram a dados já apurados. Eles reuniram os resultados mundialmente disponíveis de estudos em que os cientistas haviam pesquisado doenças e repressão no mesmo grupo de pessoas. Tratava-se de todos os tipos de males – asma, doenças cardiovasculares, mas também diabetes e câncer.

Mund e Mitte descobriram nos bancos de dados das universidades ao todo 22 estudos realizados com quase sete mil participantes. Na base dos dados ali contidos, eles concluíram: Entre repressão e o desenvolvimento de doenças existe de fato uma relação. Pessoas que tendem a reprimir demonstram uma tendência de desenvolver pressão alta. Os psicólogos chamam essas pessoas *represser* – termo deduzido da palavra inglesa para repressão: *psychological repression*. "Cada ser humano reprime de vez em quando sentimentos desagradáveis", diz Marcus Mund. Isso é um mecanismo de defesa universal e absolutamente natural. Nos *repressers*, porém, "o princípio da defesa está ancorado em sua personalidade".

No fundo, muitos dos *repressers* são medrosos, apesar de afirmarem não ter medo. Não gostam de ouvir notícias ruins, não querem se expor a elas. "Mas quando submetemos os *repressers* a um estresse psíquico, eles apresentam, muitas vezes, fortes reações físicas de angústia, como suor ou pulso acelerado", explica Mund. Isso pode se manifestar numa pressão elevada. Mesmo assim, ainda não foi comprovado se a pressão alta é efeito dessa constituição psíquica especial ou se ela ocorre juntamente com ela apenas por acaso. Em todo caso, uma pressão elevada constante pode causar doenças graves, como distúrbios cardiovasculares ou danos nos rins e na visão. Em determinadas circunstâncias, a repressão pode, de fato, causar doenças.

Não existe, porém, diga-se de passagem, nenhuma relação entre o câncer e sentimentos reprimidos. A noção segundo a qual existiria uma "personalidade propensa ao câncer", que provoca o crescimento de tumores malignos, não possui fundamentos científicos. Essa visão de que as pessoas com câncer seriam, elas mesmas, responsáveis por sua doença em virtude de sua personalidade deve ser jogada na "lixeira da história da medicina", ressalta o oncologista e médico psicossomático Herbert Kappauf, que, durante muitos anos, liderou o grupo de trabalho de psico-oncologia na clínica de Nürnberg.

Segundo a análise de Mund e Mitte, a coisa precisa ser invertida: Não é antes, mas depois do diagnóstico do câncer que as pessoas tendem a reprimir; elas não desenvolvem o câncer porque são *repressers*, é o câncer que, aparentemente, transforma seu processamento de notícias negativas. Algumas pessoas não querem aceitar que estão com uma doença que pode ameaçar sua vida; outras tentam dominar seus sentimentos desagradáveis – suas angústias, sua tristeza –, dando-lhes o menor espaço possível. E outras tentam ignorar também todos os outros problemas.

A repressão das emoções de forma alguma precisa ser algo negativo. Essas pessoas tendem a sofrer menos com os efeitos de uma quimioterapia do que aquelas que vivenciam intensamente todos os altos e baixos de sua doença, explica Marcus Mund. É justamente pelo fato de os *repressers* terem uma necessidade tão alta de controlar sua doença, suas preocupações, sua vida, eles costumam ser muito disciplinados e dispostos a adaptar seu estilo de vida para assim limitar as chances da doença.

Mas repressão não é igual à repressão. Pessoas otimistas também tendem a ignorar informações negativas. Isso não surpreende, mas agora isso foi comprovado também cientificamente. Pouco tempo atrás, neurocientistas ingleses e alemães observaram aquilo que se passa no cérebro com a ajuda de imagens de ressonância magnética. Enquanto os pacientes se encontravam dentro do tubo estreito, eles precisavam avaliar as probabilidades com que certas coisas desagradáveis ocorreriam ao longo de sua vida. Qual é a chance de desenvolverem um câncer intestinal? Qual é a probabilidade de serem mortos por um raio? Depois, as probabilidades estatísticas reais foram apresentadas a eles.

Numa segunda bateria de testes, o efeito foi surpreendente: As pessoas corrigiram suas avaliações originais apenas para baixo, não para cima. Quando um perigo real maior havia sido informado a eles, eles ignoraram isso e incluíram apenas os perigos menores em suas avaliações pessoais. A região do cérebro responsável por esse olhar por lentes rosadas é especialmente ativa em pessoas otimistas, explica Tali Sharot, uma das cientistas. "De tudo aquilo que ouvimos, escolhemos aquelas informações que queremos ouvir", afirma ela. "E quanto mais otimistas formos, menos deixamos nos influenciar por informações negativas sobre o nosso futuro."

Nos últimos anos, psicólogos também de outras áreas – por exemplo, da pesquisa de sonhos – descobriram que reprimir pode ser algo bom. Antigamente, quando ocorriam grandes acidentes, assaltos a bancos ou ataques terroristas, as equipes de terapeutas e conselheiros invadiam a cena e incentivavam todas as pessoas envolvidas a falar sobre o terror vivenciado, a lembrar-se de todos os detalhes e assim processar o vivenciado; um processamento semelhante de eventos negativos é, também, parte da psicanálise. Mas com o passar do tempo, os psicólogos perceberam: Esse *debriefing*, como o chamavam, muitas vezes realizado ainda no local do acidente, pouco ajuda. Muitos são até prejudicados por ele. Muitas vezes, efeitos duradouros do trauma como angústia e dor são provocados apenas pela confrontação forçosa.

Por isso, hoje as pessoas são deixadas em paz. Apenas quem assim o desejar pode falar sobre o ocorrido. Após o tsunami no Oceano Índico em 2004, a Organização Mundial de Saúde alertou explicitamente que as vítimas da catástrofe não deveriam ser vitimizadas mais uma vez por meio de um *debriefing*.

Muitas vítimas preferem o silêncio. Primeiro, querem resolver o ocorrido consigo mesmas. Mais tarde, podem recorrer à ajuda de um psicólogo – mas muitas pessoas não precisam disso. Muitas vezes, as forças de autocura deram conta do recado; a rede social forneceu o apoio necessário. Quando pessoas, que acabaram de sofrer um trauma, o procuram, o especialista em traumas Georg Pieper recomenda que elas voltem para casa e aguardem dois meses. Pieper opera um consultório nas proximidades de Marburg e há muitos anos é membro da "Task Force on Disaster and Crisis" da European

Federation of Psychologists' Associations. Lá, ele se empenha em prol do desenvolvimento de padrões de qualidade no atendimento a vítimas de catástrofes, para que erros como o *debriefing* forçoso não voltem a ocorrer no futuro. Dependendo da personalidade, mas dependendo também do tipo de trauma, é necessário lidar de modos bem diferentes com uma experiência terrível.

Já há muitos anos o psico-oncologista holandês Bert Garssen incentivou seus colegas muito tempo atrás a fazerem uma distinção mais precisa quando usassem o conceito da repressão. Segundo ele, era necessário discernir se as pessoas tentam não revelar no dia a dia as suas emoções ou se elas esquecem detalhes de eventos traumáticos – por exemplo, o que ocorreu exatamente durante seu estupro ou o que vivenciaram quando soldados inimigos invadiram suas casas durante a guerra e as ameaçaram.

Às vezes, os *repressers* podem ser especialmente resilientes. Karena Leppert afirma que, em situações terríveis, a repressão de emoções e informações negativas pode ser a melhor estratégia. Certamente é ruim esconder a cabeça na areia durante um período prolongado, mas em momentos pontuais a repressão faz sentido e é um mecanismo de defesa importante. Isso pode ajudá-los a continuar a viver. Uma pessoa que volta a erguer a cabeça e a olhar para o futuro rapidamente em fases de luto profundo consegue superar a tristeza de modo mais rápido. Isso se evidenciou num estudo do pesquisador de luto norte-americano George Bonanno sobre pessoas idosas cujo parceiro de longa data havia falecido. A despeito da perda, aquelas pessoas que se concentravam nos aspectos positivos de sua vida desenvolveram sintomas de luto apenas passageiros e amenos. Elas também atravessaram o vale das lágrimas, mas mesmo assim conseguiram funcionar em seu dia a dia e a desenvolver uma perspectiva positiva.

"Possuir bons mecanismos de defesa significa permitir-se também fases ruins e reconhecê-las", explica Karena Leppert. "Mas significa também: Quando as coisas ficam insuportáveis, simplesmente fechar as comportas." Uma pessoa resiliente afasta lembranças, notícias ou preocupações antes que estas a destruam.

Mas essas pessoas não precisam temer que, em algum momento do futuro, esses sentimentos reprimidos voltem com uma força ainda maior? Não, acredita a psicóloga Tanja Zöllner. Lembranças reprimidas não precisam voltar. Quando a busca por caminhos novos, por coisas que desviam a atenção, corresponde à verdade interior, a repressão é algo perfeitamente inofensivo. "Se a coisa é realmente resolvida e esquecida, ela é esquecida."

Para pessoas que, dependendo da situação, se elevam ao céu ou caem num mar de lágrimas, isso pode ser tentador: não mais cair tão fundo, não ter que vivenciar cada detalhe de uma crise. Os *repressers*, afirma Tanja Zöllner, tendem a permanecer no meio-campo emocional. "Uma pessoa que não cai tão fundo numa crise sofre menos. Mas, muitas vezes, também não experimenta as coisas positivas com a mesma profundidade emocional. A pessoa, porém, que se sente profundamente triste e desesperada numa crise pode se consolar com o fato de que ela vivencia também o amor e a felicidade de modo especialmente intenso."

E quando as coisas ficam insuportáveis, as pessoas que vivenciam a tristeza e a alegria intensamente também podem aprender a não cair no abismo psíquico diante de toda e qualquer dificuldade: "Isso depende também da própria avaliação", explica Zöllner. "Mesmo numa situação de crise, não precisamos ver sempre apenas o negativo."

7 Crescer com a calamidade

Para alguma coisa ela deve servir. É um consolo tão lindo, e a maioria das pessoas acredita nisso: Por mais terrível que seja uma calamidade, no fim ela sempre traz também algo bom. Experiências amargas – quem conta isso são os idosos, e a própria experiência de vida já mostrou isso a muitas pessoas – podem desdobrar uma doçura inimaginável com o decorrer do tempo.

"Não é que eu esteja feliz pelo fato de o acidente terrível ter acontecido", contou à sua psicóloga uma mulher que, após um acidente de carro, nunca voltou a andar. "Mas pela primeira vez em minha vida, tomo tempo para mim mesma e para aquilo que é importante para mim. Participo agora de grupos de meditação, e isso me dá muito prazer." A mulher, como muitas outras pessoas também, tem certeza de que o acidente provocou uma virada positiva em sua vida: "Agora, prezo muito mais a vida que tenho", ela continua. "Estou mais ciente das alegrias diárias e sou grata por aquilo que ainda me resta."

O fenômeno relatado por muitas pessoas após um acidente trágico fascina também os psicólogos. Não seria esta até a expressão perfeita de resiliência, quando pessoas não só conseguem superar catástrofes pessoais, mas saem fortalecidas delas? Não é este o ideal que todos nós deveríamos procurar alcançar: tirar as conclusões corretas das lições da vida e integrar aquilo que aprendemos com um lucro em nossa vida?

Foram os psicólogos norte-americanos Richard Tedeschi e Lawrence Calhoun que fundaram uma nova vertente de pesquisa na base dessas observações: "Quanto lucro o prejuízo nos traz?", eles se perguntaram e inventaram um novo conceito: *posttraumatic growth* (PTG), crescimento pós-traumático. Alguns especialistas falam também de "amadurecimento pessoal" ou de "*thriving*" (florescimento), quando pessoas conseguem avançar após um desastre em que elas vivenciaram angústia, terror e impotência.

Tedeschi e Calhoun conversaram com numerosas pessoas que todas elas haviam superado algum tipo de crise. Algumas eram sobreviventes de acidentes terríveis, outras haviam sido estupradas, e outras haviam passado por uma doença grave ou haviam sido confrontadas com a notícia inesperada de que eram portadoras do HIV. Independentemente do trauma que as pessoas entrevistadas haviam sofrido: O resultado era sempre mais ou menos o mesmo. Mais da metade desses infelizes acreditava ter tirado proveito da infelicidade. Os psicólogos ficaram surpresos com a frequência em que ouviram declarações como: "Foi terrível, mas isso me ajudou a amadurecer".

Outras vítimas disseram: "Jamais quero vivenciar novamente aquilo que vivi. Mas, no fim das contas, isso me ajudou a avançar. Novos caminhos se abriram na minha vida, descobri a fé em mim. Ao todo, a vida possui agora mais valor para mim". Outros afirmaram: "Mudei minhas prioridades e descobri tantas possibilidades que agora enriquecem minha vida".

Muitas pessoas contaram também que viviam sua vida com uma intensidade maior e que a desfrutavam mais ou que sentiam um amor maior pelos seus parentes, agora que haviam percebido como a vida é frágil. "O tempo difícil nos reaproximou uns dos outros." E algumas pessoas acreditavam que sua resiliência havia aumentado: "Agora eu sei que consigo aguentar muita coisa e que posso aguentar ainda mais no futuro".

Essa declaração lembra a sentença famosa de Friedrich Nietzsche: "O que não o mata, o fortalece". Em sua obra *Ecce homo*, Nietzsche não fala sobre a resiliência, mas ele descreve aquilo que os psicólogos hoje chamariam resiliência como "vida que vingou": "E como reconhecemos uma vida que vingou? Um homem com uma vida que vingou faz bem aos nossos sentidos: é feito de um material que é duro, delicado e agradável ao olfato. Ele só gosta daquilo que lhe faz bem. Seu deleite, seu prazer cessa quando a medida da salubridade é ultrapassada. Ele encontra remédios contra prejuízos, aproveita acasos terríveis para a sua vantagem; o que não o mata, o fortalece".

Quanto maior foi o acidente que haviam sofrido, mais as pessoas entrevistadas por Tedeschi e Calhoun acreditavam ter crescido com ele. Poderíamos quase ter a impressão de que uma calamidade terrível seria necessária para o amadurecimento e a felicidade de uma pessoa.

E também o especialista em traumas Georg Pieper ouve com frequência esse tipo de histórias. É comovente quando, de repente, um homem endurecido descobre uma sensibilidade pelo zumbido das abelhas, contou o psicólogo recentemente. Os clientes de Pieper são vítimas de violência doméstica, mas também motoristas que atropelaram pedestres. Em algumas pessoas, esses acidentes despertam potenciais que pareciam completamente soterrados. Depois do ocorrido, elas pareciam mais satisfeitas com a vida.

A calamidade produz felicidade? E vemos também aqui a obra da força misteriosa da resiliência?

A psicóloga Tanja Zöllner se mostra cética. "Sim, existem histórias muito comoventes", ela conta. Ela mesma continua a se surpreender sempre com a satisfação das pessoas ao falarem de seu desenvolvimento após um golpe do destino. No entanto, precisamos ter cuidado: "Pois são as próprias pessoas examinadas que dizem isso sobre si mesmas", alerta a psicóloga. A visão própria de ter crescido com a calamidade precisa, talvez, ser atribuída mais ao desejo do que à realidade. "Muitas pessoas querem pensar assim", afirma Zöllner. A declaração de um paciente seu ilustra sua vontade declarada de crescer no período pós-traumático, vontade esta que, provavelmente, é compartilhada por muitas pessoas após uma catástrofe: "Se aquilo teve que acontecer, então é melhor que tenha sido útil para alguma coisa". Esse pensamento certamente tem um potencial consolador.

Essa psicóloga está determinada a descobrir o que está por trás do crescimento pós-traumático. Juntamente com o supervisor de sua tese de doutorado Andreas Maercker, que hoje trabalha como docente na Universidade de Zurique, ela investigou o fenômeno. O que chamou a atenção dos cientistas foi principalmente uma coisa: Quando outros, e não as próprias vítimas, avaliam o estado psíquico da pessoa afetada pela crise, constata-se um crescimento pós-traumático muito menos convincente.

Além disso, a visão da vítima de si mesma parece ser extremamente suscetível a influências externas. Duas psicólogas sociais canadenses demonstraram isso num experimento impressionante. Cathy McFarland e Celeste Alvaro pediram que as pessoas se lembrassem de algo desagradável que ocorrera recentemente. Depois, deveriam relatar as qualidades que possuíam hoje e as qualidades que possuíam há dois anos. As psicólogas fizeram perguntas principalmente sobre a sabedoria pessoal e a força interior dos entrevistados, queriam saber como eles avaliavam sua empatia e se eles tinham uma direção clara na vida. Um segundo grupo de pessoas deveria responder às mesmas perguntas, estas, porém, haviam sido incentivadas a se lembrar de uma experiência agradável.

Surpreendentemente, não houve diferença entre os grupos no que dizia respeito à autoavaliação atual. Mas as pessoas que haviam se lembrado de algo desagradável avaliavam sua força e resistência anterior a esse evento como especialmente fraca – tanto mais fraca quanto mais a lembrança abalava sua autoestima. De certa forma, menosprezavam toda a sua pessoa no passado. O crescimento pós--traumático, no qual as pessoas acreditavam, era, portanto, apenas o resultado de sua retrospectiva negativa. E ela podia ser manipulada.

E outra coisa despertou a suspeita de Tanja Zöllner e Andreas Maercker: A extensão do crescimento pós-traumático percebido depende em medida considerável do país em que uma pessoa vive. Normalmente, os psicólogos determinam o tamanho do crescimento traumático com a ajuda de um questionário especial, o "Post Traumatic Growth Inventory", de Tedeschi e Calhoun. Esse questionário pergunta, por exemplo, pela "sensação de autoconfiança", pela "sensação de intimidade com outros" ou pelo "desenvolvimento de interesses novos". A pontuação máxima é 84. Nos Estados Unidos, a maioria das pessoas alcançava entre 60 e 80 pontos após uma crise como a de 11 de setembro. Na Alemanha, porém, as pessoas alcançavam apenas algo em torno de 40 pontos.

Tanja Zöllner explica isso da seguinte forma: Faz parte da cultura norte-americana, reconhecer uma crise sempre também como chance. Por isso, os norte-americanos informam viver exatamente de acordo com essa expectativa. A psiquiatra Jimmie Holland, que se ocupa há mais de 30 anos com a vida psíquica de pacientes com câncer, chega até a falar da "tirania do pensamento positivo". Este, porém, não deve ser a única razão por trás do crescimento explosivo da maturidade pessoal entre os norte-americanos. Provavelmente não é apenas seu dever social interiorizado de arregaçar as mangas após uma calamidade e de mostrar um sorriso: É possível que, devido à postura fundamental mais otimista de sua cultura, isso seja mais fácil para eles.

7.1 Autoilusão ou crescimento real?

Será que as pessoas que relatam essas coisas realmente usam suas crises para repaginar suas vidas, ou será que é apenas autossugestão?

"Certamente é possível que, após um golpe do destino, as pessoas encontram um sentido na vida ou intensificam seus relacionamentos", afirma Tanja Zöllner. "Mas existe também o outro lado, a ilusão."

No primeiro caso, as pessoas realmente amadurecem por meio do processo de superação; o crescimento pós-traumático é o resultado direto do fato de elas terem superado a sua crise. No segundo caso, porém, a ilusão de ter saído da crise fortalecido, amadurecido ou de alguma forma mais feliz é parte do próprio processo de superação.

A autoilusão não precisa ser algo negativo: "Para a maioria das pessoas, iludir-se em relação a si mesmo faz parte do dia a dia", explica Zöllner. "Assim, conseguem se estabilizar num ambiente difícil." Por vezes, porém, a impressão ilusória de ser um vencedor em meio à crise pode também ter efeitos negativos: "Até agora, o crescimento pós-traumático tem sido visto de forma bastante acrítica, como algo positivo e desejável", diz a psicóloga. Mas quando a felicidade após uma calamidade é apenas uma ilusão, isso pode impedir a superação verdadeira do trauma. Nesses casos, o crescimento pós-traumático pode causar muito sofrimento. Por causa de suas duas faces, Maercker e Zöllner falam também do "modelo da cabeça de Jano do amadurecimento pós-traumático".

As primeiras evidências disso foram reveladas há poucos anos por um estudo dos dois psicólogos: Zöllner e Maercker e cientistas da Universidade Técnica de Dresden analisaram mais de cem pessoas que haviam sido vítimas de acidentes de carro muito graves. Algumas delas desenvolveram, em decorrência do acidente, um transtorno de estresse pós-traumático (Tept). Sofriam com pesadelos e ainda não haviam processado o ocorrido, a ponto de conseguirem se dedicar ao planejamento da vida futura. Elas vivenciavam o acidente sempre de novo e apresentavam fortes reações emocionais e físicas.

Todos conhecemos o fato de que imagens de uma situação que acabamos de vivenciar se impõem contra a nossa vontade. Normalmente, porém, essas imagens desaparecem após um ou dois dias. Não é o que acontece no caso do Tept. Esses *flash-backs* continuam voltando durante meses. "Essas imagens são tão persistentes e terríveis que as pessoas afetadas tentam de tudo para impedir o surgimento das imagens", explica Zöllner. Essa conduta de obstrução, porém, manifesta o distúrbio e complica a vida.

Quando analisaram as vítimas de acidentes, Zöllner e Maercker partiram da pressuposição de que encontrariam algum vínculo entre o crescimento pós-traumático e a ocorrência de um Tept. Surpreendentemente, descobriram que, na verdade, o Tept ocorre com frequência menor em pessoas que relatam ter crescido com o acidente. Mas algumas diferenças se manifestaram quando os psicólogos analisaram os dados com maior cuidado e procuraram por aspectos específicos do crescimento pós-traumático.

Pessoas com um Tept tendiam a ter uma convicção mais forte de que tinham crescido espiritualmente e de atribuírem um valor maior à vida. Por outro lado, as pessoas que não haviam desenvolvido um Tept acreditavam ter uma personalidade mais forte após o acidente.

"É mais difícil convencer-se de um ganho de força pessoal do que de espiritualidade e de apreço maior pela vida", comenta Zöllner. Ela acredita que as pessoas que falam de uma espiritualidade nova ou de um apreço maior pela vida tendem a cair vítimas da ilusão do crescimento pós-traumático, mas que, na verdade, estão fortemente abaladas. "Uma pessoa desesperada tende a autossugerir o crescimento", explica ela.

Ela acredita mais no crescimento pós-traumático de vítimas de acidentes que desenvolveram um Tept quando conseguiram superar o trauma. "Apenas quem consegue olhar para a frente e se abre para novas experiências tem uma chance de crescer", acredita Zöllner.

No entanto, não é a personalidade que determina se uma pessoa desenvolve um Tept após uma experiência terrível. O que importa em primeira linha é o tipo de golpe do destino que ela sofre. Vítimas de violência sexual apresentam o maior risco de sofrerem um trauma profundo. Mais da metade desenvolve um Tept. Entre pessoas torturadas e pessoas que vivenciaram uma guerra, isso se aplica a um terço; 17% dos casos de violência física desenvolvem um Tept; e no caso de acidentes graves, essa percentagem cai para 7%. "A personalidade exerce um papel apenas secundário."

O ambiente social também contribui para a forma como uma pessoa processa um trauma. Pois o apoio social e emocional é de grande importância – a vítima precisa sentir a proximidade e o apoio de outras pessoas em uma situação difícil.

Além disso, é importante o momento em que o trauma ocorreu. A pessoa pôde desfrutar uma infância protegida, fundar uma família ou construir algo em sua profissão – ou o trauma já aconteceu na infância, antes de a pessoa ter tido a chance de se provar na vida? "Quando o trauma ocorre cedo na infância", explica Zöllner, "as pessoas afetadas costumam permanecer vulneráveis pelo resto de suas vidas." Isso vale até mesmo naqueles casos em que todas as pessoas de seu convívio acreditam estar lidando com uma personalidade forte.

Mas mesmo quando o crescimento pós-traumático em pessoas traumatizadas nada mais é do que um castelo de nuvens: Na maioria dos casos, uma psicoterapia consegue provocar um crescimento verdadeiro. Isso pôde ser demonstrado em estudos com pacientes com câncer de mama e com vítimas de abuso sexual. E, em 2010, Andreas Maercker e Tanja Zöllner conseguiram comprovar isso também no caso das vítimas de acidentes que eles examinaram. Aqueles que absorveram uma terapia analítico-comportamental apresentavam um aumento na força pessoal – possivelmente, porque haviam enfrentado com sucesso a terapia desafiadora. Uma terapia analítico-comportamental cognitiva não é um passeio. Ela confronta as pessoas traumatizadas diretamente com aquilo que elas preferem reprimir. Não que a repressão não possa ser apropriada. Mas em pessoas com Tept o medo de um retorno do vivenciado é tão grande que a repressão as prejudica na vida. A repressão não as liberta, antes as impede de viver seu dia a dia de modo despreocupado. Muitas vezes, por exemplo, vítimas traumatizadas de um acidente se recusam a entrar num carro. "O objetivo é dissolver esse tipo de comportamento", afirma o psicólogo Ralf Schwarzer. Assim, as pessoas são incentivadas a andar de carro após um acidente, a permitir que outro dirija o carro ou a acelerar um pouco mais – dependendo do tipo da angústia que assola a pessoa.

Na terapia o paciente deve atravessar mais uma vez as suas angústias e arquivar os eventos terríveis do passado como algo que passou. Para alcançar esse objetivo, os terapeutas realmente andam de carro com as vítimas de acidentes.

"O que sempre ajuda é sair da postura de vítima", explica a especialista em traumas Tanja Zöllner. Pois enquanto nos vemos a nós mesmos como vítimas, entregamos a responsabilidade por nossa vida a terceiros ou às circunstâncias. Não é fácil influenciar essas duas categorias. "É importante que essas pessoas voltem a assumir a responsabilidade pela sua própria vivência", diz Zöllner. A terapeuta tenta ajudar seus pacientes a sair dessa posição impotente, fazendo-lhes a pergunta bem concreta: O que você pode influenciar? O que você precisa aceitar? Ela incentiva os pacientes a dizerem por si mesmos que eles não querem mais lutar contra suas lembranças. Que eles precisam parar de remoer o ocorrido para não ficarem presos no passado.

O sociólogo medicinal norte-americano Aaron Antonovsky, falecido em 1994, reconheceu como é importante manter o controle sobre sua vida a despeito de todas as dificuldades. Antonovsky desenvolveu seu conceito da "salutogênese" (do desenvolvimento da saúde), que pode ser visto como precursor do conceito da resiliência. Na década de 1960, o sociólogo examinou mulheres que haviam sobrevivido ao Holocausto. Algumas dessas mulheres conseguiram sobreviver ao terror inimaginável dos campos de concentração sem danos permanentes em suas almas. Essas mulheres tinham a habilidade de processar o terror do Holocausto de tal modo que até mesmo estes lhes pareciam "compreensíveis, controláveis e dotados de sentido", explica Antonovsky.

O psiquiatra vienense Viktor Frankl acreditava até que a busca pelo sentido era um aspecto essencial. A "vontade de sentido" estaria ainda mais arraigada no ser humano do que a vontade de prazer e a vontade de poder, afirmava Frankl, que também trabalhou com as vítimas do Holocausto.

Mesmo que existam ainda muitas perguntas abertas em relação ao crescimento pós-traumático, uma coisa é certa: parentes, amigos e conhecidos jamais devem nutrir a expectativa de que as pessoas cresçam com suas crises. Tedeschi e Calhoun também ressaltaram isso. Médicos e terapeutas deveriam, por isso, dizer claramente aos seus pacientes que eles não são perdedores se não conseguirem sair fortalecidos de sua situação terrível. Ao mesmo tempo, porém, eles não deveriam destruir a ilusão daqueles que apenas autossugeriram seu crescimento pós-traumático – contanto que essa ilusão não impeça o processamento do trauma. "Quando as pessoas percebem um crescimento, devemos apoiar e encorajá-las nisso", afirma Andreas Maercker. "Os terapeutas devem permitir que essas pessoas tenham suas próprias interpretações e seus próprios meios de processamento ou recuperação."

Podemos então igualar o crescimento pós-traumático à resiliência?

Aparentemente, existe pelo menos uma qualidade que fortalece ambos. E esta é o otimismo. Poucas semanas após os ataques terroristas de 11 de setembro de 2001, os psicólogos entrevistaram 46 alunos de faculdade. A equipe de Barbara Fredrickson teve a grande sorte de, por acaso, já ter examinado esses alunos no início daquele ano – assim, os cientistas puderam medir diretamente o que o terror da Alcaida havia provocado na psique dos estudantes. "Foram principalmente as emoções positivas que provocaram um crescimento pós-traumático", deduz Fredrickson de suas análises. Além do otimismo, teve uma influência positiva, primariamente, a satisfação geral com a vida e também a gratidão em relação à vida. Todos estes são aspectos parciais da resiliência – mas a resiliência em si não resultou em crescimento pós-traumático.

"É bem possível que pessoas resilientes não cresçam facilmente em suas crises", diz Tanja Zöllner. Pois uma pessoa que não se abala profundamente não precisa mudar muita coisa em sua vida. Uma nova postura em relação à vida ou em relação a outras pessoas se torna improvável.

Por isso, um trauma pode muito bem ser comparado com um terremoto. Apenas quando este ultrapassa determinada intensidade conseguimos reconhecer mudanças depois dele. Pessoas psiquicamente robustas precisam, provavelmente, vivenciar uma catástrofe pior do que contemporâneos mais sensíveis para realmente conseguirem crescer com ela.

8 Quem é o sexo forte?

Aos poucos, a resiliência vai revelando seus segredos. Entrementes conhecemos numerosas características que nos ajudam a compreender por que algumas crianças se desenvolvem bem a despeito de condições difíceis e por que pessoas adultas conseguem superar crises aparentemente desumanas. Mas qual é a influência que o sexo de uma pessoa exerce sobre a estabilidade da vida psíquica? Quão grande é a força psíquica do musculoso fisiculturista e a da mãe de quatro filhos? Existe, no quesito da resistência psíquica, uma diferença entre meninos e meninas, entre homens e mulheres?

Em suma: Quem, afinal de contas, é o sexo forte?

Por mais lógica que seja a pergunta, o tema mal tem sido investigado até agora. Essa pesquisa enriqueceria não só as conversas cotidianas a caminho do trabalho ou à noite no restaurante, mas também poderia ajudar a descobrir o que um sexo poderia aprender do outro em termos de superação de crises e de qual tipo de apoio garotos e garotas precisam em cada fase da vida.

Em Kauai, os pesquisadores pareciam ter encontrado um resultado inequívoco no que dizia respeito aos gêneros: As garotas pareciam ser claramente mais fortes. Apresentavam menos distúrbios comportamentais e tinham uma imagem mais positiva de si mesmas do que os meninos. Isso valia ainda quando já eram adultos: "A percentagem de mulheres que conseguiram superar dificuldades na infância e na idade adulta era maior do que a percentagem de homens", afirma a pesquisadora Emmy Werner.

Entrementes, ficou evidente que, provavelmente, esta não é toda a verdade.

Os psicólogos de desenvolvimento Angela Ittel e Herbert Scheithauer advertem contra uma avaliação superficial da resistência psíquica de ambos os sexos. Meninos e meninas são confrontados com riscos de desenvolvimento bem diferentes, que podem prejudicá-los, mas que podem também ajudar no crescimento, dizem os dois psicólogos. Ittel e Scheithauer reconhecem que, no início e na metade da infância, os garotos parecem ser mais vulneráveis do que as meninas. Eles têm mais dificuldades com a leitura, desenvolvem com uma frequência maior distúrbios do autismo e Tdah e apresentam uma conduta mais antissocial. "As garotas parecem ser resilientes durante mais tempo", diz Angela Ittel. "No caso dos garotos, o perigo de eles sofrerem uma crise psíquica existe desde mais cedo." Uma das razões é que as escolas na Alemanha facilitam as coisas para as meninas. Elas são mais adaptadas às necessidades das meninas. "A escola exige ordem, que as crianças falem sobre si mesmas e se coloquem na posição dos outros", explica Angela Ittel. Para as meninas, isso costuma ser mais fácil. Além disso, costumam apresentar um desenvolvimento mais avançado do que os meninos no início da juventude.

Até mesmo abusos graves na família não se evidenciam, surpreendentemente, na forma de distúrbios comportamentais em meninas pequenas. Garotos, porém, que vivenciam situações semelhantes, se tornam agressivos e "dissociais": Ou seja, eles não conseguem se integrar normalmente na sociedade, porque não aceitam suas normas; se irritam facilmente e são impulsivos, apresentam uma baixa tolerância de frustração ou são emocionalmente frios.

"Na primeira década da vida, os garotos parecem ser mais vulneráveis", confirma também o professor de Psicologia Friedrich Lösel. Mas durante a puberdade, a situação se inverte. Nas meninas que tiveram que suportar dificuldades familiares, o sofrimento da primeira infância pode ressurgir.

Em geral, as jovens falam sobre um número maior de crises do que os garotos e atribuem a estas também um valor emocional mais alto. Nessa idade, as meninas falam com uma frequência maior sobre problemas nos grupos e sofrem mais de estresse crônico do que os garotos da mesma idade. E também a sua autossatisfação não parece ser muito grande. "Na puberdade, as meninas falam com uma frequência maior do que os garotos sobre o fato de sofrerem com as expectativas sociais – por exemplo, com o ideal de ser extremamente magra", relatam Ittel e Scheithauer.

As pequenas personalidades resilientes parecem resistir mais a essas expectativas do que seus colegas da mesma idade mais instáveis. Elas demonstram um comportamento específico ao gênero menos pronunciado. Garotas psiquicamente fortes são menos tímidas do que outras, têm controle sobre seu corpo e demonstram um interesse maior por atividades não consideradas típicas de seu gênero. Meninos fortes mostram mais emoções e empatia do que garotos não resilientes.

É possível, então, que crianças fortes tenham mais coragem de romper com modelos impostos e de seguir suas próprias concepções. Provavelmente, porém, causa e efeito são exatamente invertidos: Devido ao fato de essas meninas e esses meninos se interessarem por muitas coisas e não serem tão fixados em algo determinado, eles podem "recorrer a um repertório amplo de possibilidades de reação", acredita Angela Ittel. Evidentemente, isso ajuda quando eles precisam encontrar a solução para um problema, tornando-os resilientes. "Fixações fortes, por sua vez, não os preparam para a vida", afirma Ittel. "Elas os tornam vulneráveis."

O psiquiatra infantil Martin Holtmann e o neuropsicólogo Manfred Laucht têm uma possível explicação neurobiológica para a aparente mudança das garotas do gênero mais forte para o gênero mais fraco durante a puberdade. As garotas amadurecem mais rapidamente do que os meninos, e isso vale também para os seus cérebros. "Inicialmente, isso parece vir acompanhado de uma resistência maior a distúrbios neuropsiquiátricos no desenvolvimento", afirmam Holtmann e Laucht. "No decurso do tempo, porém, as mudanças hormonais, que acompanham a puberdade, trazem um risco maior em comparação com os garotos."

Holtmann e Laucht acreditam que, desde o início, existe um envolvimento de mecanismos biológicos nas diferenças de gênero. Já no ventre materno, os meninos e as meninas são expostos a influências hormonais e imunológicas diferentes. "É possível que essas diferenças exerçam uma influência específica ao gênero no desenvolvimento do cérebro", escrevem eles. Hoje, é incontestável que existem diferenças no desenvolvimento do cérebro de meninos e meninas. Os dois sexos, por exemplo, processam estímulos linguísticos e espaciais de forma diferente.

A comparação dos sexos mostra mais uma vez: A resiliência não é uma qualidade adquirida em algum momento específico que então persiste para sempre, mas um fenômeno que depende da situação e do momento em que uma pessoa se encontra atualmente.

E também no desenvolvimento de distúrbios psíquicos mostra-se a vulnerabilidade psíquica dos dois sexos – contanto que estejamos dispostos a analisar os fatos com mais atenção. Os problemas dos garotos chamam mais atenção, porque eles os externalizam com maior frequência, como dizem os psicólogos: Os garotos se mostram mais agressivos e também chegam a praticar mais crimes porque não sabem lidar consigo mesmos; as meninas, por sua vez, tendem a internalizar seus problemas: Elas passam a sofrer depressões ou distúrbios alimentares.

Durante a juventude, "a depressão é diagnosticada com uma frequência muito maior em garotas do que em meninos", diz Angela Ittel. A economia hormonal parece exercer um papel nesse fato, pois os hormônios as tornam mais vulneráveis para "baixas" psíquicas. Isso se harmonizaria com o surgimento repentino de depressões nas garotas – e também com o fato de que, a partir da menopausa, a doença não ocorre com uma frequência maior do que nos homens.

No entanto, é também possível que as depressões sejam apenas diagnosticadas com maior frequência nas mulheres jovens e que passem despercebidas nos homens. Foi o que apontou um estudo da Organização Mundial da Saúde. Apesar de os homens e as mulheres que participaram do estudo terem informado aos seus médicos os mesmos sintomas, os médicos diagnosticaram uma depressão num número muito maior de mulheres do que de homens. E Angela Ittel alerta: "Uma pessoa pode expressar uma depressão também por meio de agressões e consumo de álcool, não só por meio de uma tristeza profunda". Esses sintomas, mais frequentes em homens, têm, muitas vezes, as mesmas causas que estão por trás das depressões em mulheres.

8.1 As meninas têm uma competência social maior

Um fator essencial na queda em depressão parece ser uma qualidade das meninas que as torna não só vulneráveis, mas que também pode torná-las resilientes, contanto que não ocorra em excesso: As jovens passam muito tempo – sozinhas ou com amigas – refletindo sobre si mesmas. Falam muito sobre si mesmas, analisam juntas o comportamento das pessoas. "O relacionamento íntimo com garotas da mesma idade – e, muitas vezes, também com os pais – se baseia numa disposição muito grande de compartilhar informações pessoais e de oferecer muito apoio emocional umas às outras", diz Angela Ittel.

Assim, muitas vezes, as garotas recebem mais ajuda do que os meninos quando precisam dela; e elas possuem também uma competência social maior. Ao mesmo tempo, porém, os relacionamentos intensos podem também se transformar em problema: Conflitos com amigas podem ameaçar a saúde psíquica, pois as meninas sofrem muito quando eles ocorrem.

As amizades entre garotos, por sua vez, se baseiam mais em atividades conjuntas e numa comunicação competitiva. E também o relacionamento dos meninos com seus pais é, muitas vezes, menos intensivo no nível emocional do que o das garotas com seus pais. "Os pais falam menos sobre emoções com os filhos do que com as filhas e os encorajam menos a articular seus sentimentos e a processá-los por meio da interação social", afirma Angela Ittel. "Assim, os meninos têm menos oportunidades de aprender a conviver com seus sentimentos." Quando surgem problemas, faltam-lhes muitas vezes estratégias de processamento, razão pela qual eles não só reagem com uma agressividade maior, mas também recorrem com maior frequência a drogas ou álcool. Mais tarde, é difícil controlar a agressividade. O comportamento agressivo é considerado uma das características de desenvolvimento mais estáveis de uma pessoa", completam Ittel e Scheithauer.

As meninas enfrentam as maiores dificuldades quando a puberdade se inicia muito cedo. "As garotas que vivenciam a puberdade precocemente, ou seja, antes de alcançarem a idade de 12 anos, muitas vezes não sabem como lidar com as expectativas de seu mundo de vivência", escrevem Ittel e Scheithauer. Pois muitas vezes as expectativas com as quais as garotas são confrontadas são grandes. As pessoas veem uma adolescente na puberdade, mas não sabem que, no nível de desenvolvimento cognitivo e emocional, ela é ainda uma criança. Além disso, essas garotas costumam manter relações sexuais desde muito cedo, e, muitas vezes, elas não sabem lidar com isso.

Tudo isso evidencia que tipo de apoio os dois sexos mais precisam, diz o psicólogo Franz Petermann. As meninas precisam fortalecer sua autonomia, sua independência e autodeterminação para torná-las menos sensíveis a tribulações. As garotas precisam também de apoio emocional. Os garotos, por sua vez, precisam de uma estrutura e de regras claras em seu lar.

E quem é o sexo forte? A resposta dos psicólogos Ittel e Scheithauer é inequívoca: Em sua opinião, as meninas são tão vulneráveis quanto os meninos – dependendo do contexto e do momento. Na idade adulta, Karena Leppert e seus colegas não encontraram qualquer diferença na força de resistência psíquica entre os dois sexos. No teste de resiliência, os homens e as mulheres alcançam, em média, a mesma pontuação.

9 Autoexame – Qual é a minha resiliência?

Existem dias em que nos sentimos fortes, e existem os dias fracos – isso vale também para pessoas especialmente resilientes. Um questionário permite determinar de modo fácil a sua resistência. Os cientistas do grupo de Karena Leppert da Universidade de Jena desenvolveram esse questionário e o testaram cientificamente com a população alemã. Com a ajuda das 13 perguntas da escala de resiliência "RS-13" cada um pode descobrir qual é sua força de resistência (LEPPERT et al., 2008; cf. p. 250).

9.1 Em que medida as seguintes declarações se aplicam a você?

Dê entre 1 a 7 pontos para cada uma das afirmações seguintes. Dê mais pontos se a declaração se aplica a você num sentido geral, i.e., o quanto as seguintes afirmações descrevem seu pensamento e agir habitual.

1 ponto significa "eu não concordo"; 7 pontos significam "eu concordo plenamente"

		1 = não Eu não concordo					7 = sim Eu concordo plenamente	
1	Quando tenho planos, eu tento realizá-los.	1	2	3	4	5	6	7
2	Normalmente, consigo resolver tudo.	1	2	3	4	5	6	7
3	Não me abalo facilmente.	1	2	3	4	5	6	7
4	Eu gosto de mim mesmo.	1	2	3	4	5	6	7
5	Consigo lidar com várias coisas ao mesmo tempo.	1	2	3	4	5	6	7
6	Sou uma pessoa decidida.	1	2	3	4	5	6	7
7	Eu aceito as coisas do jeito que são.	1	2	3	4	5	6	7
8	Eu me interesso por muitas coisas.	1	2	3	4	5	6	7
9	Normalmente, consigo contemplar uma situação de diferentes pontos de vista.	1	2	3	4	5	6	7
10	Eu consigo me forçar a fazer coisas que eu preferiria não fazer.	1	2	3	4	5	6	7
11	Quando me encontro numa situação difícil costumo encontrar uma saída.	1	2	3	4	5	6	7

		1 = não Eu não concordo			7 = sim Eu concordo plenamente		
12	Tenho bastante energia para fazer tudo o que preciso fazer.	1	2	3	4	5	6	7
13	Eu consigo aceitar o fato de que nem todos gostam de mim.	1	2	3	4	5	6	7

9.2 Avaliação

Agora, calcule a soma de seus pontos. Você obterá um número entre 13 e 91. Um número alto indica uma resiliência alta, um valor baixo sugere uma força de resistência psíquica baixa.

O máximo que você pode obter são 91 pontos.

Se você tiver mais de 72 pontos, poucas coisas conseguem abalá-lo. Você consegue lidar com a maioria dos desafios e dá conta das exigências da vida. Algumas situações podem até lhe parecer difíceis, mas você é capaz de reagir com flexibilidade aos golpes do destino e assim encontrar uma solução que combina com você e o ajuda a avançar.

Se você tiver entre 67 e 72 pontos, sua força de resistência é mediana. Na maioria das vezes, você encontra uma solução para seus problemas, mesmo que isso lhe custe muita energia. Em geral, você consegue recuperar o ânimo sem ajuda de terceiros.

Se você tiver menos de 67 pontos, você não suporta muitos desafios. Problemas se transformam muitas vezes em crises. Sua resiliência não é muito grande. A fim de reduzir o risco de depressões e distúrbios físicos, você deveria praticar ativamente uma administração de estresse e buscar ajuda psicológica quando você precisar dela.

9.3 Avaliação comparativa

Na Alemanha, as pessoas dispõem de uma quantidade considerável de força de resistência. Em média, elas alcançam um valor de 70 na escala RS-13 – isso corresponde a mais de três quartos dos pontos possíveis. Mulheres e homens alcançam valores muito semelhantes, como mostraram as análises com uma escala de resiliência semelhante (RS-25).

No caso dos homens, o valor médio corresponde a 77% do valor máximo; ele independe bastante da idade. Na Alemanha, as mulheres alcançam, em média, 75% dos pontos possíveis; esse valor, porém, tende a diminuir um pouco após os 60 anos de idade – diferentemente dos homens.

E sem certa medida de resiliência ninguém conseguiria viver. A cada dia precisamos enfrentar desafios, problemas surgem constantemente – e normalmente isso não nos destrói. "Desde a expulsão do ser humano do paraíso, o caso normal na vida humana é a crise, e não a rotina", diz o sociólogo Bruno Hildenbrand. No fim das contas, a vida nada mais é do que um processo de superação de crises.

Nós que vivemos numa sociedade orientada pelo sucesso não gostamos de ouvir isso, mas: Fracassar é normal! Sem dúvida alguma, foi por isso que nossos ancestrais tiveram que desenvolver a capacidade de lidar com o fracasso. E, na opinião de Hildenbrand, resiliência é justamente isso: a flexibilidade de se adaptar às dificuldades e de, se possível, aprender com elas. Numerosos psicólogos de desenvolvimento têm certeza de que, sem crises e obstáculos, um desenvolvimento não seria possível.

Mas mesmo que ao alemão mediano não faltem muitos pontos para a resiliência máxima, essa lacuna faz a diferença nos momentos decisivos. É ela que, quando sofremos resistências, nos leva a tropeçar e a adoecer, assim que a pressão ultrapassa certo limite.

III

Os fatos concretos sobre as pessoas fortes

De onde vem a força de resistência?

Desde que os psicólogos perceberam há algumas décadas que nem sempre as crises destroem as pessoas, mas que, às vezes, as deixam mais fortes, eles tentam descobrir as razões disso. No entanto, essa tarefa não é fácil, visto que nem mesmo as pessoas inabaláveis conseguem expressar em palavras por que elas possuem aquela força de resistência psíquica tão admirada pelos outros. Por isso, os cientistas das mais diversas disciplinas tiveram que inventar estratégias mais ou menos ardilosas para extrair dessas pessoas os seus segredos.

Alguns pesquisadores estudaram durante décadas na distante Ilhas Maurício por que alguns filhos de pais violentos conseguiam desenvolver personalidades saudáveis a despeito de todas as dificuldades enfrentadas na infância. Outros tentam entender com a ajuda de estatísticas complexas por que doenças infantis completamente normais se desenvolvem de maneira surpreendentemente fatal em órfãos criados sem amor. E outros analisam as alterações profundas nos cérebros de pequenos ratos com mães que não cuidam deles.

Estes e muitos outros estudos têm contribuído peças para solucionar o quebra-cabeça representado pela pergunta sobre a força das pessoas resistentes. Aos poucos, conseguimos completar a imagem daquilo que transforma as pessoas em personalidades fortes. Não é só a pesquisa psicológica e psiquiátrica que faz sua contribuição, mas também a sociologia, a pedagogia, a neurobiologia e a genética fornecem fatos concretos que nos permitem entender melhor a rocha personificada em meio à tempestade.

Segundo essas descobertas, alterações genéticas minúsculas, mas muito comuns, tornam as pessoas que sofreram abusos violentos na infância muito mais vulneráveis a crises na vida adulta. Em decorrência disso, elas correm um risco especialmente grande de se tornarem alcoólatras na vida adulta. No entanto, não são apenas os genes que tornam uma pessoa psiquicamente resistente ou vulnerável. Também a cunhagem pelos pais ou seu estilo de educação se manifestam em estruturas biológicas. Algumas experiências negativas feitas durante a infância se gravam no cérebro para sempre. Em crianças, por exemplo, que cresceram sem o apoio da família, o processamento deficitário de estresse pode ser visualizado com métodos tecnológicos modernos. O jovem ramo de pesquisa da epigenética também revela surpresas: a vida altera os genes. Ao longo da vida, as vivências de uma pessoa – seus medos, mas também sua atividade física e sua alimentação – se inscrevem nos genes. É provável que essas marcas possam ser transmitidas de geração para geração. Este capítulo apresenta um resumo do estado atual da surpreendente pesquisa de resiliência moderna.

1 Como o mundo de vivência modela a vida de uma pessoa (ambiente social)

Chamegos são dispensáveis. Também para bebês e crianças. Os grandes pensadores acreditavam nisso até há pouco tempo. Agora, no início do século XXI, é difícil imaginar isso: Mas ainda na década de 1950, os pediatras costumavam dar o conselho às mães novas de não se preocuparem demais com o seu bebê. Eles realmente acreditavam que bastava manter o filho limpo e alimentá-lo. E os pediatras realmente acreditavam estar dando um conselho bom.

Todo o resto resultaria em crianças mimadas. E ninguém iria querer um filho efeminado.

Harry Harlow não conseguia imaginar que essa estratégia pudesse ser correta. O psicólogo tinha quatro filhos; ele não tinha dúvidas de que, mesmo ainda bebês, eles precisavam de mais do que apenas alimento e higiene. Ele queria demonstrar isso para o mundo, por meio de experimentos com pequenos macacos Rhesus, que ele tirava de suas mães logo após o nascimento, entregando-os à própria sorte durante meses. Por trás das paredes de seu laboratório, os pequenos macacos viviam dramas, os animais se transformaram em calamidades psíquicas. Mais tarde, um dos funcionários de Harlow afirmou ter certeza de que os experimentos de seu chefe contribuíram essencialmente para fortalecer em grande medida o movimento em prol dos direitos dos animais. Em todo caso, a posição daqueles que consideravam desnecessário qualquer contato físico durante a educação começou a enfraquecer.

E também observações em orfanatos da época incentivaram um novo pensamento segundo o qual as crianças sofrem quando precisam passar muito tempo a sós como os macacos de Harlow – mesmo quando seus quartos são equipados com todos os brinquedos que se possa imaginar. Recentemente, os orfanatos da ditadura de Ceausescu entre 1965 e 1989 na Romênia, onde as crianças tiveram que viver sob condições desumanas, ilustraram isso de modo drástico. Muitas vezes, as crianças eram acorrentadas à cama, onde recebiam apenas o mínimo necessário. Não havia palavras de carinho ou qualquer outra expressão de afeto. Muitas crianças pareciam apáticas quando os observadores ocidentais entraram nos orfanatos após a queda da ditadura. As crianças se assustavam facilmente, eram agressivas e, no início, não eram capazes de participar de uma vida familiar normal.

No final da década de 1980, ninguém duvidava mais da importância de atenção e contato físico para um desenvolvimento psíquico saudável da criança. Uma coisa, porém, surpreendeu os cientistas: A falta de estabilidade psíquica das crianças parecia afetar também a sua saúde. Os órfãos romenos adquiriam infecções com grande facilidade. E continuavam mais suscetíveis a essas doenças do que crianças norte-americanas da mesma idade mesmo após já terem vivido vários anos nos Estados Unidos com suas famílias adotivas.

Aparentemente, existe um vínculo entre espírito de luta e defesa imunológica. O psicólogo Seth Pollak também constatou isso: Jovens que haviam sofrido abusos físicos durante sua infância tinham um sistema imunológico claramente mais fraco do que jovens da mesma idade que não haviam experimentado violência em suas famílias. Os corpos das crianças maltratadas eram menos capazes de combater o vírus do herpes – e por isso produziam uma quantidade excessiva de anticorpos – que a equipe de Pollak encontrou em sua saliva. O efeito perdurava anos.

Pediatras e psicólogos sensíveis logo aplicaram na prática a descoberta do vínculo entre um ambiente amoroso e o desenvolvimento de resistência física e psíquica. A psiquiatra infantil Heidelise Als realizou estudos fundamentais nas UTIs para bebês prematuros do Children's Hospital em Boston. Ela ensinou às enfermeiras que ali trabalhavam a reconhecer as necessidades desses bebês miúdos e a reagir de modo especial a elas – ou seja, a dar às criancinhas aquilo que, naquela situação, mais lhes importava. Cada bebê recebia várias porções diárias dessa atenção especial.

O sucesso de Als foi fascinante: A importância do contato físico e da interação para os bebês se mostrava no desenvolvimento pelo qual eles passaram ainda na clínica. Os bebês prematuros passavam por um processo de amadurecimento mais rápido do que quando ficavam entregues a si mesmos em suas incubadoras aquecidas, ou seja, quando recebiam calor humano. Eles cresciam mais rapidamente, podiam voltar para casa mais cedo e desenvolviam pulmões e corações mais fortes e tinham menos *déficits* psíquicos do que os prematuros abandonados.

E também os primeiros estudos de longo prazo demonstram a influência enorme que o ambiente social exerce sobre a força de resistência psíquica: Os órfãos de um orfanato em Bucareste que, em 2000, foram acolhidos por uma família romena, desenvolveram um distúrbio de angústia ou uma depressão numa frequência muito menor do que crianças que, após a queda do regime de Ceausescu, tiveram que ficar mais um tempo no orfanato.

Uma pessoa cética objeta talvez que, provavelmente, as famílias adotivas tendem a escolher aquelas crianças que parecem ser saudáveis e felizes e que crianças que demonstram anomalias psiquiátricas tendem a permanecer no orfanato. No entanto, o efeito constatado pelos psiquiatras Charles Nelson, Nathan Fox e Charles Zeanah nada tinha a ver com isso. Pois eles haviam lançado a sorte para determinar quais das 136 crianças com a idade entre 6 meses e 2,5 anos do orfanato em Bucareste deveriam ser acolhidas por uma família. Os cientistas sabiam que esse procedimento era eticamente questionável. "Mas no início do nosso estudo existiam apenas poucas famílias dispostas a acolher as crianças, de modo que a maioria das crianças teria continuado a crescer no orfanato." Assim, conseguiram justificar o seu método. A maioria das crianças que não haviam sido escolhidas pela sorte também foi adotada ao longo do tempo.

As famílias adotivas haviam sido treinadas. Elas foram instruídas a tratar as crianças com um carinho especial e também tiveram à sua disposição conselheiros que podiam lhes ajudar caso surgissem perguntas ou dúvidas. Assim, o projeto conseguiu fazer muito pelas crianças: Dentro de 20 meses, seu quociente de inteligência aumentou mais ou menos dez pontos. Sofriam muito menos com Tdah, depressões e angústias do que as crianças que permaneceram no orfanato. No entanto, as famílias adotivas não conseguiram diminuir os distúrbios no comportamento social.

A educação é importante, e ela é capaz de fortalecer a criança. E sem dúvida alguma, uma educação ruim pode prejudicar a criança durante a vida inteira. No entanto: Isso não é sempre assim. Mesmo num ambiente terrivelmente negativo, existe a chance de um desenvolvimento saudável. Nem todas as crianças que sofreram abusos passam a ser violentas assim que conseguem segurar um taco de *baseball*. Evidentemente, existem fatores que fazem com que uma criança com um pai violento se transforme em um brutamontes, e outros que fazem com que a criança pense melhor, ou seja, com que ela possua resiliência em relação à influência infeliz do pai.

Há muito tempo, os psicólogos acreditam que o temperamento é um desses fatores decisivos. Eles acreditam que as pessoas que tendem a buscar o conflito físico não são as personalidades tempestuosas, mas as pessoas frias. E eles conseguem até medir isso: normalmente, um ruído alarmante faz com que o coração passe a bater mais rápido. A pele produz suor, mesmo que, às vezes, em quantias minúsculas. Elétrodos conseguem medir isso, porque a condutibilidade da pele aumenta. Pessoas que tendem a ser agressivas, porém, já como crianças, reagem menos a situações alarmantes. Elas não se agitam quando são castigadas por uma conduta errada; e dificilmente reagem às reações de estresse demonstradas por outros. No pior dos casos, isso provoca um ciclo de violência. No início, essas pessoas reagem com indiferença à surra do pai; mais tarde, aos gritos de suas próprias vítimas.

Para quem considera essa teoria simples demais: O psiquiatra infantil Martin Holtmann e o neuropsicólogo Manfred Laucht suspeitam que a emotividade maior significa também uma atenção maior. Quando o coração bate mais rápido, isso é uma expressão de um processamento bem-sucedido de estímulos emocionais, acreditam eles. Em vez de aguardar com o espírito amortiçado que as coisas aconteçam, a emotividade deve ser vista como "abertura para os estímulos do mundo". Isso facilita, possivelmente, o aprendizado – também o aprendizado de que não avançamos se exercermos violência e entrarmos em conflito com a lei o tempo todo.

Entrementes, numerosos estudos têm comprovado que uma frequência cardíaca elevada e uma alta condutibilidade da pele em situações de estresse são, de fato, indícios de um fator que ajuda as crianças a se desenvolverem positivamente mesmo sob condições difíceis. A psicóloga Patricia Brennan encontrou uma prova muito interessante. Ela dividiu 94 homens jovens em quatro grupos – os critérios que ela usou foram se eles já haviam entrado em conflito com a lei, ou não; se seus pais haviam sido criminosos, ou não. A condutibilidade da pele e a frequência cardíaca após um susto eram significativamente mais altas naquelas pessoas que obedeciam às regras na sociedade, mas que tinham um pai criminoso. Segundo a avaliação de Brennan, uma alta frequência cardíaca protege os homens jovens de imitar seus pais. Um pulso baixo, porém, é visto como maior perigo de um comportamento antissocial.

O vínculo é tão claro que o criminólogo Adrian Raine chega a usar essa observação para fazer previsões. A partir da frequência cardíaca de 100 alunos de 15 anos de idade, ele conseguiu profetizar quais dos garotos teria cometido um crime aos 29 anos de idade. Raine supervisiona há muitos anos um projeto abrangente nas Ilhas Maurício, no Oceano Índico. No "Mauritius Child Health Project", ele tem a oportunidade de realizar suas pesquisas sobre um grande número de crianças com o apoio da Organização Mundial da Saúde.

Há pouco tempo ele conseguiu confirmar a teoria do sangue-frio também em crianças pequenas: Os professores avaliavam como muito agressivos justamente aqueles alunos de 8 anos de idade que – sem que os professores o soubessem – haviam apresentado uma frequência cardíaca e uma condutibilidade da pele baixas em situações de estresse já aos 3 anos de idade. Os cientistas haviam medido essas duas grandezas após assustarem os pequenos com ruídos altos ou após confrontarem as crianças com tarefas difíceis.

No entanto, a educação tem ferramentas para reagir a isso: Quando os cientistas treinavam as famílias e garantiam uma educação e uma alimentação melhor já aos 3 anos de idade, as crianças apresentavam reações do coração e da pele normalizadas após alguns anos. E quando alcançaram os 23 anos de idade, a intervenção dos cientistas evidenciou seus efeitos também no histórico policial dos jovens: Houve uma redução de um terço no número daqueles que entraram em conflito com a lei. Profecias negativas não precisam ser ruins se pudermos fazer algo para que elas não se realizem.

2 O que acontece no cérebro (neurobiologia)

Também entre os ratos existem mães desnaturadas. Normalmente, faz parte da vida familiar nos ninhos de ratos que as mães demonstram seu afeto pela cria. Elas lambem os pequenos, os aquecem e os alimentam. Algumas ratas, porém, não são capazes de desenvolver esse amor materno. Em vez de cuidar de sua cria, elas se limitam ao essencial. Dificilmente oferecem aconchego físico.

Os descendentes de ambos os tipos de ratas sobrevivem e crescem. Ambos conseguem levar a vida de um rato normal: Eles procuram um lugar seguro para passar a noite, conseguem encontrar comida, um parceiro para procriar.

No entanto, no íntimo dos animais, existe uma grande diferença que marca toda a sua vida. Invariavelmente, ambos os tipos de cria se deparam no decorrer de sua vida com situações desagradáveis ou perigosas. E nessas situações é que a sua alma de rato se revela: Como animais adultos, a cria que recebeu todo o carinho da mãe reage de forma muito mais tranquila ao estresse do que seus colegas abandonados; e acabam alcançando uma idade maior. Quando se deparam com uma situação ou um ambiente desconhecido, os ratos mimados não mostram muito medo; mas os animais que haviam sido negligenciados pela mãe tentam se esconder no canto mais escuro do espaço desconhecido e tremem. Evidentemente, não possuem a autoconfiança necessária para processar o ambiente desconhecido e esperam mais efeitos negativos do que positivos da situação alterada.

Isso tem uma razão surpreendente. E esta é de natureza biológica, como descobriu o neurobiólogo canadense Michael Meaney há uns dez anos. Os animais processam as mensagens do hormônio de estresse cortisol de maneiras completamente diferentes. Aparentemente, esse hormônio de estresse é um dos responsáveis quando alguns ratos se tornam especialmente resistentes como adultos; e outros, especialmente vulneráveis.

O corpo libera o hormônio sempre que surge uma situação excitante – isso vale tanto para os ratos quanto para os humanos. Então o cortisol provoca a mobilização da glicose nos depósitos do fígado. Assim, disponibiliza energia – para fugir, por exemplo, para encontrar uma solução rápida ou para permitir um alto desempenho imediato em alguma outra área. O corpo se encontra em estado de alerta.

Isso faz sentido enquanto os ratos ou humanos se encontrarem em perigo ou sob pressão. Mas em algum momento esse estado de alerta deveria passar. Caso contrário, o animal e o humano se transformam em uma ruína psíquica. Para encerrar o estresse, o cérebro cria pontos de recaptação do cortisol. Eles retiram o cortisol da corrente sanguínea.

E é justamente aqui que se encontra a diferença entre as diferentes crias de ratos. As mães carinhosas, quando lambem e mimam seus filhotes, causam a produção de pontos de recaptação do hormônio no cérebro de sua cria. Assim, eles conseguem retirar rapidamente o cortisol liberado em situações de estresse. A cria das mães frias, porém, criam situações de estresse constante.

O caminho traçado por uma geração se reproduz na família. Entrementes, sabemos: Os ratos mimados se tornam pais amorosos; ratos negligenciados se tornam tão frios quanto suas mães. Michael Meaney, porém, demonstrou por meio de um truque que a cria não herda simplesmente o número de pontos de recaptação de suas mães: Uma mãe afetuosa criou a cria de uma mãe fria, e vice-versa. Os filhotes adotivos apresentaram o mesmo quadro da cria natural: Os filhotes adotivos mimados formaram mais pontos de recaptação do cortisol no cérebro e exploraram o mundo com curiosidade.

A influência do cortisol sobre a saúde psíquica foi confirmada também nos humanos. Christine Heim, uma psiquiatra norte-americana, realizou um experimento impressionante. Ela expôs mulheres que haviam sido abusadas na infância a uma situação de estresse: Pediu que fizessem uma palestra pública. O nível de hormônios de estresse nessas mulheres atingiu um nível seis vezes mais alto do que em mulheres psiquicamente mais estáveis, que não tiveram uma infância traumática. E também outros estudos mostraram: Pessoas que sofreram traumas na infância costumam reagir com uma sensibilidade excessiva a situações de pressão.

2.1 Sustos no cérebro

Falta de amor e experiências assustadoras podem minar o desenvolvimento da força de resistência psíquica. E a neurobióloga Anna Katharina Braun afirma que traumas fortes se manifestam até nas estruturas do cérebro. Ela descobriu isso enquanto estudava roedores da família *Octodontidae*, que possuem uma vida social intensa.

Braun atacou essa vida social – ela removeu alguns filhotes diariamente por uma hora do resto de sua família. Então descobriu que os nervos nos cérebros desses animais haviam criado ligações estranhas. No *gyrus cinguli* – numa estrutura do cérebro que pertence ao sistema límbico e participa do processamento de emoções e pulsões –, ela encontrou mais sinapses do que em animais que não haviam sido isolados.

Mais? "Isso também é um distúrbio do desenvolvimento saudável", ressalta Braun. Normalmente, o cérebro desenvolve mais sinapses do que seria necessário. Mas, no decorrer do tempo, estabilizam-se apenas aquelas ligações entre as células nervosas que realmente são necessárias para um funcionamento eficiente do cérebro. O resto desaparece. E é justamente esse processo de seleção que parece não ter ocorrido nos ratos isolados. Eles preservaram um excesso de sinapses. Isso teve consequências para seu comportamento: Um ambiente estranho os assustava.

2.2 Como medir a força psíquica

"Há muito tempo, ninguém duvida do fato de que fatores biológicos influenciam a força de resistência contra situações de estresse", resumem o psiquiatra infantil Martin Holtmann e o neuropsicólogo Manfred Laucht a pesquisa atual. Disso resulta algo notável: A força psíquica de animais ou das pessoas pode ser medida de forma bem concreta na base de algumas funções físicas. Por exemplo: A resistência ao estresse de uma pessoa pode ser determinada em certa medida quando a assustamos com um tiro alto. A duração de seu reflexo de susto revela então quanto tempo ela precisa para se recuperar de uma experiência negativa. Isso seria um indício de sua capacidade de processar esse tipo de experiência, escrevem Holtmann e Laucht. O tempo durante o qual uma pessoa fecha os olhos ao ouvir um ruído extremamente alto varia muito de pessoa para pessoa.

Mas será que a duração do susto permite conclusões mais abrangentes sobre como alguém lida com o estresse – conclusões, por exemplo, sobre a saúde psíquica de uma pessoa, sobre sua suscetibilidade psíquica? Isso significaria que pessoas que apresentam uma reação relativamente longa a um susto precisam também de mais tempo diante de dificuldades maiores para se recuperar. Possivelmente precisam de tanto tempo que isso as adoece psiquicamente. Fato é: A duração do reflexo ao susto de uma pessoa se reflete nas estruturas do próprio cérebro.

Dependendo da velocidade com que as pessoas conseguem relaxar após um tiro, vemos diferenças em seu córtex pré-frontal. Essa região do cérebro, localizada atrás da testa é, de certa forma, nosso centro de controle supremo quando reagimos a uma situação. O córtex pré-frontal recebe sinais de fora (como, p. ex., o tiro), os relaciona a conteúdos na memória e também a avaliações emocionais, que provêm do sistema límbico. O que aconteceu quando ouvi esse tipo de barulho da última vez? Foi algo terrível ou nada negativo? Foi correto ou desnecessário fugir? Dessa forma, o córtex pré-frontal faz com que nós tentemos nos abrigar quando ouvimos uma explosão e depois volta a regular essas emoções. Quando crianças brincam com estalinhos, nós já não nos assustamos mais após duas ou três dessas explosões.

A reação das células nervosas desse centro de controle tão importante numa experiência desagradável pode ser visualizada com a ajuda da imagem por ressonância magnética. Essa tecnologia mostra aos pesquisadores quais regiões do cérebro estão ativas em determinadas situações – contanto que estas possam ser reproduzidas no tubo estreito do tomógrafo.

O que pode ser produzido no tubo é um estalo alto. Assim, os cientistas puderam constatar que, em pessoas relaxadas, o lado esquerdo do córtex pré-frontal é mais ativo. Essas pessoas avaliaram situações desagradáveis de forma tendencialmente mais positiva do que pessoas com uma ativação mais forte do lado direito do córtex pré-frontal. O lado esquerdo representa os sentimentos positivos, mais entusiasmo e um humor melhor, enquanto as pessoas com um córtex direito mais ativo costumam ser mais mal-humoradas ou medrosas.

O efeito é tão nítido que os cientistas conseguem até predizer como os indivíduos reagirão numa situação desagradável. Essas diferenças já podem ser encontradas em bebês de 10 meses de idade. E uma equipe do psicólogo Richard Davidson até conseguiu prever o quanto um bebê sofreria com uma separação breve da mãe. Crianças que apresentavam uma ativação maior no lado esquerdo reagiam de forma mais tranquila à separação da mãe. Crianças com o córtex direito mais ativo choravam.

Além do córtex, o hipocampo também fornece informações sobre a força psíquica. Na opinião de pesquisadores como Michael Meaney, uma falta de atenção e de afeto pode ficar gravada diretamente no cérebro. Ao analisar mais de perto o cérebro de suas cobaias, ele constatou: Nos ratos negligenciados pelas suas mães, regiões importantes do cérebro, os chamados hipocampos, estavam subdesenvolvidas. Essas regiões, das quais o nosso cérebro possui uma de cada lado, têm a forma de um cavalo marinho. Elas são consideradas estações centrais para o desempenho da memória e para as emoções. "As mães formaram então – no sentido literal da palavra – os cérebros de sua cria por meio de um simples comportamento natural", acredita Meaney.

Anomalias cerebrais correspondentes foram encontradas também em humanos. As pessoas com depressões graves possuem hipocampos igualmente pequenos como os ratos com mães desnaturadas. O mesmo vale para vítimas de abuso infantil ou veteranos da Guerra do Vietnã com traumas graves.

Seria então o estresse veneno para o cérebro? Ou será que os hipocampos pequenos não são consequência, mas causa da grande vulnerabilidade psíquica? O psiquiatra Roger Pitman acredita no segundo caso, desde que analisou os cérebros de pessoas fortemente traumatizadas. Pois seu estudo apresentava uma peculiaridade: As vítimas de trauma por ele analisados eram gêmeos. E seus irmãos, que não haviam sofrido algo semelhantemente terrível, apresentavam hipocampos igualmente pequenos – sem terem sofrido qualquer trauma.

Se essa observação for confirmada, será possível alertar pessoas especialmente vulneráveis e aconselhá-las a evitar uma profissão com grandes pressões psíquicas. Escaneadores cerebrais poderiam ser usados para impedir que jovens pouco resilientes sejam enviados para o Afeganistão como soldados ou trabalhem como paramédicos em ambulâncias. Pois muitos desses paramédicos adoecem gravemente ao longo de sua vida profissional.

3 No que contribuem os genes (genética)

Uma oportunidade deste tipo se apresenta apenas uma vez na vida de um cientista: Terrie Moffitt foi tomada por um incrível sentimento de felicidade quando, no início da década de 1980, recebeu o convite da Nova Zelândia para resgatar um tesouro! Dez anos antes um psicólogo conseguira conquistar os pais de todas as crianças que haviam nascido durante um ano no Queen Mary Hospital na cidade de Dunedin. Os planos do psicólogo eram ousados: Pretendia, ao longo de décadas, examinar regularmente as 1.037 crianças que haviam nascido entre abril de 1972 e março de 1973. Assim, o psicólogo pretendia descobrir as causas de problemas de saúde e desenvolvimento.

Quando Terrie Moffitt se juntou ao projeto em 1984, os fundamentos para levantar o tesouro já haviam sido estabelecidos. Agora, cabia a ela multiplicá-lo e aproveitar da maneira mais lucrativa possível. Ainda hoje a psicóloga, nascida em Nuremberg, mas criada nos Estados Unidos, participa do projeto juntamente com seu colega e parceiro Avshalom Caspi. Repetidas vezes, Moffitt e Caspi têm apresentado resultados surpreendentes durante esse tempo. Poderíamos até dizer que, com a ajuda das crianças de Dunedin, eles revolucionaram a visão do poder dos genes.

Terrie Moffitt reuniu uma quantia incrível de dados. Regularmente ela entrevistou as crianças sobre sua vida, registrava suas doenças, anotava as dificuldades que as crianças enfrentavam. Ela documentou minuciosamente quais crianças cresciam sob condições favoráveis e quais provinham de um lar problemático. E registrou também como as crianças se tornavam gradativamente adultas e como agora, já com mais de 40 anos de idade, levavam sua vida – se eram agressivas ou socialmente integradas, se estavam casadas ou se permaneciam sós para sempre. Por trás de tudo isso estava a grande pergunta: Por que eventos difíceis na vida causam danos permanentes na alma de determinadas pessoas, enquanto outras parecem ser imunes a isso?

Certo dia, no ano de 1996, Moffitt e Caspi leram uma publicação decisiva. Uma equipe de pesquisadores alemães liderada por Klaus-Peter Lesch havia publicado uma descoberta surpreendente: Os psiquiatras e geneticistas da equipe de Lesch haviam demonstrado pela primeira vez que a postura temerosa de uma pessoa e sua labilidade emocional parecem depender do fato de ela possuir, ou não, determinado gene. Isso era uma descoberta extraordinariamente fascinante: Um único gene exercia uma influência direta sobre a alma do ser humano!

O gene do qual estávamos falando se chama 5-HTT. Ele contém as instruções de produção para o chamado transportador de serotonina. Trata-se de uma molécula que, no cérebro, encerra o efeito da molécula biológica serotonina. Na linguagem popular, a serotonina é chamada "hormônio da felicidade"; os cientistas a chamam de semioquímico ou de neurotransmissor, porque a molécula transmite sinais às células nervosas no cérebro. Em quantias moderadas, a serotonina deixa as pessoas eufóricas, afasta medos e inibe agressões. Mas quando passa do limite, pode provocar alucinações. Por isso, o corpo tem todo interesse em garantir que o efeito da serotonina termine em algum momento. Para tanto, precisa dos transportadores da serotonina, que retiram de circulação o hormônio da felicidade.

Graças aos seus efeitos múltiplos, o hormônio da felicidade transmite não só uma sensação de bem-estar, mas também força psíquica. Isso já era de conhecimento geral quando Klaus-Peter Lesch iniciou seus trabalhos. Não adianta muito ingerir serotonina na forma de comprimidos para afastar seus medos. E também a crença segundo a qual alimentos ricos em serotonina (como o chocolate ou a banana) melhorariam o humor em virtude de seu teor de serotonina não tem qualquer fundamento científico. Pois o hormônio não tem como chegar do estômago até os lugares importantes no cérebro. Mas os psiquiatras podem intervir no metabolismo da serotonina e assim aumentar a felicidade.

Já há muitos anos existe um número considerável de medicamentos que amenizam as doenças da alma, desdobrando seus efeitos nos centros da serotonina. Esses remédios influenciam a produção, o efeito, o transporte e a recaptação do hormônio da felicidade. Suas aplicações são tão diversas quanto o efeito do neurotransmissor no cérebro: Os remédios são usados para combater a enxaqueca, a pressão alta, a insônia ou um apetite excessivo; a maioria desses medicamentos, porém, é usado para combater doenças psíquicas.

3.1 À procura do gene da resiliência

Em 1996, Klaus-Peter Lesch descobriu algo completamente novo. Ele reconheceu que, nas pessoas, existem diversas variantes do gene para o transportador da serotonina. Pouco tempo depois, conseguiu demonstrar até mesmo que a variação do gene realmente exerce uma influência sobre o estado do humor das pessoas; uma forma do gene parecia afastar a angústia; outra, incentivava a tristeza. A equipe de Lesch analisou a personalidade de 505 pessoas e, depois, os seus genes. As pessoas com a variante da tristeza do gene apresentavam um grande neuroticismo. Elas tendiam para o nervosismo, reagiam rapidamente ao estresse, eram inseguras e tímidas, tinham muitos medos e ficavam tristes com frequência. As pessoas com a variante da felicidade do gene pareciam ser imunes a esses traços de caráter.

As diferenças entre os dois genes eram pequenas: Numa das variantes, bem no final (na chamada região promotora), determinado pedacinho se repetia 14 vezes; na outra, 16 vezes. Assim, a imensa molécula genética do ser humano – o DNA, que abarca três bilhões de elementos e existe em cada célula do corpo – se apresentava apenas 44 elementos mais curta num dos casos. Isso era tudo. Mas essa diferença parecia ter um efeito enorme sobre a vida psíquica. A pessoa com a versão curta era mais vulnerável e muito mais exposta ao risco de desenvolver uma depressão. A versão mais longa, por sua vez, bem mais comum na população, torna seu portador mais estável diante de infortúnios repentinos.

Quando Moffitt e Caspi souberam da descoberta de Lesch, eles reagiram imediatamente. Afinal de contas, eles possuíam a coleção ideal de dados para verificar num grupo grande de pessoas esse vínculo extraordinário entre genética e psique. A ideia deixou os psicólogos fascinados: Possivelmente uma simples diferença genética influenciava toda a vida dessas crianças.

Os genes das crianças de Dunedin foram analisados rapidamente. Mas agora Moffitt e Caspi precisavam ainda descobrir por meio de complexas apurações estatísticas se existia um vínculo com seu estado de humor e seu desenvolvimento. E esse vínculo existia de fato: As crianças com a variante curta do gene para o transportador de serotonina apresentavam mais sintomas depressivos; quando ocorria algo ruim em sua vida, elas recebiam frequentemente o diagnóstico de uma depressão; elas apresentavam uma tendência mais forte a pensamentos suicidas do que as pessoas com a variante longa do gene e que precisavam lidar com dificuldades semelhantes.

Aparentemente, a variante longa do transportador de serotonina transmitia força de resistência contra circunstâncias desfavoráveis. Era, aparentemente, um gene da resiliência! Emmy Werner, a pioneira norte-americana na área da pesquisa de resiliência, se mostrou impressionada: Tudo indicava que a genética do ser humano era capaz de "enfraquecer sua reação a ataques do seu ambiente".

A variante longa do gene parece aumentar também a resistência ao estresse da vida adulta. O geneticista psiquiátrico Kenneth Kendler conseguiu mostrar isso mais tarde com a ajuda de 549 gêmeos adultos. Divórcio, perda de emprego e outros eventos catastróficos resultavam em depressão principalmente quando os gêmeos tinham recebido de seus pais um gene encurtado para o transportador da serotonina.

O fato de que a variante longa do transportador de serotonina ajuda a lidar melhor com golpes do destino pôde ser confirmado em muitos outros estudos com seres humanos, por exemplo, após a grave temporada de furacões na Flórida no ano de 2004. As pessoas com o gene da tristeza sofreram muito sob as consequências do furacão. E os geneticistas da Universidade de Würzburg, que analisaram estudos realizados com mais de 40 mil pessoas, chegaram à mesma conclusão de Moffit e Caspi: Existe um vínculo entre a variante do transportador de serotonina e o estado psíquico.

3.2 Os genes não são o único fator

Mesmo assim, a relação entre o gene da resiliência e a força de resistência psíquica não é tão simples quanto imaginaram alguns especialistas em sua euforia inicial. Uma análise mais minuciosa mostra: Os genes não são a única coisa que importa. Sua influência sobre a natureza da pessoa e sobre sua forma de lidar com situações difíceis depende de muitos fatores.

Na verdade, Moffitt e Caspi haviam destacado isso desde o início: Desde o início, eles haviam alertado contra a euforia exagerada dos geneticistas que queriam usar a descoberta como prova da onipotência da genética. Sempre ressaltaram que uma classificação em "gene da tristeza" e "gene da felicidade" era uma simplificação ilegítima. Pois não basta ter determinado gene para desenvolver uma depressão. O vínculo entre genética e bem-estar psíquico valia também para as crianças de Dunedin apenas sob uma precondição: elas precisavam ter sido maltratadas em sua vida jovem.

"A genética não demonstra efeito sobre a saúde psíquica se o indivíduo não foi exposto a quaisquer riscos", ressaltou Terrie Moffitt. Algumas crianças de Dunedin haviam desenvolvido depressões mesmo antes de sua situação familiar se tornar difícil – antes, por exemplo, de seus pais se separarem ou de o pai recorrer ao álcool. Nessas crianças que, aparentemente sem qualquer causa externa grave, se tornaram depressivas, a doença se manifestava independentemente do tipo de gene que elas possuíam para o transportador de serotonina.

O quanto as condições externas determinam a influência dos genes, o mostra também o destino das vítimas do furacão: Nem todas as pessoas com a variante curta do gene que haviam perdido seu lar desenvolveram um Tept. Aparentemente, uma "boa rede social de amigos e conhecidos consegue amenizar o efeito de experiências traumáticas", afirma o psiquiatra Dean Kilpatrick, "mesmo quando os fundamentos biológicos são pouco favoráveis".

3.3 Violência como herança

Outras variantes de um gene, também encontradas por Terrie Moffitt e Avshalom Caspi, igualmente demonstram seus efeitos apenas quando ativadas por fatores externos: Poderíamos chamá-lo, em termos muito simplificados, "o gene da espiral da violência". Trata-se, também aqui, de um gene que diz respeito ao metabolismo da serotonina, ou seja, do gene para a enzima monoamina oxidase-A (MAO-A). A enzima degrada diversos semioquímicos, entre eles também a serotonina. Inibidores MAO são receitados há anos como remédio contra as depressões.

Segundo as pesquisas de Moffitt e Caspi, uma mutação no gene MAO-A pode ter um efeito não só sobre o humor e o risco de depressão. Ele aumenta nos garotos também a probabilidade de um comportamento antissocial – contanto que tenham sido expostos à violência em sua infância. Assim, uma criança que foi maltratada pelo pai tende a ser violenta mais tarde se ela possuir a variante da enzima MAO-A que inibe a produção de MAO-A. Crianças abusadas com uma produção relativamente alta de MAO-A tendem a ser contemporâneos mais equilibrados, a despeito de sua infância triste. Os cientistas puderam demonstrar o efeito do gene apenas para os meninos, pois o gene para MAO-A se encontra no cromossomo X. Os meninos possuem apenas um cromossomo X; as meninas, dois. Por isso, uma mutação no gene MAO-A não mostra um efeito tão grande nelas.

Nos garotos, porém, o efeito foi dramático: Aqueles que tiveram uma infância terrível e, ao mesmo tempo, haviam nascido com uma predisposição para uma baixa atividade MAO-A, apresentavam em 8 de 10 casos um comportamento antissocial. Antes mesmo de alcançarem a maioridade, eles desenvolveram distúrbios comportamentais que precisavam ser tratados ou eram condenados por um crime antes de completarem 26 anos de idade. Aqueles garotos que haviam tido uma infância igualmente difícil, mas que possuíam a variante do gene que garantia uma atividade MAO-A mais alta, apresentaram conduta violenta apenas em 40% dos casos. Mesmo assim, ainda era o dobro daquelas crianças violentas que provinham de um lar amoroso.

De modo semelhante à variante longa do gene para o transportador da serotonina, tudo indica que também a variante do gene para uma alta atividade MAO-A transmite força de resistência psíquica a circunstâncias desfavoráveis, concluem Martin Holtmann e Manfred Laucht: "Essa variante do gene parece produzir, pelo menos em certa medida, uma resiliência contra consequências psíquicas de maus-tratos na infância", escrevem eles.

A baixa atividade MAO-A e o gene curto da tristeza são visíveis até mesmo no cérebro. Evidentemente, as crianças vulneráveis reagem fortemente ao estresse, como demonstraram os estudos com tomografias de ressonância magnética: Quando as crianças com esses genes são submetidas a pressão, seu hipocampo – aquela região no cérebro que guarda as lembranças de situações ameaçadoras – se põe em estado de alerta. As células nervosas no centro do medo do cérebro, na amígdala, entram em atividade frenética também quando são apresentados a essas crianças rostos cheios de medo ou de raiva, como demonstrou o biopsicólogo Turhan Canli em cooperação com Klaus-Peter Lesch. Em suma: Crianças com esse equipamento genético parecem ter muitas dificuldades de controlar sentimentos desagradáveis como medo ou estresse.

3.4 Interações entre genes e meio ambiente: uma nova área de pesquisas

Repetindo: Os genes da espiral da violência e da tristeza não têm qualquer influência sobre a economia emocional de crianças que não sofreram abusos. A genética só desdobra seus efeitos se as crianças experimentaram violência pessoalmente.

Em vista desses efeitos recíprocos, os geneticistas de personalidade já se cansaram há muito tempo da antiga disputa que, ainda na década de 1990, era travada com ferocidade: se eram os genes ou o meio ambiente que predominava na formação do caráter. Esse debate "Nature versus Nurture" (inglês para "Inato *versus* adquirido") havia sido iniciado no século XIX pelo estudioso universal Sir Francis Galton, primo de Charles Darwin. Os geneticistas modernos, porém, chegaram à conclusão: Ambos os fatores exercem uma grande influência contínua um sobre o outro. Por isso, eles se ocupam cada vez mais – também na pesquisa sobre as causas da resiliência – com as "interações entre genes e meio ambiente", um campo de pesquisa crescente.

O estado atual da pesquisa afirma que esse tipo de interações entre genes e meio ambiente exerce um papel na maioria dos distúrbios psíquicos. Os cientistas acreditam que os genes que transmitem a força de resistência contra essas doenças ou a suscetibilidade a elas, "estão ocultos e só se manifestam quando o estresse entra na equação", como o expressa a psicóloga Julia Kim-Cohen. "Isso explicaria também por que existem grandes diferenças na ocorrência de esquizofrenia em gêmeos univitelinos, apesar de ambos possuírem os mesmos genes e uma forte componente genética é tida como certa na esquizofrenia."

A grande importância dos genes para muitas doenças psíquicas é indisputada. "Temos provas excelentes para o fato de que pessoas com uma predisposição genética reagem de modo depressivo com uma facilidade muito maior do que outras quando confrontadas com eventos difíceis", conclui a Associação Alemã para Psiquiatria e Psicoterapia, Psicossomática e Neurologia. "Isso pode ser tão pronunciado que fatores mínimos de estresse como a mudança de estação ou um voo entre zonas de horários diferentes podem desencadear um episódio depressivo." É possível também que os genes sejam um dos fatores responsáveis pelo fato de que a Síndrome de *Burnout* varia tanto de pessoa em pessoa. Isso, porém, ainda não pôde ser comprovado cientificamente.

Sem dúvida alguma, os genes exercem uma influência considerável. Mesmo assim, eles não regem a vida do ser humano como um monarca. "A despeito de tudo, não somos vítimas dos nossos genes", afirma Julia Kim-Cohen. Ela pesquisou o equilíbrio de forças entre os genes e fatores ambientais no desenvolvimento de resiliência em estudos com mais de 1.100 gêmeos do mesmo sexo que nasceram em 1994 ou 1995 no País de Gales e na Inglaterra. Mais ou menos a metade dos gêmeos é univitelina; a outra, bivitelina. Alguns vêm de famílias problemáticas e desenvolveram problemas comportamentais agressivos ou antissociais. Outros permaneceram adaptados, a despeito de um contexto familiar comparável.

Gêmeos exercem um fascínio especial, também sobre os pesquisadores. Visto que os gêmeos nascem ao mesmo tempo, eles vivenciam um meio ambiente igual na mesma família. Gêmeos univitelinos são, além disso, geneticamente idênticos, enquanto os gêmeos bivitelinos não apresentam uma semelhança genética maior do que irmãos normais. Por isso, estudos comparativos com ambos os tipos de gêmeos permitem analisar a influência que os genes exercem sobre determinado tipo de desenvolvimento e qual é a influência correspondente do meio ambiente. Os gêmeos são, portanto, ideais para a pesquisa das interações entre genes e meio ambiente.

Por isso, Julia Kim-Cohen conseguiu chegar a conclusões interessantes relacionadas às famílias por ela pesquisadas. No que dizia respeito à evolução de desvios no comportamento, os gêmeos univitelinos apresentavam muito mais semelhanças do que os gêmeos bivitelinos. Em geral, os gêmeos univitelinos eram ambos resilientes contra as agressões no lar ou não. Os gêmeos bivitelinos, por sua vez, se desenvolviam com uma frequência maior em direções opostas. Na base do comportamento dos gêmeos, Kim-Cohen calculou uma influência de 70% para os genes. 30% cabiam ao meio ambiente. Outros pesquisadores calculam que o equilíbrio de forças entre genes e fatores ambientais no desenvolvimento de resiliência é de 50% para ambos.

3.5 Efeitos recíprocos altamente complexos

Muitas vezes, os efeitos recíprocos de genes e meio ambiente é surpreendente. "Essa interação é altamente complexa", ressalta o psicólogo de Erlangen Friedrich Lösel.

Em primeiro lugar, os pais transmitem aos filhos não só seus genes, mas – contanto que sejam criados por seus pais biológicos – também todo um ambiente. De certa forma, o ambiente também é "herdado".

Em segundo lugar, as crianças buscam aqueles nichos em seu ambiente que mais correspondem às suas predisposições, interesses e talentos inatos. Uma personalidade aberta e curiosa busca ativamente experiências novas com frequência. Estas, por sua vez, favorecem o desenvolvimento dessas crianças – e as tornam mais resilientes. "Nem mesmo crianças pequenas são apenas receptores passivos de influências socializadoras por parte dos pais, das famílias e dos ambientes sociais", afirma Julia Kim-Cohen. A criança escolhe seu ambiente.

Em terceiro lugar, pais e educadores reagem de maneiras diferentes às qualidades pessoais que uma criança manifesta em virtude de seu equipamento genético. Crianças com um temperamento extrovertido, por exemplo, gostam de interagir com os adultos em seu ambiente. Dessa forma, elas acabam recebendo mais atenção e estímulos de seus pais, professores ou educadores do que crianças tímidas – podendo assim desenvolver mais resiliência. A criança cria, assim, o seu ambiente.

"Quando dizemos que a biologia exerce um papel considerável no desenvolvimento do caráter e da força de resistência psíquica, isso não significa que o comportamento de um ser humano seja geneticamente predeterminado", resume Friedrich Lösel os resultados das pesquisas atuais. Muitas vezes, as pessoas entendem isso de forma equivocada. "Os genes impõem limites, mas permanece um espaço de ação considerável." Poderíamos dizer também: Os genes fazem uma oferta ao ser humano, mas cabe a ele aceitá-la e moldá-la pessoalmente.

3.6 A face dupla dos genes de resiliência: dente-de-leão e orquídea

A mesma variante de um gene pode ter efeitos extremamente diversos. Dependendo dos efeitos do meio ambiente, o mesmo gene pode tornar a pessoa vulnerável ou resiliente. "Num ambiente amoroso, os genes que, sob condições difíceis, causariam vulnerabilidade podem até mesmo chegar a fortalecer a psique de uma criança", explica a psicóloga de desenvolvimento Jelena Obradovic da Universidade de Stanford. Aparentemente, os genes da resiliência têm uma face dupla.

- Sob determinadas circunstâncias, o gene da tristeza (para o transportador da serotonina) pode proteger ativamente contra depressões.
- Quando há muito amor na família, o gene da espiral da violência (para a enzima MAO-A) pode transformar os garotos não em brutamontes, mas em pessoas carinhosas.
- Variantes de um gene chamado CHRM2, que em famílias difíceis aumenta o risco de agressividade, violações de regras e dependência química, transforma os jovens, em famílias atenciosas, nas pessoas menos problemáticas de todas.

Portanto, não existem, no que diz respeito à força de resistência psíquica, genes realmente bons e desejáveis – nem mesmo daquele tipo que preferiríamos não ter. Jelena Obradovic e Thomas Boyce já apresentaram uma possível explicação para isso – e eles a encontraram tratando alunos californianos de uma pré-escola de modo não muito amável. A psicóloga e o pediatra gotejaram um pouco de suco de limão concentrado na língua dos mais de 300 alunos entre 5 e 6 anos de idade. Além disso, as crianças precisavam decorar números de seis dígitos. Tiveram que responder a perguntas feitas por um estranho sobre sua família e seus amigos. Por fim, tiveram que assistir a um filme em que um menino e uma menina têm medo de uma tempestade.

Para que tudo isso? Obradovic e Boyce queriam testar a resistência das crianças contra todos os tipos de estresse: físico (suco de limão), mental (decorar números), social (conversa com um estranho) e emocional (filme sobre a tempestade). Eles analisaram a quantia do hormônio de estresse na saliva das crianças. Além disso, perguntaram aos pais e aos professores como eles avaliavam a competência social e o potencial agressivo desses alunos.

O resultado já esperado foi que as crianças sensíveis provenientes de condições difíceis apresentavam mais anomalias comportamentais do que as crianças que provinham de condições igualmente difíceis, mas que haviam produzido menos hormônios de estresse durante os testes. Mas os cientistas descobriram também a seguinte relação inesperada: Quando as crianças sensíveis cresciam em um lar amoroso, elas apresentavam menos anomalias comportamentais do que as crianças mais robustas de famílias igualmente favoráveis. As crianças sensíveis demonstravam também um interesse maior pela escola e eram socialmente integradas.

É, portanto, possível que as crianças que reagem de forma sensível ao estresse sejam simplesmente mais sensíveis em geral do que seus coleguinhas menos estressados. Elas reagem com uma intensidade maior a estímulos de seu ambiente – aos positivos e negativos. Isso, porém, significa também que, quando elas conseguem aproveitar as influências ambientais de modo lucrativo, elas podem tirar mais proveito delas e até superar seus colegas menos estressados.

Thomas Boyce fala de "crianças orquídeas" que murcham quando não são bem cuidadas, mas que produzem flores maravilhosas quando recebem o cuidado adequado. Ele emprestou esse termo de uma expressão popular sueca e a transferiu para o jargão psicológico, aproveitando ao mesmo tempo também sua contraparte: Ao contrário das crianças orquídeas, as "crianças dente-de-leão" conseguem – semelhante a uma erva daninha que nunca morre – se desenvolver e florescer até mesmo no lixão da vida.

Quando uma pessoa é sensível como uma orquídea, isso não significa necessariamente que ela possui genes que a adoeçam. Quando crianças desse tipo são incentivadas pelos pais, professores ou outras pessoas de referência, elas podem desenvolver um grande potencial. A psicóloga infantil Marian Bakermans-Kranenburg já demonstrou isso na prática. Ela se dedicou a crianças com Tdah, que já na idade entre 1 e 3 anos esperneavam, não deixavam se tranquilizar e batiam muito em crianças de sua idade.

Durante oito meses, Bakermans-Kranenburg visitava as famílias dessas crianças. Ela filmou a vida familiar e conversou com os pais, sugerindo formas de lidar melhor com seus filhos exaustivos. Em breve, a vida de muitas dessas famílias se tornou mais pacífica. Mas as crianças que mostraram o maior desenvolvimento positivo foram aquelas que possuíam uma predisposição genética para a síndrome do Tdah (possuíam uma mutação no gene DRD4): seu comportamento melhorou em 27% numa escala dos psicólogos, enquanto as crianças com um equipamento genético menos problemático apresentaram uma melhora de apenas 12% em seu comportamento social.

Outros estudos comprovaram: Crianças com essa mutação genética podiam até ser bastante sociáveis na idade de 3 anos – contanto que tenham recebido desde o início um cuidado sensível às suas necessidades. Nesses casos, sua amabilidade era até maior do que a de outras crianças da mesma idade sem a mutação crítica.

Quanto mais os cientistas analisam a interação entre genes e meio ambiente, mais confusa fica a imagem. Entrementes foram encontradas não só interações entre genes e meio ambiente, mas também interações entre genes e genes. Os especialistas chamam isso de epistasia, quando a atividade de um gene é desencadeada ou suprimida por outro gene.

Ninguém acredita mais que a resiliência pode ser facilmente influenciada no nível genético. "Certamente existem muitos genes que exercem um papel nisso", diz o geneticista de personalidade Klaus-Peter Lesch. Ele acredita que, ao longo do tempo, descobriremos centenas de genes que têm um efeito sobre a estabilidade psíquica do ser humano. O neurobiólogo Rainer Landgraf concorda com ele: "Não haverá uma simples pílula da resiliência", afirmou o especialista em efeitos hormonais no cérebro certa vez, "mas talvez haverá um coquetel".

4 Como os pais transmitem involuntariamente suas próprias experiências para os filhos (epigenética)

Durante muito tempo, o DNA era considerado o *alter ego* material do ser humano. Seu código parecia determinar quem e como somos. Mas há alguns anos tornou-se impossível negar: Os genes não são o poder supremo na vida. É a vida que exerce o poder supremo sobre os genes. Pois o DNA não é uma molécula estática. Por isso, ela não consegue fixar o ser humano em sua forma e em sua ação para sempre. Os genes sofrem alterações ao longo da vida. E o ser humano pode influenciar diretamente essas alterações: Aquilo que ele faz, como e vivencia tem um efeito sobre seu DNA. "Os genes reagem durante toda a vida de modo altamente sensível a todas as influências externas", explica o biólogo Gene Robinson. O meio ambiente pode exercer uma influência duradoura sobre os genes.

Na verdade, os geneticistas já deveriam ter imaginado isso quando, na década de 1950, sua profissão começou a se tornar cada vez mais importante. Afinal de contas, o ser humano possui em cada uma de suas células a mesma informação genética composta de três bilhões de elementos de DNA e quase 25 mil genes. E mesmo assim as células do corpo se desenvolvem visivelmente de modos altamente diversos: Algumas se transformam em células cerebrais, outras passam a compor as unhas, outras formam o glóbulo ocular etc. O fato de que as células da retina e as células entéricas possuírem aparências e funções tão diferentes só é possível se os genes ativos não forem os mesmos. Já no início da vida existem processos que suprimem alguns genes e dão uma voz mais forte a outros e que são fundamentais para o funcionamento do corpo.

Portanto, era evidente desde sempre: Precisava existir um programa mais elevado que, em algum momento de seu desenvolvimento, informa às células quais de seus muitos genes precisam ser ativados e quais precisam ser desativados para garantir a execução de sua tarefa para o bem do todo, do organismo. Os geneticistas entenderam isso rapidamente – mas durante muito tempo acreditavam que essa especialização da atividade genética era inalterável. Acreditavam que um gene desativado permaneceria desativado para sempre.

4.1 A química dos genes mudos

Não podiam estar mais equivocados. Aos poucos, os cientistas têm decifrado o programa que diz aos genes quais deles precisam ficar calados. Na verdade, são processos químicos bastante simples que exercem a tarefa de ativar e desativar os genes. Um dos mecanismos mais frequentes é chamado metilação. Esse processo acrescenta à longa molécula do DNA pequenos grupos de metil. Essas marcações químicas determinam como a informação genética é processada pelo corpo. Pois os grupos de metila alteram a estrutura espacial do DNA. E essa estrutura é decisiva na hora de decidir quais genes podem ser acessados pelo complexo aparelho de leitura do DNA para assim serem compreendidos pelo organismo como instruções a serem executadas. Os grupos de metila são encontrados principalmente naqueles genes que são pouco usados; eles parecem desativar esses genes. Os genes muito acessados, por sua vez, apresentam poucos grupos de metil. Assim, forma-se um padrão de metilação característico, que pode ser alterado a qualquer momento. A sequência dos elementos do DNA e os genes em si não são alterados.

Já que esses processos, que decidem quais dos genes são ativados numa célula, acrescentam uma segunda instância ao poder dos genes, falamos também de "epigenética" ("*epi*" é grego e significa "sobre"). Desde o início do nosso milênio, essa área de especialização da biologia tem crescido muito.

Em seu livro *Der zweite Code: Epigenetik* [O segundo código: Epigenética], o jornalista Peter Spork descreve o talvez mais drástico exemplo do poder dos processos epigenéticos: a metamorfose de uma lagarta em borboleta: "A simples criatura vermicular, que pouco mais sabia fazer além de comer e rastejar, possuía em suas células exatamente os mesmos genes como aquele animal maravilhoso que agora executa acrobacias inimitáveis no ar. A única coisa que mudou foram os programas epigenéticos. [...] Depois da metamorfose, quase todas as células exercem outra função".

Mesmo que no ser humano não ocorra uma metamorfose tão drástica quanto a da lagarta em borboleta, ao longo de sua vida seus genes mudam constantemente graças aos processos epigenéticos. Experiências e influências ambientais deixam seus rastros em dezenas de milhares de lugares na forma de marcações químicas no DNA.

Os cientistas já conseguiram descobrir rastros de alimentação, poluição ambiental, drogas, esforço mental e também de estresse na forma de alterações epigenéticas. Por isso, os biólogos descrevem a epigenética como memória do corpo. As alterações epigenéticas seriam "a língua na qual os genes se comunicam com o meio ambiente", diz o biólogo Rudolf Jaenisch.

4.2 Um processo dinâmico

Ao longo do tempo, também os gêmeos univitelinos se diferenciam geneticamente cada vez mais um do outro. Quando foram gerados, possuíam o mesmo DNA – como dois clones. O médico e geneticista molecular Manel Esteller demonstrou de modo impressionante como a vida transforma os gêmeos cada vez mais em indivíduos únicos: Ele analisou o sangue de 40 pares de gêmeos univitelinos, cuja idade variava entre 3 e 74 anos. Nos irmãos novos, os padrões epigenéticos eram praticamente idênticos, mas nos gêmeos já idosos ele constatou diferenças consideráveis. As diferenças nos genes dos irmãos mais velhos eram maiores naqueles irmãos cujas vidas haviam tomado direções diferentes. "Quando um dos dois começa a fumar, consome drogas ou se expõe a uma poluição ambiental maior, o perfil epigenético dos gêmeos pode apresentar diferenças nítidas", afirma Esteller. Todo o processo das mudanças epigenéticas é "muito dinâmico", ressalta o geneticista.

Em março de 2012, pesquisadores suecos demonstraram a extensão desse dinamismo – surpreendendo até mesmo os colegas especializados na mesma área. Os cientistas haviam acabado de se acostumar com a ideia da mutabilidade dos genes humanos, quando os suecos apresentaram sua descoberta: As alterações na molécula da vida podem ocorrer dentro de minutos.

Os cientistas da equipe da fisióloga Juleen Zierath convenceram 14 jovens saudáveis, mas fisicamente inativos, com mais ou menos 25 anos de idade, a se exercitarem numa bicicleta ergométrica. Após 20 minutos, o esporte já havia alterado os genes nas células musculares dos jovens: Os cientistas encontraram ali menos marcações químicas (na forma de grupos de metil) do que antes do exercício. Os pesquisadores conseguiram detectar isso em tecidos musculares minúsculos que pesavam entre 50 e 100 miligramas e que eles retiraram das coxas dos jovens. "Nossos músculos são realmente plásticos", disse Juleen Zierath, que se surpreendeu com sua própria descoberta.

No fundo, sabemos disso no nosso dia a dia. Os músculos adaptam sua força e sua forma constantemente ao nosso modo de vida. Quando praticamos esportes, eles ficam mais fortes e resistentes, e quando ficam presos num gesso durante algumas semanas, eles atrofiam até mesmo em pessoas bem-treinadas. "Os músculos se adaptam extremamente às exigências", diz Zierath. O que fascina os cientistas é que essa reação rápida dos músculos se deve, aparentemente, a mecanismos epigenéticos. A redução nas metilações precisa ser vista como efeito molecular do treinamento, acredita a fisióloga. Afinal de contas, não foram genes quaisquer que se transformaram nos jovens na bicicleta ergométrica. Os grupos de metila desapareceram justamente naqueles genes que participam do metabolismo em atividades atléticas.

Esses processos são dinâmicos e parecem ocorrer desde cedo na vida – já no ventre materno. A equipe de pesquisadores australianos de Jeffrey Craig e Richard Saffery repetiu os experimentos de seu colega espanhol Manel Esteller com gêmeos ainda mais novos: Eles analisaram o DNA de gêmeos univitelinos imediatamente após o nascimento, recorrendo ao sangue do cordão umbilical e à placenta dos recém-nascidos. Os gêmeos, que, no momento de sua geração, haviam sido geneticamente idênticos, já nasceram com cunhagens diferentes. Evidentemente, essas alterações haviam ocorrido durante o tempo no ventre materno. Segundo Craig, essas alterações "precisam ser explicadas com eventos que um dos gêmeos sofreu, mas o outro não". Consequentemente, o ambiente exerce já no ventre materno uma forte influência sobre os genes que um ser humano ativa e usa e quais ele desativa.

O ambiente? Este não seria praticamente idêntico no ventre humano para os gêmeos univitelinos? Não, afirma o pesquisador: "Cada um tem seu próprio cordão umbilical, que, possivelmente, lhe fornece um sangue composto de forma levemente diferente, e em mais de 95% dos casos, eles têm também uma bolsa amniótica própria". Além disso, um dos gêmeos se encontra mais próximo do coração, o outro numa posição mais distante. Seu ambiente é, sim, individual.

4.3 O padrão epigenético do trauma

Se a batida do coração da mãe um pouco mais distante e coisas tão inofensivas quanto 20 minutos de treino numa bicicleta podem ser detectadas nos genes, quão extensas seriam então as alterações no DNA após um trauma ou um ferimento físico? "Extremamente extensas", afirma o neurólogo canadense Gustavo Turecki. Ele analisou os padrões de metilação no DNA de 41 homens da região de Quebec. 25 desses homens haviam sofrido abusos graves em sua infância, os outros 16 haviam vivenciado uma juventude normal. O neurólogo constatou: As surras haviam deixado marcas profundas no DNA das crianças maltratadas.

Foram encontradas metilações características em 362 genes das vítimas de abuso. 248 destes estavam mais metilados do que os genes das pessoas no grupo de controle, os outros genes estavam menos metilados. A diferença era mais nítida no gene alsina (ALS2), que ocorre nas células nervosas do hipocampo e é responsável pelas mudanças do cérebro. Esse gene, afirma Turecki, é ligado a mudanças comportamentais voltadas para o medo.

"Mecanismos epigenéticos podem ser respostas de curto prazo ao estresse – e podem perdurar horas. Podem, porém, persistir durante meses, anos ou até mesmo a vida toda", explica o neurofarmacologista Eric Nestler. O tempo de persistência de uma alteração epigenética e os fatores que determinam quando ela é invertida estão sendo intensamente estudados atualmente. Aparentemente, são justamente aquelas as marcações epigenéticas mais persistentes que ocorreram na primeira infância. Traumas sofridos na infância deixam rastros especialmente profundos nos genes das células cerebrais, pois ocorrem num momento em que o desenvolvimento do cérebro está a todo vapor. Tudo indica que muitas dessas alterações epigenéticas não podem mais ser acessadas mais tarde. Outras marcações, porém, como, por exemplo, a metilação nas células musculares por meio do esporte, são constantemente produzidas e destruídas.

Eric Nestler é um dos pais da psiquiatria genética. Seus estudos realizados com roedores forneceram numerosas explicações moleculares para doenças psiquiátricas e ajudaram a compreender os mecanismos bioquímicos por trás das depressões.

O primeiro a demonstrar que as doenças da alma são influenciadas não só pelos genes, mas também pelos processos epigenéticos, foi Michael Meaney. Ele queria saber qual é o mecanismo responsável pela produção intensificada de pontos de recuperação do hormônio de estresse cortisol nos filhotes de ratos mimados. O mecanismo era de natureza puramente epigenético: Juntamente com o geneticista molecular Moshe Szyf, Meaney conseguiu demonstrar que os genes para os pontos de recuperação do cortisol estavam mais metilados nos animais negligenciados.

Mas Meaney e Szyf estavam muito à frente de seu tempo. Metilações no DNA como consequência de uma falta de carinho? No início do milênio, os cientistas no mundo inteiro não estavam dispostos a acreditar nisso. Na época, dominava a opinião segundo a qual as metilações no DNA eram duradouras. A maioria dos cientistas não conseguia imaginar que influências ambientais como o cuidado amoroso da mãe poderiam alterá-lo. Apenas após um esforço árduo, os dois canadenses conseguiram, em 2004, publicar suas descobertas na revista especializada *Nature Neuroscience*.

Desde então, o mundo inteiro sabia: Os genes eram alterados por meio dos traumas vivenciados pelos ratos jovens. Pouco tempo depois, Eric Nestler conseguiu demonstrar com a ajuda de um truque convincente que esse vínculo era muito forte: Ele bloqueou a metilação em alguns animais e impediu assim que eles – ao contrário do grupo de controle – desenvolvessem um distúrbio psíquico quando os reunia com outros animais agressivos. Os animais maltratados se interessavam menos por coisas que eles curtiam – comida doce, por exemplo, ou sexo. Mas quando tomavam o bloqueador de metilação, eles não desenvolviam esses sintomas depressivos.

Isso valia também para o ser humano? Isso significaria que, algum dia, as traumatizações pudessem ser impedidas com a ajuda desses bloqueadores de metilação na forma de pílulas! Meaney e Szyf voltaram sua atenção para essa pergunta. Em 2009, num estudo notável, eles conseguiram fortalecer a hipótese de que os genes dos seres humanos também são alterados por meio de processos epigenéticos quando fazem experiências ruins em sua infância. Os cientistas analisaram os cérebros de 36 adultos: Destes, 12 haviam sofrido abusos na infância e se suicidaram mais tarde. Outros 12 também haviam cometido suicídio, mas – pelo que se sabia – não haviam sofrido traumas graves na infância; os restantes haviam sofrido uma morte natural súbita.

"Os abusos haviam deixado rastros nos cérebros", conta Moshe Szyf, rastros de metilação: O padrão epigenético nas células nervosas dos suicidas abusados se parecia muito com o dos filhotes de ratos que haviam sido criados sem amor. As surras recebidas na infância haviam provocado metilações num gene chamado NR3C1, responsável pela produção de pontos de recuperação do hormônio de estresse cortisol no cérebro. A produção de pontos de recuperação do cortisol, que anulam o efeito do hormônio de estresse, havia sido inibida em 40%. Como os cérebros dos ratos negligenciados, os cérebros das pessoas que haviam sofrido abusos também se encontravam em constante estado de alerta. Isso os tornava especialmente vulneráveis para distúrbios de angústia, depressões e, possivelmente, suicídio.

4.4 A peça do quebra-cabeça que faltava

"Genes e meio ambiente não podem mais ser separados", afirma também a neurocientista Elisabeth Binder. "Ambos os fatores são sempre decisivos." Recentemente, ela conseguiu comprovar isso por meio de experimentos complexos. Binder e seu colega Torsten Klengel se interessavam pelo FKBP5, um regulador importante de hormônios de estresse como o cortisol. Pessoas que, em virtude de uma variante do gene produzem muito FKBP5, correm um risco maior de se tornarem violentas e ficam depressivas mais rapidamente do que pessoas com uma variante do gene menos ativa – mas apenas se elas também sofreram abusos na infância. Nesse caso, o gene, já vulnerável, é alterado epigeneticamente quando o corpo é inundado por hormônios de estresse no momento do sofrimento; suas metilações desapareçam, e ele é ativado ainda mais. "Essa alteração duradoura do DNA é provocada principalmente pelos traumas na infância", ressalta Torsten Klengel. Em pessoas que vivenciaram sofrimento apenas na idade adulta não foi possível constatar esse tipo de ausência de restos de metila.

Quando os grupos de metila são afastados, o FKBP5, tão importante na economia do estresse, é produzido em grandes quantias em situações difíceis. A consequência é "um distúrbio vitalício no convívio com situações estressantes", explicam os pesquisadores. Por isso, os colegas de Binder e Klengel já estão trabalhando no desenvolvimento de medicamentos para amenizar o efeito do FKBP5.

4.5 O meio ambiente herdado

Se não intervirmos nas alterações epigenéticas, é possível que eles interfiram até mesmo no DNA da próxima geração. Atualmente, encontramos um número de provas crescentes de que as pessoas passam algumas das alterações em seu DNA, adquiridas por meio de estresse, violência, drogas ou também pela alimentação, para os seus descendentes. As influências ambientais e as experiências feitas na vida seriam, então, consideráveis.

Foram as consequências da Segunda Guerra Mundial que demonstraram isso pela primeira vez de modo impressionante: No inverno de 1944/1945, os Países Baixos passaram por um tempo especialmente difícil em decorrência da ocupação alemã. Principalmente nas províncias ocidentais do país as pessoas sofriam fome, porque os nazistas confiscaram quase todos os alimentos naquele inverno duro e bloquearam quase completamente o fornecimento à população holandesa. 4 milhões e meio de pessoas passavam fome, quase 22 mil morreram.

O "inverno da fome", como o chamam os holandeses, deixou rastros não só na consciência histórica, mas na própria população holandesa. Pois a saúde das pessoas que nasceram naquela época sofre ainda hoje as consequências da fome de 1944/1945. Uma equipe de cientistas, sob a direção de Tessa Roseboom, conseguiu descobrir isso. Segundo esse estudo, os filhos do inverno da fome se diferenciam ainda aos 60 anos de idade de seus irmãos que nasceram em tempos melhores.

No ventre materno, essas crianças tiveram que se contentar com o mínimo absoluto em termos de alimentação. Raramente, suas mães conseguiam consumir mais do que 500 calorias por dia. Aparentemente, o metabolismo dos fetos se adaptou a isso; aproveitavam tudo que conseguiam obter. Essas alterações epigenéticas, porém, influenciaram sua vida como adultos. Nos anos de abundância após a guerra, essas pessoas estavam predestinadas a acumular gordura. Em decorrência disso, desenvolviam doenças relacionadas à obesidade, como a diabetes. Como adultos, sofriam duas vezes mais ataques cardíacos do que outros holandeses, quatro vezes mais câncer de mama e apresentavam também um quadro depressivo com uma frequência maior. "Poderíamos dizer: Você é o que você come", afirma Tessa Roseboom, ela mesma filha de dois bebês do inverno da fome. "E mais: Você é também o que a sua mãe comeu."

E também os terrores do Holocausto mostram seus efeitos na segunda geração. Pessoas cujos pais sobreviveram à perseguição dos judeus pelos nazistas sofrem com frequência maior sob estados de angústia, Tept e depressões. A pesquisadora de traumas nova-iorquina Rachel Yehuda, da Mount Sinai School of Medicine, conseguiu demonstrar uma reação elevada ao estresse no corpo dessas pessoas, semelhante ao que ocorre em muitas pessoas que sofreram um trauma pessoalmente.

Atualmente, Yehuda trabalha para encontrar os traços no DNA que são responsáveis pela reação elevada ao estresse. Ela tem certeza de que encontrará rastros epigenéticos.

Um candidato a ser responsável por essas alterações epigenéticas não é somente o gene para o metabolismo do cortisol, mas também o transportador de serotonina: Quem percebeu isso foram os epidemiologistas Karestan Koenen e Monica Uddin. Os pesquisadores haviam perguntado a 1.500 adultos do mesmo bairro de Detroit, se eles sofriam de depressões, quantas vezes em sua vida já haviam sido obrigados a passar por provações difíceis e se já haviam desenvolvido um transtorno de estresse pós-traumático (Tept). Quando analisaram o sangue dos entrevistados, encontraram naquelas pessoas que, a despeito de numerosas experiências traumáticas, jamais haviam desenvolvido um Tept, no gene para o transportador de serotonina uma quantia incomum de metilações. Aparentemente, os processos epigenéticos impediam que o transportador fosse ativado com a mesma facilidade como nas pessoas mais sensíveis.

4.6 Mudança é possível

As descobertas das pesquisas no campo da epigenética têm algo de assustador: Tudo que fazemos pode deixar seus rastros no DNA – desde o consumo de um excesso de gordura no Natal até o cigarro após o fim do expediente. E mais: É possível que nós transmitamos as consequências disso para nossos filhos e netos. No caso dos filhos do inverno da fome, já existem indícios que apontam para efeitos na terceira ou quarta geração. No entanto, só temos dados confiáveis de experimentos com animais. Estes, porém, são impressionantes: Cientistas conseguiram comprovar as consequências do tabagismo em ratos na geração dos netos. Os pediatras Virender Rehan e John Torday haviam exposto animais prenhes à nicotina.

Seus descendentes apresentavam um quadro asmático incomum e transmitiram essa predisposição também para a própria cria apesar de jamais terem sido expostos à nicotina ou à fumaça de cigarros. Evidentemente, não existem experimentos comparáveis com seres humanos, mas existem enquetes que apontam um efeito semelhante: Entrevistas realizadas no sul da Califórnia indicam que as crianças sofrem de asma com uma frequência duas vezes maior se suas avós fumaram durante a gravidez.

Diante desses fatos, fica difícil assumir a responsabilidade pelos seus próprios atos.

Mas a epigenética tem também seus lados positivos: Os genes são maleáveis! Aquilo que herdamos de nossos pais e aquilo que passamos para os nossos filhos pode ser mudado em medida muito maior do que acreditamos durante muito tempo. Não somos vítimas do nosso DNA, ao contrário do que muitos afirmam. Temos o poder de transformá-los.

Ao contrário das mutações duradouras causadas por algumas doenças ou pela radioatividade, as alterações epigenéticas podem ser influenciadas. Os grupos químicos necessários para as metilações podem ser acoplados aos nossos genes, mas podem também ser retirados por eles. E a velocidade com que isso pode ocorrer foi demonstrada pelos experimentos na bicicleta ergométrica (cf. p. 137). O ser humano pode, portanto, também se livrar de suas cunhagens, tanto das próprias quanto daquelas que ele recebeu de seus pais, se ele se expor ativamente a influências positivas. Pelo menos é capaz de substituir aquelas metilações que não estão tão profundamente ancoradas em seu DNA.

Algum dia, espera o psiquiatra e químico Florian Holsboer, existirá talvez até uma "pílula para a manhã seguinte" para vítimas de traumas. Se isso vier a acontecer, os médicos poderão dar a pessoas especialmente sensíveis após uma experiência terrível um medicamento que impede o desenvolvimento de um Tept. Esse medicamento seria capaz de bloquear os processos epigenéticos que inscrevem o trauma nas células nervosas. Esse tipo de bloqueadores de metilação já conseguiu impedir nos experimentos de Eric Nestler que os ratos maltratados por seus colegas desenvolvessem um distúrbio de angústia.

E há ainda outro motivo de esperança: Talvez, explica Elisabeth Binder, aquelas pessoas que desenvolvem rapidamente uma predisposição traumática sejam justamente também aquelas que conseguem se livrar dela de forma relativamente rápida. "É absolutamente possível que esse equipamento genético represente não só um risco, mas também uma possibilidade para a resiliência", ela ressalta com referência aos estudos sobre as crianças orquídeas e dentes-de-leão. É possível que as pessoas que reagem facilmente com alterações epigenéticas ao meio ambiente consigam também aproveitar melhor as influências positivas. Quando elas decidem fazer exercícios de relaxamento com certa regularidade, participar de um treinamento antiestresse, realizar mudanças na área profissional ou buscar a ajuda de um psicoterapeuta, isso pode ser extraordinariamente positivo para elas.

IV

Como fortalecer as crianças

O bebê recebe, já com os genes, certa medida de resiliência. Uma resistência psíquica adicional é desenvolvida nos primeiros anos de vida, e um fator essencial é a contribuição dos pais. Por isso, muitos pais e mães desejam saber como podem fortalecer seus filhos. Certamente não afastando qualquer e toda dificuldade de sua vida, advertem os especialistas. Muitas vezes, os pais de hoje são superprotetores; com isso o oposto daquilo que pretendem. As crianças se tornam mais instáveis; não conseguem lidar tão bem com as dificuldades que encontram como as pessoas que tiveram que se impor de vez em quando em sua infância. Vale treinar a força de resistência psíquica como um músculo. Ela só se desenvolve se a usarmos. Esse tipo de treinamento pode começar desde cedo, quando, por exemplo, os pais deixam as crianças resolverem seus conflitos sozinhas durante suas brincadeiras. As crianças precisam aprender a assumir responsabilidade. Até os ministros da Educação estão reconhecendo cada vez mais como é importante incentivar a resiliência. Muitas escolas e pré-escolas já aplicam programas desenvolvidos por especialistas para transmitir autoconfiança às crianças e transmitir-lhes habilidades de lidar com conflitos e desafios. Este capítulo apresenta as estratégias usadas por esses programas para que os pais possam aprender com elas. Não é à toa que muitos treinamentos profissionais de fortalecimento fazem questão de incluir também os pais – isso garante um sucesso muito maior do que quando apenas as crianças são treinadas.

Mas a descoberta da importância da resiliência gerou também novas preocupações nos pais. Muitos se perguntam: Se uma atenção amorosa tiver efeitos tão graves e duradouros sobre o bem-estar psíquico e físico, as crianças não precisariam da presença constante dos pais? Isso não significa que um dos pais deveria se concentrar em tempo integral na educação dos filhos, em vez de seguir sua carreira e entregar as crianças aos cuidados de uma educadora? Aqui podemos dizer que não há motivos para ficar alarmado. As preocupações são injustificadas, como demonstraram de forma convincente os 50 anos de pesquisa com crianças criadas por terceiros. Principalmente na Alemanha, as ressalvas referentes a uma educação fora de casa desde cedo se baseiam em ideologia e não em fatos. As crianças cujas mães voltam a trabalhar pouco tempo após o parto não apresentam mais distúrbios comportamentais, angústias ou dores de barriga psicossomáticas e não são menos felizes do que crianças criadas pela própria mãe em tempo integral. Pelo contrário: As creches ajudam às crianças. Os psicólogos de desenvolvimento concordam que as crianças fazem experiências importantes na creche e no jardim de infância que lhes ajudam a desenvolver personalidades fortes.

1 "As crianças não devem ser embrulhadas em plástico bolha"

Uma das características principais dos pais de hoje é sua preocupação. Certamente possuem também outras qualidades. Muitos têm orgulho de seus filhos, são muito estressados, se divertem com sua cria e sofrem, sobretudo quando as crianças ainda são pequenas, com resfriados incômodos e terríveis gripes intestinais. Em primeira linha, porém, parecem estar preocupados: Não sabem se conseguirão uma vaga na creche ou no jardim de infância, qual escola devem escolher para os filhos, como garantir sua saúde e como protegê-los o máximo possível de qualquer dificuldade. Visto que eles mesmos raramente conseguem ser felizes em virtude das muitas pressões da vida, eles querem uma infância despreocupada para seus filhos. De qualquer jeito.

Quando as crianças crescem superprotegidas, aparentemente, isso não tem o efeito tão favorável sobre sua saúde quanto os pais imaginam. Pois a força psíquica só se desenvolve com os ataques venenosos da vida, com os conflitos com os pais ou amigos e com os problemas que elas precisam superar – contanto que o conflito seja resolvido e as dificuldades não se transformem em catástrofe.

"Na criança, a resiliência parece se desenvolver sempre que ocorre um momento de desequilíbrio entre pais e filho e quando o equilíbrio é reestabelecido", explica a psicóloga Julia Kim-Cohen. Durante o conflito, os níveis de estresse aumentam na criança, e quando estes se normalizam, a criança desenvolve resiliência. "Por isso", diz Kim-Cohen, "certa medida de estresse e desarmonia é importante para criar oportunidades para uma proteção eficiente".

Mas qual é a medida certa? Este é um dos temas preferidos do pesquisador de resiliência Friedrich Lösel. Numa conversa, ele explica isso.

Uma de suas afirmações mais citadas é o conselho: "As crianças não devem ser embrulhadas em plástico bolha". Por que não?
Temos hoje esse tipo de pais que ajudam seus filhos o tempo todo. Isso é bom quando a criança se encontra em dificuldades. Mas não devemos exagerar. Não podemos resolver tudo para as crianças. Dificuldades fazem parte da vida. Tanto da vida dos pais quanto da vida dos filhos. Precisamos nos lembrar disso constantemente. Às vezes, precisamos simplesmente aceitar as dificuldades e, mesmo assim, ser felizes.

Em que sentido as dificuldades podem ter um efeito positivo?
Durante toda a sua vida, a criança será confrontada com problemas. Os pais não poderão protegê-la disso. Portanto, ela precisa desenvolver a capacidade de lidar com desafios – por isso, precisa ter a oportunidade de vivenciar também decepções e derrotas. Quando conseguimos superar um problema, a nossa autoestima se fortalece. E apenas assim desenvolvemos a disposição de nos empenhar

na busca de uma solução para os nossos problemas. Quem nunca aprendeu isso, prefere fugir das dificuldades a enfrentá-las. Falta-lhe a motivação de assumir responsabilidade por sua própria vida.

Quais, exatamente, são as dificuldades que não deveríamos poupar a uma criança?

Sempre que a ajuda não for absolutamente necessária, deveríamos deixá-la se virar. "O menos possível e apenas o necessário" é um bom lema da pedagogia. Isso começa com os bem pequenos. Quando uma criança de 2 anos tropeça, não precisamos levantá-la. Ela consegue se levantar sozinha. Da próxima vez, ela saberá que conseguirá sem a ajuda da mãe ou do pai. E quando está brincando com seus coleguinhas na caixa de areia, posso deixar que eles resolvam seus conflitos sozinhos. Contanto que não se machuquem, é bom que as crianças treinem como resolver conflitos e fazer as pazes.

E quando as crianças crescerem?

Com as crianças maiores, é importante que lhes ofereçamos ativamente oportunidades de superação. Devemos dar a elas responsabilidades que correspondam à sua idade. Uma tarefa pode ser que elas levem o lixo para fora no dia da coleta, que elas cuidem do porquinho-da-índia ou que arrumem seu quarto. As crianças deveriam fazer também seus deveres de casa sem a ajuda dos pais e arrumar sua mochila para o dia seguinte. E crianças maiores podem preparar suas coisas para a excursão escolar. Quando permitimos que as crianças façam muitas coisas sozinhas, elas desenvolvem confiança em si mesmas. Essa confiança persiste durante toda a sua vida. E isso lhes ajuda quando vivenciarem tempos de crise.

Mas para os pais não é fácil assistir como suas crianças se metem numa enrascada.

Evidentemente, os pais não devem permitir que seu filho se coloque numa situação difícil. Devemos nos lembrar sempre de que a vida é a escola mais importante para uma criança. Ela precisa aprender a se impor em tempos inquietos. Só então ela o conseguirá também como adulto. Pais que fortalecem seu filho deste modo só intervêm quando houver necessidade.

Se os alemães tivessem mais filhos, eles não teriam outra opção senão dar mais independência aos pequeninos...

A grande atenção dos pais certamente tem a ver com o fato de as famílias terem apenas um ou dois filhos. Por isso, os pais podem dar mais atenção a cada um. Mesmo assim não podemos mimá-los sem limites. Devemos reagir adequadamente a eles para que eles possam desenvolver uma relação estável conosco e com terceiros.

O que essa estabilidade significa para as crianças?

A criança sabe: Existe alguém que me aceita. Mas existe também alguém que impõe limites e que não me permite fazer tudo que quero. Um estilo de educação autoritário é importante. Não que os pais devam ser autoritários no sentido de distanciados e excessivamente controladores. Eles devem educar com autoridade. Isso significa dar calor e apoio ao filho, mas também impor limites claros e mantê-lo sob controle. Isso significa também que não devemos comprar uma terceira porção de sorvete para ele só porque ele ameaça gritar se não receber o que quer. Caso contrário, a criança aprende apenas que ela pode obter sucesso se ela se impuser com agressividade.

O aprendizado social pode ser doloroso. Devemos deixar a criança a sós com suas mágoas e feridas?

Não. As crianças precisam ter experiências negativas. Mas quando isso acontece, precisamos oferecer o nosso apoio. Cada criança deveria crescer sabendo que ela tem o apoio e a atenção dos pais – não importa a besteira que tenha aprontado. Este é um dos melhores fatores de proteção em tempos de crise: saber a quem recorrer quando precisamos de ajuda. E saber aceitá-la.

Qual é o estrago que podemos fazer se expormos nosso filho a um excesso de provações?

Talvez pareça terrível ouvir um psicólogo dizer isso, mas não devemos superestimar a influência da educação familiar. Pais sensíveis acreditam que cada detalhe na educação importa. Na grande área intermediária da população normal, porém, isso não faz muita diferença. O que torna a criança vulnerável são ambientes sociais extremos – num ambiente, por exemplo, em que ela é negligenciada ou abusada. Se você tiver um bom relacionamento com seu filho e, em algum momento, você perder o controle e der um tapa nele, isso pode não ser bom, mas a criança não fica traumatizada por causa disso. Já em 1990, lutamos na Comissão contra Violência do governo federal pela proibição do castigo físico, que finalmente se tornou lei em 2000. Essa lei não pretende castigar o pai normal, que pode perder o controle de vez em quando, mas sinalizar aos pais frios: Surras não fazem parte da educação.

Os pais da classe média de hoje têm mais dificuldades de permitir que seus filhos façam suas próprias experiências. A vida parece ter se tornado mais perigosa.

Isso apenas aparenta ser assim. Devemos evitar uma visão nostálgica. Antigamente, as coisas também não eram ideais. Mas as crianças de hoje simplesmente não têm espaço para se desenvolver. Isso vale também literalmente. Hoje em dia, muitas crianças não podem mais sair de casa sozinhas. Os pais precisam aprender a não ter medo de tudo. As crianças precisam aprender que o mundo pode ser perigoso – mas também que elas podem se proteger. E nós precisamos ensinar-lhes como elas podem se proteger.

Muitos pais simplesmente preferem fazer algo com as crianças em vez de deixá-las saírem sozinhas.

Esses empreendimentos constantes me parecem um pouco exagerados. A criança precisa aprender a conviver com o tédio, a procurar ou até mesmo a produzir um brinquedo. Hoje em dia, é fácil levar o filho para um *shopping* qualquer, onde ele encontrará pula-pulas e entretenimento à vontade. Além disso, existem os computadores. A oferta é grande demais. As crianças precisam aprender que nem cada segundo precisa ser preenchido com ação. Elas precisam aprender a se ocupar. Isso abre espaço para a criatividade e para a convicção de que elas conseguem passar uma tarde divertida sem incentivos constantes. Isso também é uma experiência de autoeficácia.

As taxas de divórcio aumentam. Qual é o efeito sobre o desenvolvimento psíquico da criança quando os pais se separam?

Crescer numa família divorciada é visto como fator de risco para a saúde psíquica. Mas é claro que isso depende de como os pais se separam: Se eles se separam na briga e vivem em conflito constante e se a criança é usada como objeto nessa briga. Se houver um convívio saudável após o divórcio, o sofrimento não precisa ser grande para a criança.

Filhos de casais divorciados também costumam se divorciar com uma frequência maior. Sua capacidade de manter um relacionamento estável está abalada?

Sim, existe uma pequena diferença estatística. Aparentemente, o casamento fracassado dos pais pode tornar os filhos mais vulneráveis, de modo que alguns têm uma dificuldade maior de manter um relacionamento estável. Mas existe também outra explicação para essa diferença estatística: Crianças que vivenciaram o divórcio dos pais aprenderam: O divórcio não é a maior catástrofe do mundo, é possível sobreviver a ele, e ele pode até ser a melhor solução. É possível que, talvez por isso, elas optem pela separação com uma frequência um pouco maior.

E quanto à educação na puberdade? Com a chegada da adolescência, os pais já não conseguem mais controlar a sua cria.

Não. É preciso estabelecer regras, transmitir normas – também na puberdade. Mesmo quando os pais tiverem a certeza: Ele não ouve o que eu digo. Mesmo assim, podemos transmitir para o adolescente que não queremos que o filho ou a filha volte para casa após tal horário. Nem sempre isso dá certo. Nós também nos atrasávamos de vez em quando, quando éramos jovens. Mas algo persiste. Assim, podemos ajudar a criar um sistema de valores. É claro que isso só funciona se o relacionamento entre pais e filho for essencialmente positivo. E na maioria dos casos, ele não é ruim. A despeito de todas as dificuldades na puberdade, os filhos amam seus pais e querem agradá-los de alguma forma. Assim surge uma postura, uma norma pela qual o jovem pode se orientar mais tarde quando seus anos selvagens tiverem passado. Essa norma oferece uma estrutura para sua vida.

1.1 O princípio da resiliência invade os planos educacionais dos jardins de infância

> *Nada é capaz de fortalecer mais o ser humano do que a confiança que lhe damos.*
> Paul Claudel

Jason não tinha nenhuma estrela. Nenhuma. Era a única criança em sua turma sem estrelinhas. O garoto de um dos muitos estados dos Estados Unidos não sabia disso. Mas certamente percebia isso. A solidão de Jason foi revelada por meio de um experimento que os professores de sua escola realizaram para que seus alunos se sentissem acolhidos – e para que nenhuma criança passasse despercebida. Por isso, encheram as paredes da sala dos professores com fotos de seus alunos. E cada professor havia colocado uma estrela na foto daquelas crianças com as quais conseguira estabelecer um relacionamento. A foto de Jason permaneceu vazia.

Para os professores de sua escola, isso foi um sinal de alerta decisivo. As estrelinhas faziam parte de um programa para fortalecer a resiliência nas escolas. Pois quanto mais descobrimos sobre as causas da força de resistência psíquica, mais evidente fica: Também os professores e os educadores exercem uma função importante nisso. Afinal de contas, o estudo de Emmy Werner em Kauai havia revelado que relacionamentos protegem – e que não importava quem era essa pessoa com a qual a criança mantinha um relacionamento próximo. Podiam ser pai e mãe, mas também uma vizinha, o pai de um amigo, o padre ou uma professora.

Por isso, os professores e as professoras da escola norte-americana decidiram que Jason também precisava de uma pessoa de referência. Eles se perguntaram como poderiam fazer com que o garoto desenvolvesse um bom relacionamento pelo menos com um dos professores. Certamente existia algo que eles prezassem nele? O que eles consideravam uma qualidade positiva nele? Existia algo que eles admirassem nele? Os professores que conseguiram despertar algum sentimento por Jason começaram a se dedicar intensivamente a esse garoto muito tímido e, muitas vezes, também um pouco difícil. Ele não facilitava as coisas para quem procurasse estabelecer um contato com ele.

Vínculos geram resiliência. E resiliência é o verdadeiro equipamento para a vida. Entrementes, os pedagogos consideram o fortalecimento da força de resistência psíquica tão importante que a resiliência já se tornou um conceito fixo também nas escolas e nos jardins de infância da Alemanha. "A consequência da pesquisa sobre a resiliência é justamente não confiar ingenuamente nos processos da autocura", ressalta a psicóloga Doris Bender. Trata-se de ajudar as crianças a se ajudarem a si mesmas.

Por isso, nas instituições de ensino da Alemanha, os especialistas querem facilitar desde cedo um desenvolvimento positivo das crianças. O objetivo é que as crianças nem cheguem a desenvolver uma visão negativa em relação a si mesmas, uma conduta social problemática ou estratégias de superação desfavoráveis. Em quase todos os estados da Alemanha, o incentivo à resiliência ainda depende da boa vontade da diretoria das creches, mas na Baviera já existe uma obrigação legal.

Desde o outono de 2008, os educadores nos jardins de infância da Baviera preenchem o Questionário Perik, desenvolvido por Michaela Ulich e Toni Mayr no Staatsinstitut für Frühpädagogik [Instituto Estadual para Pedagogia Precoce] em Munique; Perik é a sigla alemã para "Desenvolvimento positivo e resiliência na idade pré-escolar". Com a ajuda deste questionário, os educadores aprendem a avaliar as competências sociais e emocionais das crianças. "Essas competências são um fundamento essencial para uma vida bem-sucedida", afirma Toni Mayr.

O Questionário Perik abarca seis áreas do ser social da criança: Qual é sua capacidade de estabelecer contatos, qual é seu autodirecionamento/respeito, sua autoafirmação, sua regulamentação de estresse, sua orientação pela execução de uma tarefa e sua curiosidade de exploração? As respostas revelam aos educadores os pontos fortes e as fraquezas de cada criança – e isso lhes permite incentivá-la de modo mais direcionado. Muitas vezes, os educadores, professores e pais ainda se concentram mais nos pontos fracos e no *déficit* da criança, em vez de voltarem seu foco mais para as qualidades delas, aproveitando suas capacidades e seus recursos. "O objetivo é perceber a criança em suas qualidades e suas fraquezas", explica a pedagoga Monika Schumann. Evidentemente, o foco nos aspectos positivos não deve ofuscar ou encobrir os problemas da criança.

Os educadores não precisam de um questionário para fazer uma avaliação mental das crianças em sua turma, e certamente eles têm uma noção da natureza das crianças. Mas o questionário lhes ajuda a contemplar o desenvolvimento das crianças de modo mais diferenciado.

Laura, por exemplo, tem muitos contatos com outras crianças; mesmo assim, sua capacidade de manter contato é limitada. Pois quase nunca a iniciativa de brincar parte dela mesma. E há algo ainda mais grave: Ela mesma acredita não ter amigos. O ponto forte de Laura, sua facilidade de estabelecer contato com outros, precisa ser incentivado. Os educadores podem ajudá-la nisso.

1.2 Forte e esperto

Na Bavária, os Questionários Perik são parte do planejamento educacional, pois as competências neles avaliadas, como, por exemplo, a curiosidade exploradora, não só fortalecem, mas também incentivam a esperteza: um espírito aberto e a alegria de experimentar são importantes para aceitar o novo e não ter medo – nem mesmo de matérias escolares novas. Uma criança muito medrosa e tímida tem dificuldades de se adaptar a isso. Sua capacidade de aprender e sua curiosidade são prejudicadas pelo medo.

Além da razão, são as competências sociais e emocionais que determinam como uma criança se desenvolve na escola – por isso, influenciam também seu sucesso educacional. "Não queremos reavivar a velha polarização entre incentivo cognitivo e incentivo socioemocional", afirmam Mayr e Ulich. "No entanto, queremos que fique registrado: As competências socioemocionais são uma precondição essencial para o aprendizado bem-sucedido." Principalmente em crianças mais novas é importante manter em vista esse nível emocional: Como elas abordam uma situação de aprendizado – com quais posturas e sentimentos? Como elas interagem com outras crianças e adultos? Elas transmitem confiança, são abertas e curiosas? Elas desenvolvem iniciativa e persistência? Como elas lidam com pressões? Elas conseguem defender um ponto de vista próprio? "Essas competências são de importância imediata para as crianças – para seu bem-estar e suas chances de aprendizado", ressalta Mayr.

As respostas às perguntas do Questionário Perik chamam a atenção dos educadores também para outro aspecto: Como posso ajudar a criança no dia a dia – por exemplo, a lidar com estresse e pressão? Se uma criança é atormentada por tantas preocupações e tensões que ela se queixa de dores de barriga constantes, os educadores podem perguntar: O que você poderia fazer para se sentir melhor? Você precisa de tranquilidade? Ou você prefere sair e correr até não aguentar mais? Através desse tipo de estímulos, a criança pode aprender a superar sozinha alguns de seus problemas. Isso a deixa orgulhosa – e isso a fortalece.

Além do Programa Perik, surgiram numerosos programas em toda a Alemanha que pretendem fortalecer e incentivar sistematicamente as crianças. Entre os fatores que contribuem para a resiliência estão, além do relacionamento emocional estável com uma pessoa de referência e o apoio social fora da família, sobretudo a autoconfiança e a capacidade de direcionar e regular suas emoções e seu comportamento. Por isso, os temas fundamentais dos programas são a autopercepção, o controle da irritação e o autocontrole, a autoeficácia, a competência social, a empatia, a diferenciação de sentimentos, o convívio com o estresse, a solução de problemas e também uma visão positiva de si mesmo.

Friedrich Lösel é otimista no que diz respeito ao sucesso desses programas, dos quais fazem parte também o conhecido programa de prevenção de violência "*Faustlos*" [lit. "sem punhos"] da Universidade de Heidelberg, a iniciativa "Pais fortes – filhos fortes" do Deutscher Kinderschutzbund [Aliança Alemã para a Proteção da Criança] e o Programa Effekt, desenvolvido pelo instituto de Lösel na Universidade de Erlangen-Nuremberg (Effekt é a sigla alemã para "Incentivo de desenvolvimento em famílias: treinamento de pais e filhos"). O programa Effekt oferece cursos especiais para os diferentes grupos de idade.

1.3 Ênio e Beto como mediadores

Os conflitos dos pequeninos são mediados pelos fantoches Ênio e Beto. São usados também jogos de interpretação de papéis, círculos de perguntas e respostas e jogos de movimento. A mensagem principal é: "Eu consigo solucionar problemas".

Uma imagem mostra duas crianças num escorrega. Uma das crianças quer descer escorregando, mas a outra teima em ficar sentada lá embaixo. "O que farei agora?", deve se perguntar a criança no alto. Ela já teve que esperar muito e agora quer descer. "Eu poderia simplesmente descer pelo escorrega", ela poderia dizer a si mesma. "Bem rápido. E se a criança lá embaixo não levantar, eu vou acertá-la com toda força nas costas."

Mas o que aconteceria nesse caso?

No curso "Eu consigo resolver problemas", as crianças do nível infantil aprendem a refletir sobre dificuldades desse tipo de seu dia a dia e a falar sobre elas. Assim aprendem a se conscientizar de seus próprios sentimentos – mas também dos pensamentos dos outros. "O que acontecerá comigo se a criança ficar sentada lá embaixo?" Mas também: "O que será que a criança lá embaixo está sentindo agora?" O desafio é, portanto, reconhecer o que está por trás do comportamento da outra criança: "Não é a coisa mais legal do mundo ficar sentado aí em vez de brincar com os outros. Ele provavelmente não deve estar muito bem".

"E o que aconteceria", pergunta o mediador à criança, "se você simplesmente descer pelo escorrega?" "Talvez ele chore. Talvez ele fique com raiva e me bata. E no fim nós dois choramos." Nesse caso, não seria uma má ideia pensar em outra solução: "Eu poderia também gritar: 'Jogue areia no escorrega. Ele ficará ainda mais rápido!' Ou: 'Sobe aqui. A gente desce juntos'". Isso seria uma boa ideia?

O programa trabalha de modo essencialmente igual com os alunos do nível fundamental. Eles recebem um "treinamento na solução de problemas" que funciona de acordo com o princípio do semáforo. No início, o semáforo está vermelho. O primeiro passo é dizer a si mesmo em voz alta: "Pare!" Respirar fundo. Explicar a si mesmo qual é o problema e como a criança está se sentindo. Então, o semáforo passa para o amarelo: Faça um plano. O que você poderia fazer nessa situação? E o que aconteceria? Seu plano funcionaria? Finalmente, luz verde: Em frente! Tente executar a melhor ideia. E no fim, pergunte a si mesmo: Ela funcionou?

Dois anos após o encerramento do programa no jardim de infância, os problemas comportamentais nos grupos haviam diminuído em 50%: Não mais 9,2% das crianças, mas apenas 4,4% chamavam atenção porque elas batiam em outras ou tinham ataques de raiva. "Esses programas de resiliência costumam ajudar mais àquelas crianças que apresentam sérios problemas na conduta social", admite Lösel.

Por isso, ele defende a inclusão dos pais no treinamento. "Os efeitos são maiores", explica o psicólogo. Nos programas, os pais aprendem a impor limites. Eles aprendem a elogiar adequadamente e a fortalecer os padrões comportamentais positivos das crianças; a conversar de modo construtivo com os filhos e a incentivar as crianças por meio de recompensas, elogios e encorajamentos a se tornarem seres socialmente compatíveis. No entanto, é preciso fortalecer também a autoconsciência dos pais e a incentivar suas competências paternas, ressalta a pedagoga Corina Wustmann Seiler de Zurique.

1.4 Toda criança tem talentos

Tudo isso se apoia na convicção de que cada criança possui talentos e habilidades especiais. Estes precisam ser descobertos e fortalecidos. "Essa é a máxima central para incentivar a resiliência", destaca o psicólogo infantil Georg Kormann. Mas é preciso preservar uma postura crítica. Em alguns casos individuais, os fatores de incentivo da resiliência podem ter também efeitos negativos. Isso depende, por exemplo, do ambiente social. Para jovens que cresceram na pobreza, uma educação mais rígida é, muitas vezes, uma proteção contra desvios e agressões. Não é o caso, porém, para os jovens com pais psiquicamente instáveis. "Cada fator pode ter efeitos positivos e negativos", diz o pedagogo Michael Fingerle de Frankfurt. Muitas vezes, os jovens agressivos têm uma autoestima muito desenvolvida. Nesse caso, não é uma boa ideia fortalecer ainda mais sua autoconsciência. Crianças medrosas e tímidas, por sua vez, se tornam delinquentes e agressivas com uma frequência menor. Portanto, até mesmo o medo e a timidez podem ser fatores de proteção.

E resolver conflitos falando sobre seus sentimentos também não é uma boa ideia em todos os casos. "Isso pode ser uma estratégia sensata na classe média", diz Fingerle. Nas classes periféricas, porém, isso não funciona. Se você fizer isso, você é visto como sentimental e leva uma surra. Jovens e crianças desse tipo de ambientes sociais devem treinar uns com os outros sem a intromissão de pedagogos acadêmicos. A isso subjaz a ideia da "cultura *peer* positiva", ou seja, de uma cultura entre iguais.

O conceito da resiliência projeta claramente um esboço contrário à "noção da criança como mero produto de influências externas", escreve o pedagogo Rolf Göppel em seu livro *Lehrer, Schüler und Konflikte* [Professores, alunos e conflitos]. O objetivo é fazer com que as próprias crianças e jovens desenvolvam uma atividade. Eles devem criar suas próprias vidas e resolver seus problemas ativamente. No entanto, em longo prazo, as crianças não podem desenvolver resiliência por conta própria. "Pois as crianças dependem muito mais de seu espaço de vida do que os adultos e, por isso, dependem também muito mais de sistemas de apoio."

Todos os envolvidos na educação podem e devem contribuir "para que a criança desenvolva confiança em sua própria força e em suas próprias habilidades, para que ela se vivencie como um ser valioso e para que ela provoque mudanças por meio de seus próprios atos", explica Georg Kormann.

- Quando as crianças são envolvidas desde cedo em processos de decisões importantes, elas desenvolvem um senso de sua autoeficácia e de controle sobre sua própria vida.
- Quando as crianças são incumbidas de pequenas responsabilidades – como, por exemplo, abrir as janelas antes do início das aulas ou ser tutor de uma criança menor – elas aprendem a ter confiança em suas próprias habilidades e a agir com independência.
- Quando as crianças experimentam desde cedo que elas podem recorrer aos pais ou a outras pessoas de seu convívio em situações problemáticas, elas aprendem a buscar apoio social.
- Quando as crianças aprendem desde cedo a se concentrar em suas qualidades e a reconhecer os aspectos positivos em si mesmas e em situações difíceis, elas não se deixam abalar com tanta facilidade e vivenciam menos estresse.
- Quando as crianças vivenciam que os problemas podem ser enfrentados de forma ativa e que os conflitos podem ser resolvidos em conjunto, elas deixam de fugir deles e aprendem a buscar soluções.
- Quando as crianças aprendem a reconhecer e satisfazer suas necessidades e quando podem participar das decisões, elas podem descobrir um sentido em sua vida.

Em suma, diz Kormann, precisamos de "escolas e instituições de ensino que recompensem as competências das crianças e lhes transmitam fé na vida".

2 Qual a presença que a mãe precisa ter na vida da criança?

Raina Cravciuc já se acostumou com os olhares irritados. Quando a coordenadora de uma creche em Munique faz um passeio com suas crianças, ela costuma ouvir comentários como: "Tão jovens e já no jardim de infância..." A opinião de que as crianças devem ficar exclusivamente com a mãe durante os três primeiros anos de vida ainda é muito comum na Alemanha. Em quase nenhum outro país do mundo as mães sofrem tanta pressão e críticas quanto aqui quando elas entregam seus filhos aos cuidados de terceiros antes de seu terceiro aniversário. "Uma criança da pré-escola deve sofrer muito quando sua mãe trabalha" – numa enquete realizada em 2006, 60% dos alemães ocidentais ainda concordavam com essa afirmação. Isso influencia também o comportamento das mães: Apenas 44% das mães com filhos menores de 5 anos trabalham nesse país. Nesse quesito, a Alemanha ocupa a última posição dentro da União Europeia.

Mas essas preocupações são justificadas? "Não", afirma a professora de Psicologia Stefanie Jaursch. Todas as pesquisas científicas mais recentes sobre o bem-estar de crianças em creches permitem uma única conclusão: "As discussões políticas sobre mães que trabalham se apoiam mais em ideologias do que em fatos".

Em 2010, alguns psicólogos norte-americanos reuniram toda a literatura sobre a pesquisa realizada em creches ao longo de 50 anos. "Crianças cujas mães voltam para o seu emprego antes de seu terceiro aniversário não apresentam mais problemas escolares ou comportamentais do que crianças cujas mães ficam em casa", resume a equipe de psicólogos de Rachel Lucas-Thompson; os cientistas analisaram 69 estudos realizados entre 1960 e 2010. Muitos desses estudos não eram documentos de uma situação momentânea. Alguns acompanharam as crianças até a idade adulta. "Mulheres que voltam a trabalhar rapidamente não deveriam se preocupar com o bem-estar de seus filhos", resume Lucas-Thompson. Ironicamente, os estudos revelaram uma única diferença estatisticamente relevante entre os filhos de donas de casa e crianças de mães que trabalhavam:

As crianças com mães que trabalham fora de casa desenvolvem menos problemas internalizados: têm menos dúvidas relacionadas a si mesmas, menos depressões, menos angústias.

Durante muito tempo, um dos problemas da discussão feroz sobre as creches alemãs era que havia poucos estudos realizados na Alemanha que tivessem acompanhado as crianças desde cedo e ao longo de vários anos. Stefanie Jaursch e Friedrich Lösel queriam mudar isso há alguns anos. Eles entrevistaram educadores, professores e mães de 660 crianças do ensino fundamental nas regiões de Erlangen e Nuremberg ao longo de seis anos e queriam saber se as mães haviam trabalhado fora de casa quando as crianças ainda eram pequenas. As 50 perguntas sobre o caráter das crianças foram respondidas por vários adultos. Assim queriam impedir os "efeitos da desejabilidade social", ou seja, que as mães que trabalhavam minimizassem os problemas comportamentais de seus filhos ou que professores críticos os exagerassem.

Os resultados foram claros – e tranquilizadores em todos os sentidos: "Não existe qualquer relação entre problemas comportamentais e atividade profissional da mãe", ressalta Friedrich Lösel. E não importa se a mãe volta ao seu antigo emprego logo após o nascimento do filho ou apenas após o ingresso do filho na escola, se ela trabalha em tempo integral ou apenas poucas horas por dia.

Os resultados de Erlangen concordam com os grandes estudos realizados nos Estados Unidos e também com os estudos da grande especialista sobre creches alemãs Lieselotte Ahnert. A psicóloga de desenvolvimento se ocupa há décadas com o efeito das creches sobre a vida psíquica dos pequeninos. A partir dessa atividade, ela deduziu sua máxima, que ela gosta de repetir enfaticamente: "Mães, relaxem!" Quem educa crianças não precisa ser perfeito. "Ao contrário do que muitos pensam, a mãe não estabelece com cada um de seus atos o fundamento para todo o futuro da criança", afirma Ahnert. Tampouco precisa estar sempre, dia e noite, à disposição exclusiva de sua cria.

É bastante comum a opinião segundo a qual nada é mais natural do que as crianças crescerem em casa com sua mãe. Afinal de contas, mãe e filho precisam estar juntos. Mas o que é natural? Pelo menos no que diz respeito à educação dos filhos, definir isso não é tão fácil assim, diz Lieselotte Ahnert. Vemos isso quando olhamos para os povos indígenas do mundo, por exemplo, o Povo Saan na Kalahari. Lá, as mães carregam as crianças quase que constantemente durante os três primeiros anos. Mãe e filho vivem praticamente em uma simbiose. Mas existe também o outro extremo. Encontramos este no Povo Ewe na África Central. Os membros desse povo passam seus recém-nascidos de colo em colo. Cada bebê Ewe tem, em média, 14 pessoas que cuidam dele. Algumas dessas pessoas até o amamentam. Às vezes, a criança passa apenas um quinto do dia com sua mãe biológica.

É simplesmente impossível que as crianças se desenvolvam bem apenas quando "ficam grudadas na mãe" durante os primeiros anos, zomba o biólogo Jared Diamond. "Se isso fosse verdade, os filhos das donas de casa nas nações industrializadas modernas seriam as primeiras e únicas pessoas normais do mundo." Até mesmo nesses países, há cem anos as crianças eram criadas e educadas por toda uma rede de tias, tios e outras pessoas de referência.

Qualidade não é igual a quantidade. Os pedagogos e psicólogos de desenvolvimento ressaltam com unanimidade que isso vale também para a relação entre mãe e filhos. O que importa não é a quantidade de tempo que eles passam juntos, mas como os pais passam o tempo com seus filhos. Além disso, diversos estudos demonstraram que as mães que trabalham passam quase a mesma quantidade de tempo com seus filhos quanto as mães que não trabalham.

2.1 Os efeitos de um ambiente estimulante

As crianças de famílias menos privilegiadas são aquelas que mais podem lucrar com a creche; elas são menos agressivas ou excessivamente medrosas do que os filhos de mães em situações comparáveis que não trabalham. Rachel Lucas-Thompson também constatou isso: Os contatos fora de casa são muito favoráveis aos filhos de mães solteiras e de famílias com renda baixa. Para eles, a creche pode ser uma bênção.

Por isso, muitos especialistas são contrários aos incentivos financeiros para mães que permanecem em casa, pois isso incentiva principalmente as mães de camadas sociais inferiores a ficarem com as crianças em casa. Mas o cuidado profissional nas creches seria importante justamente para essas famílias e evitaria "catástrofes futuras: fracasso na escola, fracasso na tentativa de se integrar no mundo de trabalho e até mesmo criminalidade", explica o professor de Política Social Hermann Scherl. Nem sempre é a proximidade materna que ajuda a criança a avançar na vida.

As creches e os jardins de infância têm um efeito positivo não só sobre o comportamento, mas também sobre o desenvolvimento intelectual: Já em 1962, os pedagogos norte-americanos levantaram a pergunta que hoje volta a comover tantos pais e políticos na Alemanha: Qual é a presença da mãe que a criança precisa ter em sua vida? Os educadores norte-americanos iniciaram o Perry Preschool Project com crianças a partir de 3 anos de idade e, uma década mais tarde, o Abecedarian Project com crianças a partir de três meses de idade. Em ambos os projetos, crianças de níveis sociais vulneráveis foram acolhidas em creches. Seus progressos foram comparados com o desenvolvimento de crianças de situações familiares semelhantes que ficaram em casa.

Hoje, as crianças do Perry Preschool Project já completaram seus 50 anos de vida, e os pequeninos acolhidos pelas creches apresentam um sucesso profissional maior e uma renda mais alta do que as crianças de seus vizinhos que ficaram com a mamãe. O número menor acabou sendo preso, e apenas a metade precisou recorrer à assistência social. Até mesmo sua saúde era melhor do que as crianças criadas exclusivamente pela família.

Sobretudo nos primeiros anos, os estímulos podem ter um efeito grande. Quando o cérebro não recebe estímulos nos primeiros anos, é praticamente impossível recuperar esse *déficit*. "A sociedade tem a grande responsabilidade de garantir um bom início às crianças", diz a psicóloga de desenvolvimento Sabina Pauen. "Precisamos oferecer aos nossos filhos um ambiente estimulante." E é justamente esse ambiente que, muitas vezes, falta às crianças em suas casas paternas. Onde as pessoas conversam pouco e a TV fica ligada o dia todo, os cérebros dos bebês pedem, em vão, estímulos incentivadores.

Uma influência semelhantemente favorável da creche sobre a inteligência se mostrou também nos bebês do Abecedarian Project: Essas crianças, porém, só foram acompanhadas até os seus 21 anos de idade. Em testes cognitivos, os jovens provenientes das creches apresentaram resultados nitidamente melhores do que as crianças que haviam ficado com suas famílias. Na escola, os primeiros eram melhores em leitura e no cálculo, e sua probabilidade de entrar numa faculdade também era mais alta.

Isso vale não só para os ambientes sociais às margens da sociedade da América do Norte, mas também para a classe média alemã: "A educação na primeira infância exerce uma influência extraordinariamente alta sobre a carreira educacional futura", conclui o Instituto Suíço para Estudos de Política Social e Trabalhista, que, em nome da Fundação Bertelsmann, examinou mais de mil crianças nascidas entre 1990 e 1995. Segundo o instituto, as crianças que frequentaram uma creche conseguem passar no vestibular em número bem maior do que as crianças criadas exclusivamente pela mãe ou por uma babá. 50% das crianças criadas em creches conseguiram passar pelo vestibular; entre as crianças criadas pelas famílias, essa percentagem era de apenas 36%.

Isso vale a pena não só para as crianças e suas famílias. O dinheiro investido em creches (boas) é dinheiro bem-aplicado – até mesmo do ponto de vista puramente econômico. Em 2000, James Heckman recebeu o Prêmio Nobel de Economia pelas pesquisas que demonstraram isso. "Cada dólar investido produz um retorno múltiplo", afirma Heckman. Já que as crianças de creches costumam alcançar um diploma escolar melhor e conseguem ganhar mais dinheiro, elas devolvem à sociedade o investimento direcionado às creches patrocinadas pelo Estado – por exemplo, na forma de impostos e contribuições sociais. Os pesquisadores da Fundação Bertelsmann calcularam que o Estado recebia o triplo daquilo que ele investiu nas creches. Os fundamentos para a carreira escolar e um emprego bem-remunerado são construídos desde cedo.

Mas será que as creches não têm nenhuma desvantagem? O que uma separação tão precoce dos pais, desse vínculo tão importante para as crianças, significa para a força de resistência psíquica? Não seria o lar o melhor lugar – contanto que a mãe não negligencie o bem-estar da criança e se dedique ao seu cuidado com todas as suas forças?

Isso depende sobretudo da qualidade das instituições, ressalta Lieselotte Ahnert. As crianças pequenas precisam de uma pessoa confiável e sensível que se dedique a elas. Mas essa pessoa não precisa ser a mãe. "Um excesso de cuidado materno não é bom", afirma Ahnert. Depois do primeiro ano de vida, contatos sociais mais amplos favorecem o desenvolvimento. A criança precisa dar seus primeiros passos no mundo para que possa fazer suas próximas experiências independentemente da mãe. Por isso, não são só as crianças de níveis sociais inferiores que mais lucram com a creche, acrescenta Sabina Pauen, mas também "as crianças superprotegidas".

Para a maioria das crianças, a creche oferece uma abundância de estímulos positivos que elas não encontram em casa, explica Pauen. "As crianças aprendem a conviver com diferentes estilos de educação e a se orientar em um grupo – essas experiências são de valor inestimável", diz também o psicólogo Alexander Grob. As creches oferecem vantagens principalmente aos primogênitos, pois lá eles podem treinar suas habilidades sociais.

No entanto, ressalta Grob, nem todas as crianças reagem da mesma forma à vida na creche. Quando um bebê tem medo das outras crianças, quando ele sempre chora ao ser separado da mãe ou não aguenta a bagunça das outras crianças, a mãe, o pai ou uma babá podem ser a melhor opção. E também Sabina Pauen ressalta que os pais precisam ser sensíveis às necessidades do filho e que eles não devem se agarrar obstinadamente a um plano definido ainda antes do nascimento da criança.

Mas mesmo que algumas crianças se sintam melhor sob os cuidados de uma babá ou de seus pais, não existe um único estudo sério que aponte desvantagens apresentadas pela creche. Os adversários das creches gostam de citar um estudo norte-americano iniciado em 1991. A pesquisa do National Institute of Child Health and Human Development (Nichd) acompanhou a biografia de mais de mil crianças de origem diversa. Os pesquisadores observaram uma variedade de aspectos – por exemplo, quais crianças sofriam de enuresia, quais crianças apresentavam sintomas depressivos ou se queixavam constantemente de dores na barriga e quais crianças desenvolviam um Tdah. Em todas essas áreas as crianças de creche eram crianças absolutamente normais. O resultado mais importante: O tempo que elas passavam em casa era ótimo. Quando os pequeninos se sentem acolhidos pelos pais, eles se desenvolvem maravilhosamente bem, mesmo que passem muito tempo sob os cuidados de educadoras. "Essas crianças não apresentam problemas relacionais, ao contrário do que dizem os críticos", diz o professor de Psicologia Michael Lamb.

Mesmo assim, os adversários das creches gostam de recorrer a um aspecto parcial do estudo da Nichd para argumentar contra a separação precoce de mãe e filho. À primeira vista, ele nos assusta: Aos 4,5 anos, algo nas crianças criadas em creches chamou a atenção dos pesquisadores. Elas aparentavam ser mais rebeldes do que as crianças criadas pela mãe ou babá.

"Mas a rebeldia não precisa ser algo negativo", ressalta Michael Lamb. Quando as crianças procuram o conflito com os professores ou com os pais, é possível que elas o façam apenas por serem mais autoconscientes do que outras crianças. Stefanie Jaursch concorda com ele. Ela encontrou o efeito exatamente igual e igualmente mínimo em seu estudo realizado em Erlangen. Jaursch afirma que esse período de rebeldia costuma passar rapidamente. E de forma alguma ela considera esse resultado algo alarmante. Provavelmente, trata-se de um processo absolutamente normal pelo qual as crianças criadas em casa passam apenas quando ingressam na escola. As crianças do jardim de infância "são expostas a mais processos em grupo com crianças da mesma idade". É normal que num grupo desse tipo ocorram brigas, exclusões e também o uso de palavrões.

Não há dúvida de que os pequeninos precisam de sua mãe. Mas não precisam estar com ela o tempo todo. A pesquisa moderna descartou há muito tempo o mito da mãe imprescindível, explica Sabina Pauen. O que é normal para uma criança depende das necessidades e das decisões dos pais. Os pais deveriam ter menos medo de cometer erros na educação de seus filhos, sugere também o psicólogo de desenvolvimento e personalidade Alexander Grob: "As crianças são incrivelmente tolerantes a erros". Elas nascem sabendo que a vida não é perfeita. "Basta lembrar quantas vezes uma criança cai antes de aprender a andar: Ela perdoa muitos erros – seus próprios e também dos outros."

Por isso, diz Lieselotte Ahnert em tom conciliante, "uma criança que cresce exclusivamente sob os cuidados da mãe não costuma ser prejudicada".

V

Lições para o dia a dia

A infância não é tudo: As pessoas podem adquirir força psíquica também mais tarde na vida. Pois a personalidade não é esculpida em pedra. Até há poucos anos, os psicólogos ainda acreditavam que após a puberdade, no máximo após os 30 anos, o ser humano mudava apenas pouco. Que seus traços de caráter essenciais estavam fixados. Hoje, porém, os especialistas mudaram de opinião: Até mesmo na idade adulta avançada, as pessoas podem ainda mudar a sua personalidade. Mas existe uma precondição importante: Elas precisam querer isso!

Testes de personalidade demonstram: Justamente as pessoas pouco resilientes são capazes de mudar muito. Entrementes, os psicólogos têm desenvolvido uma série de instruções que ajudam a alma a criar certa calosidade. Isso funciona melhor quando conhece a si mesma – suas qualidades e suas fraquezas. Por isso, a maioria dos programas para o desenvolvimento de resistência psíquica começa com um teste que identifica as qualidades pessoais.

Mas também a pessoa que se sente forte precisa saber: Resiliência não é uma qualidade vitalícia. Grandes abalos podem causar a perda da resiliência até mesmo em pessoas psiquicamente muito fortes. A força de resistência psíquica depende em grande medida da situação em que a pessoa se encontra atualmente. Quando uma pessoa está preparada para lidar com qualquer tipo de crise relacional, isso não significa que ela sobreviva psiquicamente ilesa a um acidente grave. E quem não se importa com a perda de seu emprego pode ficar desolado com o diagnóstico de uma doença crônica.

Por isso, os psicólogos dão conselhos de como preservar a força e de como manter os reservatórios de resistência cheios. Uma parte importante é enfrentar os desafios em vez de fugir deles. Pois a resiliência só consegue crescer numa pessoa se ela não parar de fazer a experiência de superar uma crise e realizar tarefas difíceis. Afinal, a resiliência não é apenas uma característica da personalidade, mas também uma estratégia para lidar com dificuldades. Essa estratégia precisa ser aplicada e adaptada continuamente à situação atual para que a pessoa não se esqueça de como ela deve ser aplicada de modo flexível também diante de obstáculos até então desconhecidos.

Vale lembrar, porém, que isso não significa que devemos aceitar cegamente qualquer desafio: É preciso usar seus recursos de modo econômico. Ninguém deve iniciar vários projetos grandes ao mesmo tempo. Uma pessoa que está enfrentando uma situação muito difícil na vida pessoal – por exemplo, um divórcio – deveria ter o cuidado de não intensificar um conflito no emprego. Um excesso de estresse é uma das grandes ameaças à força de resistência psíquica. Por isso, é preciso aprender a conviver e lidar com a pressão na vida profissional e pessoal. É preciso aprender a fazer uma pausa para respirar, para prestar mais atenção na vida e no meio ambiente – e a ser preguiçoso de vez em quando.

1 As pessoas podem mudar

Como ele pôde ter sido tão louco? Mais uma vez? Não fazia um mês que ele, após sua última separação, ele havia decidido com tanta firmeza: A partir de agora, ele se envolveria apenas aos poucos num novo relacionamento. Mas agora havia acontecido de novo. Estava apaixonado. A despeito de todos os votos e juramentos, ele estava metido em um novo relacionamento tão excitante quanto difícil. Por que isso acontecia com ele o tempo todo? Seu irmão era completamente diferente. Ele preferiria não reencontrar uma mulher, por mais atraente que fosse, do que se envolver com ela às pressas.

Por que eu sou como sou? Essa pergunta preocupa não só esses dois irmãos. Ela diz respeito à essência de todos os seres humanos. Por que um dos irmãos parece ser nada mais do que uma pena ao vento de suas emoções e o outro consegue controlar seus sentimentos a ponto de nem precisar se preocupar com problemas relacionais porque dificilmente encontra uma parceira? Quanto disso é destino, quanto os próprios irmãos contribuem para essa situação? É predestinação quando um doce recém-nascido se transforma em banqueiro inescrupuloso e o outro vai trabalhar com uma ONG numa das regiões deste mundo castigadas pela fome?

Creio que a pergunta pelo porquê é feita por todas as pessoas ao longo da vida. Elas querem saber quais os fatores foram importantes no desenvolvimento de sua personalidade, o que as motiva – e também o que as faz fracassar. E essa pergunta se torna urgente quando surge uma situação que nos leva a questionar nossos padrões de comportamento ou a sermos insatisfeitos conosco mesmos. E imediatamente surge a seguinte pergunta, uma pergunta que os psicólogos de personalidade tentam sondar intensivamente há anos: As pessoas podem mudar?

Os dois irmãos já eram assim quando ainda eram bebês. O segundo mal havia nascido, quando os pais perceberam quão diferentes eram as personalidades dos irmãos. Um dos dois gostava de cafuné e de ser balançado nos braços, o outro gostava de ficar deitado em seu berço sem que alguém mexesse com ele. Essa necessidade de contato não sofreu mudanças essenciais ao longo dos anos – nem mesmo quando os dois alcançaram a idade adulta. Um dos irmãos permaneceu extrovertido, ativo, empenhado; o outro, retraído e autossuficiente. "Reconhecemos diferenças consideráveis de caráter já em bebês. Alguns são tímidos e medrosos; outros, extraordinariamente estáveis", confirma também a pesquisadora de resiliência Karena Leppert. Como a maioria dos especialistas que se ocupam com os abismos e as origens da personalidade humana, ela tem certeza: "Existe um núcleo inato".

Somos tentados a crer que somos o que somos. Durante muito tempo, os psicólogos e psiquiatras acreditavam que, já muito cedo, a personalidade é determinada pelo caráter do ser humano. Com suas teses sobre a grande importância da fase da primeira infância, Sigmund Freud reforçou ainda mais essa noção, e nos inícios da pesquisa genética moderna, ela passou a ser gravada em pedra. Hoje, porém, sabemos: Mesmo que o temperamento e o caráter de um bebê sejam inegáveis e suas características fundamentais permaneçam relativamente constantes até a idade adulta, isso não se deve exclusivamente aos genes. Os genes são apenas o palco em que o ser humano apresenta sua dança (cf. p. 121-123).

Numa reunião de antigos colegas de escola, raramente nos surpreendemos completamente com o desenvolvimento de nossos velhos amigos, e isso se deve também ao fato de que a personalidade de um jovem é consolidada por muitos fatores externos. As expectativas de pais, parentes e conhecidos impõem à criança constantemente o papel de criança tímida ou muito comunicativa. E quando a criança cresce, ela muitas vezes continua a construir seu mundo por meio da escolha de sua profissão e de seu círculo de amigos de tal modo que a imagem já tão familiar de seu próprio caráter possa ser preservada. Afinal de contas, acreditar saber quem e como nós somos também nos transmite segurança.

Desse modo, as características muitas vezes se reforçam: Pessoas inteligentes buscam estímulos e assim desenvolvem ainda mais as suas capacidades intelectuais, explica a psicóloga Emmy Werner. E uma pessoa tímida não busca tanto o contato com outros; com o passar do tempo, encontros com pessoas estranhas se tornam cada vez mais assustadores. Por isso, ela prefere ficar em casa.

Podemos então prever como uma pessoa, uma vez que alcançou a idade adulta e os fatores determinantes como genes, educação e formação já deixaram seus rastros, reagirá em determinada situação? Muitos chefes de empresas gostariam de saber disso. Mas não só eles. Provavelmente todas as pessoas se interessam pela determinação de sua própria conduta. Por isso, os psicólogos tentam há décadas desenvolver testes que permitam prever as reações de uma pessoa.

Essas tentativas tiveram seu início na Primeira Guerra Mundial com estudos encomendados pelo Exército Norte-americano.

Na época, os generais queriam recrutar soldados confiáveis, inabaláveis e psiquicamente estáveis para tarefas difíceis. Mas os métodos desenvolvidos não foram tão confiáveis quanto o exército havia esperado. Ocorrências desagradáveis com espiões psiquicamente instáveis e promoções de psicopatas continuaram a acontecer.

Surgiu assim ao longo do tempo certo ceticismo em relação aos testes de personalidade que prometiam produzir afirmações confiáveis sobre as pessoas. Esses testes não podiam ser manipulados pelas pessoas analisadas, já que elas sabiam quais os pontos que mais importavam aos analistas? Nas décadas de 1960 e 1970, o espírito do tempo dominante passou a questionar se existiam de todo características de personalidade estáveis. O comportamento do ser humano não dependia sempre em medida considerável da situação? Não eram todas as pessoas vítimas da sociedade em que viviam? E não possuíam todas a possibilidade de todo tipo de desenvolvimento, contanto que as condições fossem sociais e justas?

Entrementes, esse debate é tido como encerrado. Praticamente nenhum especialista duvida ainda de que temperamento e caráter sejam predeterminados em certa medida e que isso permita fazer uma previsão confiável sobre como alguém se comportará sob determinadas condições. Numerosos cientistas conseguiram desenvolver testes de personalidade eficientes.

1.1 As cinco dimensões da personalidade

A personalidade pode, essencialmente, ser reduzida a cinco características, aos *Big Five*: postura aberta para experiências, amabilidade, escrupulosidade, extroversão (capacidade de se entusiasmar) e neuroticismo (instabilidade emocional) (cf. p. 179s.).

Essas cinco dimensões da personalidade determinam a natureza de um ser humano – independentemente do tipo de questionário, método estatístico ou espaço cultural em que as pessoas são entrevistadas. Foram os psicólogos norte-americanos Paul Costa e Robert McCrae que, em meados da década de 1980, resumiram a apuração dos *Big Five* num teste chamado NEO-FFI. A sigla NEO representa três dos *Big Five*: o neuroticismo, a extroversão e a postura aberta; e FFI é a sigla para "Five Factor Inventory", ou seja, "inventário dos cinco fatores".

Todos os *Big Five* são considerados características que não são facilmente influenciadas pela conduta de vida de uma pessoa. A influência sobre essas características de personalidade parece se dividir em partes iguais entre os genes e o meio ambiente, sendo que a postura aberta para novas experiências é, com 57%, a característica mais determinada pelos genes. A extroversão é considerada 54% hereditária; a escrupulosidade 49%; o neuroticismo 48%; e a amabilidade 42%.

Sem dúvida alguma, quando pedimos às pessoas que elas se descrevam a si mesmas, elas usarão muito mais palavras do que estas cinco. Mas uma análise mais minuciosa reduz essa grande variedade de expressões a essas cinco características essenciais. E foi, de fato, uma abordagem linguística que resultou no modelo dos *Big Five*. A personalidade das pessoas se destaca tanto e é tão relevante para uma sociedade que todas as línguas precisam ter desenvolvido conceitos para ela, acreditavam na década de 1930 dois psicólogos norte-americanos. Eles analisaram dois dicionários da língua inglesa e encontraram exatos 17.953 termos que descreviam a personalidade. Eles reduziram essa lista gigantesca até chegarem a 4.504 adjetivos. Outros psicólogos deram continuação a essa redução. Finalmente, revelou-se que as palavras que as pessoas usavam para falar sobre outras pessoas podiam ser atribuídas a cinco grupos. Desde a década de 1990, o modelo dos *Big Five* é amplamente reconhecido pelos especialistas. Os psicólogos Alois Angleitner e Fritz Ostendorf, considerados corifeus alemães no campo dos *Big Five*, conseguiram confirmar que esses cinco fatores são as características de personalidade determinantes também na região de língua alemã.

No entanto, nem mesmo os *Big Five* são imutáveis durante toda a vida. Pesquisas mais recentes confirmam uma suspeita nutrida há muito tempo: A personalidade do ser humano é tão variável que até mesmo idosos podem mudar – como Ebenezer Scrooge no conto "A Christmas Carol" de Charles Dickens. "Não existe um ponto-final para o desenvolvimento da personalidade", diz o psicólogo de desenvolvimento Werner Greve.

Primeiros indícios surgiram anos atrás com a descoberta de que o cérebro humano não é tão imóvel quanto os neurólogos acreditavam durante muito tempo. Antigamente, partia-se da suposição de que o cérebro humano não cria novas ligações assim que ele alcança a idade adulta. Essa concepção, porém, se tornou indefensável. A plasticidade neuronal persiste até a idade avançada, como confirmam as pesquisas mais recentes. O cérebro não só cria novas sinapses quando ele é confrontado com algo que nunca viu ou ouviu antes – ele consegue até atribuir uma nova função a toda uma região, por exemplo, em decorrência de um acidente.

Em 2006, uma pesquisa de Bogdan Draganski e Arne May da Universidade de Regensburg demonstrou a velocidade em que esses processos de transformação podem ocorrer no cérebro de uma pessoa adulta. Os neurocientistas recorreram a imagens por ressonância magnética para visualizar os cérebros de estudantes de medicina enquanto estes alimentavam seu cérebro com quantias incríveis de informações durante os preparativos para seus exames finais. Dentro de meses, a massa cinzenta aumentou consideravelmente no córtex cerebral.

Muito provavelmente, uma mudança na personalidade exige também processos biológicos no cérebro. O psicólogo de personalidade Jens Asendorpf é considerado o maior especialista alemão no campo do desenvolvimento da natureza humana. "O caráter de uma pessoa se estabiliza mais ou menos a partir do 30º aniversário", explica ele. "Mas é apenas aos 50 anos de idade que ele está completamente formado, e mesmo assim pode ainda sofrer mudanças depois disso." Asendorpf cita um estudo dos dois psicólogos norte-americanos Brent Roberts e Wendy DelVecchio. Em 2000, analisaram mais de 150 estudos realizados com, ao todo, 35 mil pessoas e chegaram à conclusão: Ao longo dos anos, até mesmo os *Big Five* sofrem mudanças. Três anos depois, esse resultado foi confirmado por um estudo com 130 mil participantes.

Nem todas as características de personalidade são igualmente estáticas: Com o avanço da idade, as pessoas parecem tornar-se mais confiáveis e sociáveis, por outro lado, porém, diminui sua postura aberta em relação a novas experiências. Apenas a tendência ao neuroticismo, ou seja, a instabilidade psíquica, parece permanecer fixa na natureza do ser humano ao longo das décadas.

Essas mudanças na personalidade se devem a influências do ambiente social e da cultura – ou a um programa biológico de amadurecimento? Os pioneiros dos *Big Five* Paul Costa e Robert McCrae acreditam na segunda opção: "Talvez isso se tenha desenvolvido dessa forma durante a evolução, pois facilita a criação da próxima geração". Afinal de contas, uma pessoa que deseja criar um filho precisa ser mais confiável e menos egocêntrica do que quando precisa cuidar apenas de si mesma. Então, a mudança de alguns dos *Big Five* nada mais seria do que um tipo de se tornar adulto. Costa e McCrae afirmam que influências do meio ambiente sobre os *Big Five* jamais puderam ser observadas, apenas tendências de envelhecimento semelhantes em macacos.

Justamente o neuroticismo é a característica menos mutável? Isso parece ser nada promissor para o trabalho dos psicoterapeutas. É, porém, possível que essa avaliação ainda mude um pouco. Pois também a inteligência, intimamente relacionada ao fator da abertura, tem sido vista como característica que uma pessoa preserva durante toda a sua vida. Os cientistas acreditavam poder medir o QI em cada idade: Se uma criança alcançava um QI de 140, ela alcançaria o mesmo valor também como adulto.

Essa convicção ruiu. Pelo menos na puberdade, o QI pode sofrer alterações notáveis, relatou a equipe de neurocientistas liderada por Cathy Price em 2011. Os pesquisadores determinaram o QI de 33 jovens, quando estes tinham entre 12 e 16 anos de idade. Quatro anos depois, repetiram o teste. As diferenças surpreenderam os pesquisadores: Em algumas pessoas, o QI havia aumentado de repente 20 pontos, em outras, ele havia caído na mesma ordem. Um desvio de 20 pontos no QI é gigantesco: O QI é definido de tal modo que 100 representa o valor mediano da população. Com um

QI de 70, a pessoa é tida como deficiente mental; um QI acima de 130 significa que a pessoa é superdotada.

Para afastar qualquer dúvida, os pesquisadores britânicos confirmaram seus resultados com a ajuda de imagens de ressonância magnética. As pessoas que haviam melhorado nas perguntas referentes ao vocabulário ou à compreensão verbal apresentavam um aumento da massa cinzenta naquela região do cérebro que é responsável pela inteligência verbal. E naquelas pessoas que demonstraram um desempenho melhor na resolução de tarefas visuais e de cálculo, houve um aumento nas regiões cerebrais responsáveis pela inteligência não verbal.

"Aparentemente, a capacidade intelectual de um indivíduo pode aumentar ou diminuir durante a adolescência", explica Cathy Price. Mas qual é a causa disso? É possível que alguns adolescentes sejam simplesmente precoces, acredita Price. Uma pessoa que começa a treinar sua inteligência mais tarde colhe os frutos mais tarde – como acontece também no treinamento físico. Price ainda não sabe dizer se os adultos conseguem melhorar na mesma medida.

Podemos então resumir: Quem realmente estiver disposto a fazer o esforço pode mudar muita coisa em sua personalidade. No entanto, uma motivação grande é precondição imprescindível para que isso aconteça. Mudar uma pessoa contra a sua própria vontade é considerado impossível. Os pais vivenciam isso todos os dias quando tentam tornar seus filhos mais confiáveis ou educados exclusivamente por meio de sua autoridade. Na maioria dos casos, é preciso uma crise ou muita sorte, algum evento importante, para que uma pessoa trace novos caminhos, diz o psicólogo Greve. Isso pode ser um divórcio, a mudança para outra cidade ou uma experiência emocional profunda. "Quando as nossas motivações se mudam, nós também podemos mudar." Uma pessoa que permanece a mesma durante toda a sua vida deve isso a uma falta de motivação. Às vezes, ela está simplesmente satisfeita consigo mesma.

Os Big Five

Neuroticismo
Pessoas com um neuroticismo pronunciado são consideradas emocionalmente instáveis. Elas vivenciam com frequência maiores períodos de angústia, nervosismo, tristeza, tensão, timidez e insegurança. Em geral, elas se preocupam mais com sua saúde, tendem a desenvolver alucinações e, em situações difíceis, reagem rapidamente com estresse.
Pessoas com um neuroticismo pouco pronunciado são geralmente mais estáveis, relaxadas, satisfeitas e calmas. Sofrem menos com sentimentos desagradáveis – não têm, porém, necessariamente mais emoções positivas.

Extroversão
Pessoas extrovertidas conseguem se entusiasmar, são descontraídas e otimistas. No convívio com outros, elas são sociáveis, ativas e gostam de conversar. Gostam de estímulos e incentivos.
Pessoas introvertidas, por sua vez, são mais reservadas e mais tímidas. São consideradas calmas e independentes. Gostam de estar a sós.

Abertura para experiências
Pessoas muito abertas adoram fazer novas experiências e se alegram com novas impressões, mudanças e novas vivências. Muitas vezes, são pessoas intelectuais, possuem uma grande imaginação e vivem suas emoções intensamente. São curiosas, gostam de experimentar coisas novas e têm interesses múltiplos. Elas se veem como independentes, gostam de novidades e questionam normas sociais.
Pessoas menos abertas tendem a ser mais convencionais e conservadoras. Elas não percebem suas próprias emoções com a mesma intensidade. São realistas e objetivas e, muitas vezes, levam uma vida pragmática.

Amabilidade
Pessoas com alta amabilidade possuem uma postura social. No contato com outros, demonstram empatia e compreensão. Apostam em confiança e união. Na maioria das vezes, estão dispostas a ajudar, são bondosas e conciliantes.
Pessoas menos amáveis tendem a ser egocêntricas. Desconfiam de seus próximos e demonstram incompreensão. Apostam mais em concorrência do que em cooperação. Sentimentalismo é algo que desconhecem.

Escrupulosidade
Uma pessoa escrupulosa planeja seus atos com cuidado, é muito organizada, focada e eficiente. Ela assume responsabilidade por seus atos e é confiável e disciplinada. Pessoas muito escrupulosas podem ser também excessivamente meticulosas.
Pessoas menos escrupulosas agem com mais espontaneidade e não são muito cuidadosas e exatas. São consideradas soltas e inconstantes, muitas vezes também desorganizadas.

2 A resiliência costuma se desenvolver cedo – Como podemos adquiri-la na idade adulta

No meio do inverno eu descobri que existe dentro de mim um verão invencível.

Albert Camus

A força de resistência psíquica costuma se desenvolver já muito cedo. Uma pessoa que recebeu as respectivas características e qualidades nos primeiros anos de sua vida, deve simplesmente agradecer por isso. Pelo seu jeito pró-ativo, pelo temperamento alegre, pelos vínculos seguros. Pela capacidade de procurar ajuda, de ver sobretudo a beleza na vida e de nem sempre culpar exclusivamente a si mesma pelas derrotas na vida.

Às vezes, porém, percebemos apenas aos 20, 30 anos (ou talvez bem mais tarde) que somos muito sensíveis em comparação aos outros; que sofremos demais com eventos que os amigos parecem vivenciar sem qualquer abalo. Não se desespere. Ainda é possível fortalecer nossa resiliência. Cada pessoa pode contribuir ativamente, também com 30 anos de idade ou mais, para produzir força de resistência – o potencial das pessoas pouco resilientes é até maior do que o potencial dos indivíduos resilientes.

As pessoas resilientes são estáveis não só psiquicamente, mas também em suas características de personalidade, como revelaram estudos realizados com crianças de jardins de infância. Educadores avaliaram o caráter e o temperamento das crianças quando estas tinham 4 e 6 anos de idade; mais tarde, por volta do 10º aniversário, entrevistaram mais uma vez os pais das crianças. Os pesquisadores encontraram um vínculo claro: As crianças que haviam sido avaliadas como resilientes pelos adultos mudaram pouco. "É provável que isso tenha várias razões", diz Karena Leppert. Por um lado, muitas vezes, a resiliência e uma personalidade estável têm a mesma causa. Pois é um fato que crianças que crescem num ambiente estável possuem também uma personalidade mais estável. Por isso, conseguem desenvolver um alto grau de resiliência com maior facilidade.

Provavelmente, é também a resiliência que contribui ativamente para que a personalidade de uma pessoa permaneça estável ao longo dos anos: Já que crianças fortes conseguem se adaptar a mudanças em seu ambiente, elas encontram facilmente também nichos em que elas se sentem à vontade e protegidas num mundo instável. "Crianças resilientes conseguem controlar melhor o seu ambiente", afirma Leppert. Quando, por exemplo, uma professora querida sai de seu emprego no jardim de infância, as crianças resistentes têm uma facilidade maior de desenvolver um relacionamento com a sucessora. "Dessa forma, essas pessoas criam ativamente ambientes estáveis, e isso contribui para uma personalidade estável." Por fim, personalidades resilientes conseguem lidar melhor com frustrações, derrotas e crises do que pessoas com pouca resistência psíquica. Por isso, não existem motivos para mudarem.

Nas pessoas pouco resilientes, porém, a necessidade e a pressão de encontrar novas formas de lidar com golpes baixos do destino são bem maiores – e o mesmo vale para seu potencial de desenvolvimento. "A resiliência pode ser adquirida", repete Karena Leppert. O psicólogo infantil Georg Kormann concorda. Mesmo que o desenvolvimento de potencial de superação seja mais fácil durante os primeiros dez anos de vida: "Os adultos são essencialmente capazes de treinar sua resistência em qualquer fase da vida", ressalta Kormann. "Um fator importante é que eles tenham como exemplo uma pessoa resiliente, cujo comportamento em uma crise eles possam imitar."

Podemos comparar uma pessoa resiliente com um boxeador, explica Kormann. "Quando ele é derrubado no ringue, ele se levanta e muda sua tática." Uma pessoa menos resistente, porém, continua agindo da mesma forma e é derrubada novamente. "As pessoas não resistentes cometem dois erros fundamentais", explica Kormann. "Elas se queixam de seu destino duro – o que piora a situação. E elas alimentam a crise voltando toda a sua atenção para o problema e sua origem, mas não refletem sobre como o problema poderia ser resolvido."

2.1 Um experimento psicológico gigantesco

Os cientistas fazem um esforço enorme para descobrir como e em que medida isso pode ser mudado. O maior projeto relacionado a isso está sendo realizado pelo governo norte-americano. Numa cultura em que você precisa esconder suas fraquezas e em que você precisa estar sempre bem, a política está muito interessada em saber como a força de resistência psíquica pode ser adquirida. Além disso, as muitas guerras difíceis das últimas décadas travadas pelos Estados Unidos no mundo inteiro produziram um grande grupo de soldados veteranos profundamente traumatizados, que representam não só muito sofrimento humano, mas que também geram custos de muitos milhões de dólares a cada ano.

Depois da guerra no Vietnã, no Iraque e no Afeganistão, muitos veteranos que ali serviram não conseguem mais se adaptar ao dia a dia. Afirma-se que entre os sobreviventes da guerra no Vietnã, que foi terrível para os soldados norte-americanos, um em cada três voltou traumatizado. Mas também após as missões no Iraque ou no Afeganistão, onde o contato com o inimigo foi menos direto, onde a guerra era travada em tanques de guerra ou em frente ao computador e o número das baixas é menor, 17% dos soldados voltaram traumatizados, como descobriu o pesquisador de resiliência George Bonanno num estudo de longo prazo, que se estendeu durante onze anos. Os dados são considerados muito confiáveis, pois os soldados foram analisados já antes de sua partida para a guerra. Em quase 7% dos soldados que retornam, o sofrimento é tão grande que os médicos precisam diagnosticar um transtorno de estresse pós-traumático (Tept). Em 2010, foram 10.756 casos.

Por isso, o Exército Norte-americano decidiu, em outubro de 2009, realizar um experimento psicológico gigantesco: Desde então, ele financia com 125 milhões de dólares um programa de treinamento chamado "Comprehensive Soldier Fitness" (CSF), do qual devem participar mais de um milhão de soldados para proteger suas almas contra traumas. O exército não quer desistir de suas guerras, mas os soldados devem ter a chance de retornar psiquicamente ilesos após meses de pressão psíquica sob ameaças constantes de terror e ataques. "Quero criar um exército que seja tão forte psiquicamente quanto é forte fisicamente", disse o general de quatro estrelas George Casey, até abril de 2011 chefe do Estado-maior do Exército Norte-americano durante o lançamento oficial do programa. "E a chave para a força psíquica é a resiliência." Desde então, a resiliência está sendo medida e treinada no Exército Norte-americano.

Por trás de tudo isso está Martin Seligman, aquele psicólogo que, na década de 1960, descobriu e definiu a "impotência adquirida" por meio de seus estudos com cachorros (cf. p. 71). Ele é também o fundador da "psicologia positiva". Em sua primeira palestra como presidente da American Psychological Association em 1998, Seligman surpreendeu os especialistas com a ideia de transformar a psicologia como ciência das doenças em uma ciência da saúde.

Para o psicólogo nascido em 1942, a chave para a resistência psíquica é o otimismo. Uma postura alegre, positiva e afirmadora não basta para gerar resiliência. Mas a confiança de não ser vencido é, mais do que todas as outras qualidades, a característica da psique forte, diz Seligman. Pois foram os otimistas entre as pessoas por ele analisadas que não desistiam em seus experimentos sobre a impotência adquirida.

Em 1975, Seligman e seu colega Donald Hiroto repetiram com pessoas os experimentos que haviam levado os cachorros à impotência adquirida. Mas dessa vez os cientistas não trabalharam com choques elétricos. Eles instruíram as pessoas a se concentrarem em si mesmas e as perturbaram constantemente com ruídos altos. Os participantes do primeiro grupo conseguiam interromper o barulho quando apertavam um botão. Os participantes do segundo grupo não tinham essa opção.

No dia seguinte, todos os participantes foram expostos ao mesmo barulho numa situação semelhante. Dessa vez, todos podiam interromper o barulho – precisavam apenas movimentar suas mãos alguns centímetros para o lado e apertar o botão. O primeiro grupo descobriu isso rapidamente. Mas a maioria dos membros do segundo grupo não fez nada. "Haviam se tornado passivos e nem tentavam mais escapar", conta Seligman. Eles também haviam adquirido a impotência.

No entanto, nem todos eram iguais no grupo dos impotentes. Mais ou menos um em cada três tentou – a despeito de suas tentativas fracassadas no primeiro experimento – mais uma vez apertar o botão. Seligman se interessou especialmente por essas pessoas que não desistiam. O que havia de extraordinário nesses incansáveis? "A resposta é: otimismo", afirma ele. Os incansáveis eram pessoas que viam seus fracassos como passageiros e como algo que podia ser mudado. Em seu íntimo, eles dizem a si mesmos: "Isso passará em breve". Ou: "É apenas essa situação especial, posso fazer algo contra isso". Essas pessoas veem a causa dos golpes de destino em outras pessoas e procuram o erro não em si mesmas. E estão certas de que podem mudar algo para melhorar sua situação.

Ensinar aos impotentes a pensar como os otimistas: Esta é a tarefa que Seligman procura realizar desde então. Pois é preciso pensar como eles para aumentar sua força de resistência psíquica em situações de crise. Aquele que aceita seu sofrimento, mas acredita ao mesmo tempo que ele passará, não desenvolve um Tept ou uma depressão com tanta facilidade e possui a força de mudar as suas circunstâncias.

A cada ano, os soldados que participam do programa "Comprehensive Soldier Fitness" preenchem um questionário online que apura sua saúde psíquica. Esse questionário pede que eles digam o quanto eles concordam com determinadas afirmações. Uma delas é: "Em tempos incertos eu costumo esperar o melhor". Outra declara: "Quando algo pode dar errado, dá errado". A avaliação mostra aos soldados em quais áreas eles são psiquicamente fortes e quais são seus aspectos mais vulneráveis. Os resultados são confidenciais, mas são avaliados de forma anonimizada pelo Estado-maior.

Aqueles cuja força psíquica se encontra num estado fragilizado podem recorrer a ajuda profissional ou participar de treinamentos online desenvolvidos por Seligman. Um dos exercícios centrais para despertar o otimista dentro de si mesmo é chamado To Hunt the Good Stuff. Isso significa mais ou menos "Descobrir as coisas boas". Isso não é tão difícil quanto parece. Seligman sugere que, à noite, antes de dormir, o paciente anote três coisas que correram bem durante o dia.

Isso funciona muito bem, confirma o soldado Brian Hinkley. Ele participou de uma missão no Afeganistão e se sentiu terrível – principalmente, porque os afeganes não os queriam ali. As crianças nas aldeias jogavam pedras nos soldados e cuspiam neles. Mas o que ajudou Hinkley foi se concentrar nas coisas boas, como ele contou a um jornalista: "As poucas pessoas que nos convidam e nos oferecem pão e chá são mais importantes do que as 50 que jogam pedras e que querem nos explodir".

Uma parte do programa é a formação dos instrutores do exército. Em vez de ficarem gritando com seus soldados, eles devem transmitir-lhes uma visão positiva do mundo. Devem dizer-lhes que todas as pessoas são vulneráveis e que medo e tristeza são reações saudáveis. E eles incentivam os soldados a conversarem abertamente sobre suas dificuldades. O lema é: Todos têm dias difíceis. Mas podemos tentar lidar com eles da forma mais positiva possível. Assim, o exército pretende se distanciar aos poucos da imagem do soldado durão que não se deixa abalar por nada.

Em dezembro de 2011, o exército apresentou o primeiro relato sobre o programa "Comprehensive Soldier Fitness". Foram processados os dados de oito brigadas de luta com seus vários milhares de membros; apenas em quatro dessas brigadas o programa havia sido aplicado. Após 15 meses, as tropas treinadas alcançaram valores de resiliência consideravelmente mais altos do que as outras, informou o exército. Os soldados haviam desenvolvido uma saúde emocional e social melhor e pensavam de forma menos autodestrutiva. "Existem agora provas científicas bem fundamentadas de que o CSF melhora a resiliência e a saúde psíquica dos soldados", comentaram os autores liderados por Paul Lester.

E os soldados também gostaram do programa – para a surpresa de seus iniciadores. Enquanto os generais do exército temiam que os "soldados durões" rejeitassem o treinamento de resiliência como "coisa de menina", "sentimentalismo" ou "besteira psicológica", não foi o que eles fizeram: Deram ao curso em média 4,9 de 5,0 pontos possíveis! Mais ou menos a metade chegou até a afirmar que esse foi o melhor curso que o exército já ofereceu. O treinamento teria lhes ajudado também a resolver problemas na vida privada.

As críticas vieram de fora. Roy Eidelson e Stephen Soldz, da Coalition for an Ethical Psychology alegaram em maio de 2012 que o programa de saúde psíquica só abarcava parâmetros gerais de pouca expressividade. Eles haviam manifestado sua crítica ao programa do exército já no ano anterior, pois, segundo eles, faltava a ele qualquer cientificidade. Justamente as grandezas importantes para o Tept, os pensamentos suicidas, depressões e outras doenças psíquicas não eram apuradas, mesmo sendo o objetivo declarado do programa evitar justamente isso. Por isso, ninguém conseguirá dizer se a intervenção realmente ajuda a processar situações tão difíceis quanto uma missão na guerra. O pesquisador de resiliência Bonanno concorda: "Esses programas foram desenvolvidos para melhorar a saúde das pessoas e torná-las mais felizes", ele zomba. "Isso é bem diferente de preparar alguém para uma situação de estresse, em que eles realmente morrem de medo; em que vivenciam um tipo de estresse que ninguém quer que se repita em sua vida."

É verdade: Existem estudos melhores sobre o sucesso de treinamentos em resiliência para mortais ordinários. Para aqueles que não estão prestes a participar de uma guerra, mas que enfrentam apenas o terror e as mágoas normais do dia a dia, os programas como o de Martin Seligman oferecem uma ajuda real. O treinamento em resistência de Seligman para crianças e jovens foi estudado a fundo. Juntamente com suas colegas Karen Reivich e Jane Gillham, ele desenvolveu o "Penn Resilieny Program" contra angústia e depressões nas escolas da Pensilvânia. Esse programa conseguiu despertar o otimismo nas crianças; entre os participantes, os casos de angústia e os sintomas de depressão diminuíram, como comprovam numerosos estudos. Entrementes, o programa foi aplicado também em universidades com grande sucesso.

Os alunos devem reconhecer que os "monólogos que todos nós entretemos em nossa cabeça" nem sempre refletem a realidade, explica a filósofa e cientista política Amy Challen, que, juntamente com seus colegas, estabeleceu o Penn Resiliency Program em escolas britânicas. As crianças devem entender que esses monólogos são reações a sentimentos que provocam outros sentimentos nelas – e que esses monólogos podem ser travados de forma completamente diferente. As crianças "são incentivadas a reconhecer pontos de vista negativos e a questioná-los", conta Challen. Em vez de dizer a si mesmo: "Isso só acontece comigo!", a criança pode dizer também após um infortúnio: "Dessa vez, a sorte não estava do meu lado". As crianças devem reconhecer quando as emoções negativas se tornam predominantes e como elas podem interromper esse ciclo. Elas aprendem, por exemplo, a fortalecer seus sentimentos positivos. Aprendem também como podem relaxar e como lidar melhor com os outros. Assim, o treinamento em resiliência ajudou também "a melhorar os relacionamentos com colegas e com os membros da família, a melhorar o desempenho na escola e a despertar o interesse das crianças por outras atividades", resume Amy Challen.

2.2 Como treinar as qualidades do caráter

"Build what's strong!" (Fortaleça o que é forte!), em vez de "Fix what's wrong!" (Conserte o que está errado!) Este é o credo de Martin Seligman. Um estudo que Seligman realizou com 577 pessoas sugere que isso funciona. Os psicólogos instruíram os participantes a anotar toda noite o que havia sido bom durante o dia – semelhante ao que faziam os soldados no programa CSF do Exército Norte-americano. Um grupo de controle deveria escrever simplesmente sobre suas experiências naquele dia, sem que fosse instruído a focar nas coisas positivas. Aqueles que, à noite, anotavam as coisas boas do dia apresentavam ainda seis meses após o encerramento do treinamento uma postura mais otimista e menos sintomas depressivos.

Uma segunda estratégia foi igualmente eficaz: Os participantes do teste deveriam reconhecer as qualidades de seu caráter com a ajuda de um questionário online. Assim, descobriram quais eram suas cinco qualidades que mais se destacavam. Então foram instruídos a usá-los todos os dias de forma nova. Uma pessoa, por exemplo, que se destacava por sua criatividade poderia responder com gestos à pergunta de seu parceiro o que eles comeriam no dia seguinte. Uma pessoa que perdoava com facilidade poderia tentar perdoar um de seus próprios erros. E uma pessoa cheia de alegria poderia expressá-la por meio de suas roupas ou pular na cama como uma criança.

Willibald Ruch também aposta no treinamento das qualidades com seu programa Zürcher Stärken Programm [Programa para fortalecer Zurique]. O professor de psicologia desenvolveu esse programa na base do exemplo de Seligman e também o avaliou por meio de estudos. Se você dominar o alemão, você pode descobrir as suas qualidades no site de Ruch (www.charakterstaerken.org).

Em seu estudo mais importante sobre o tema, os participantes exercitaram a gratidão escrevendo uma carta a uma pessoa que exercia um papel importante em sua vida. Treinaram seu senso de beleza prestando atenção em momentos e situações em que sentiam admiração por algo lindo – podiam ser pessoas ou coisas, mas também gestos ou movimentos especiais.

"Exercitar as qualidades do caráter nos torna felizes", resume Ruch os resultados de seus estudos. Estes revelaram que o efeito de um treinamento curto pode perdurar seis meses. Esse efeito depende também das qualidades que a pessoa decide treinar. Ruch afirma que o efeito maior pode ser obtido se treinarmos nossa curiosidade, nossa gratidão, nosso otimismo, nosso humor ou nosso entusiasmo.

2.3 Os dez caminhos para a resiliência

A American Psychological Association publicou na internet um plano de dez pontos, desenvolvido com base no programa de Seligman, chamado "Road to Resilience" (http://www.apa.org/ helpcenter/road-resilience.aspx). Os dez caminhos para uma força de resistência psíquica maior são:

1) Desenvolva contatos sociais – Um bom relacionamento com a família, amigos e terceiros é importante. Aceite a ajuda e o apoio de pessoas que se importam com você. Ajude os outros quando estes precisarem de ajuda. Uma pessoa que se empenha em grupos de ação, comunidades religiosas ou associações políticas pode extrair força dessas atividades.

2) Não veja as crises como problemas irresolúveis – Mesmo que não possamos impedir que aconteçam coisas muito desagradáveis, podemos influenciar como interpretamos e reagimos a essas crises. Imagine que, no futuro, você voltará a se sentir bem. Tente descobrir o que você pode melhorar da próxima vez que algo desagradável lhe acontecer.

3) Aceite que mudanças fazem parte da vida – Numa situação desfavorável, certos objetivos não podem ser alcançados. Aceite as circunstâncias que você não pode mudar e se concentre naquilo que você pode mudar.

4) Tente alcançar objetivos – Estabeleça metas realistas em vez de sonhar com coisas inalcançáveis. Escolha um objetivo. Faça regularmente algo – mesmo que pouco – que o aproxime de sua meta.

5) Aja com determinação – Resista a situações desfavoráveis da melhor forma possível. Não enfie a cabeça na areia, na esperança de que as dificuldades desaparecerão por conta própria. Tome a iniciativa e procure superar seus problemas.

6) Encontre-se a si mesmo – Fique atento a oportunidades de aprender algo sobre si mesmo. Talvez você descubra que você cresceu com uma situação difícil. Muitas pessoas que passaram por tempos ruins relatam mais tarde que seus relacionamentos se tornaram mais intensos e que elas se sentem mais fortes agora. Mesmo que se sintam vulneráveis, essas pessoas têm, muitas vezes, mais autoestima e um apreço maior pela vida.

7) Desenvolva uma visão positiva de si mesmo – Confie em seus instintos e em sua capacidade de resolver problemas.

8) Fique de olho no futuro – Procure manter uma perspectiva de longo prazo também em situações difíceis e contemplar a situação num contexto mais amplo. Tente não transformar um evento em algo maior do que realmente é.

9) Espere o melhor – Procure obter uma postura otimista. Esta lhe permitirá adotar uma postura de expectativa positiva. Procure imaginar o que você deseja em vez de ficar pensando naquilo que você teme.

10) Cuide de si mesmo – Respeite suas necessidades e sentimentos. Faça coisas que o divertem e que o relaxem. Pratique atividades físicas com regularidade. Uma pessoa que cuida de si mesma fortalece o corpo e o espírito para conseguir lidar também com situações difíceis.

Poderíamos dizer também: **Invista em sua espiritualidade!** Segundo numerosos estudos, as pessoas conseguem atravessar melhor fases difíceis da vida quando acreditam em algum poder superior. E não importa se elas acreditam em Deus, em Alá, em Javé, em Buda ou nos muitos deuses hindus. Também não precisam participar de nenhuma das grandes religiões. Algumas pessoas acreditam que a natureza é a força que as protege; outras encontram sua felicidade em comunidades esotéricas. Outras veem o sentido de sua vida numa ideia política. É, provavelmente, a energia do grupo e a convicção de pertencer a um todo maior que ajuda a suportar os baixos da vida.

E evidentemente não é preciso praticar todos os dez pontos para alcançar a resiliência. Resiliência é também decidir *por si mesmo* o que faz bem *a si mesmo*. "Força é sempre uma combinação de muitos fatores", explica o psicólogo Ralf Schwarzer. Em sua opinião, o mais importante é que as pessoas construam e preservem uma rede social. "Essa é a razão pela qual é melhor não gerar conflitos exagerados na vida", afirma Schwarzer. E ele sugere também experimentar algo novo com frequência. "Isso fortalece a autoeficácia." Não precisam ser coisas complicadas. Aprender a preparar uma comida oriental seria uma opção.

3 Vacinado contra o estresse

Os adolescentes de Minnesota curtiam a vida muito menos do que seus colegas. Durante o ensino médio, tiveram de trabalhar para comprar algo que queriam ou até mesmo para contribuir com a renda familiar. Enquanto seus amigos praticavam esportes, aprendiam a tocar um instrumento ou simplesmente se divertiam com os amigos, esses jovens das famílias mais pobres trabalhavam em restaurantes ou postos de gasolina. Durante as aulas, estavam tão cansados que, muitas vezes, caíam no sono. E em casa não só não recebiam apoio financeiro, mas também encorajamento e ajuda em todos os aspectos da adolescência repleta de crises. Por isso, esses jovens acabaram desenvolvendo menos autoconfiança do que seus colegas mais ricos. Apresentavam mais sintomas depressivos e também níveis de estresse mais elevados.

Dez anos depois, porém, a situação havia mudado. Como jovens adultos, os adolescentes estressados tinham um ânimo até menos depressivo do que os jovens dos bairros mais ricos do município. "Na verdade, havíamos esperado que os jovens que haviam sido obrigados a ganhar dinheiro desde cedo estariam piores em longo prazo", confessam os psicólogos norte-americanos Jeremy Staff e Jeylan Mortimer. Pois o tempo que estes gastavam trabalhando como garçons estava sendo aproveitado pelos outros para atividades que, do ponto de vista pedagógico, favorecem o desenvolvimento do jovem. Os jovens sem emprego tinham menos estresse e menos experiências desagradáveis e inapropriadas para a sua idade.

No momento, porém, em que os adolescentes saíram da escola, suas experiências de trabalho precoces se revelaram uma fonte de resiliência. Já estavam praticamente vacinados contra o estresse que os esperava no mercado de trabalho.

A ideia de uma vacina contra o estresse vem se impondo cada vez mais na pesquisa de resiliência. "Um estresse moderado pode aumentar a resiliência", diz a psicóloga Julia Kim-Cohen. "Ele fortalece, incentiva a persistência, capacita." No entanto, o estresse não pode ficar grande demais. "Se eventos desagradáveis se tornarem excessivos e graves demais, isso pode fazer com que a pessoa se sinta sobrecarregada, e isso resulta não numa vacina contra o estresse, mas em seu oposto."

Algo muito semelhante vale para as vacinas reais. Aqui, os médicos também usam uma quantia moderada de agentes patogênicos para que o corpo possa aprender a lidar com eles sem se expor a um ataque devastador. Assim, ele está preparado quando, algum dia, tiver que reagir a uma infecção verdadeira com muitos vírus. Se a vacina contiver um número baixo demais de vírus ou bactérias, ela seria ineficiente; um número excessivo, porém, provocaria a doença. O efeito de vacina do estresse também "parece ser resultado das experiências que temos de como lidar de modo eficiente com dificuldades", diz Julia Kim-Cohen.

Os cientistas já fizeram experimentos com animais em que aplicaram essas vacinas contra o estresse. Afinal de contas, esse tipo de experimentos em que seres vivos são expostos a situações desagradáveis só podem ser realizados com animais. No caso dos seres humanos, os pesquisadores só podem, compreensivelmente, aguardar o que a vida lhes impõe ou entrevistá-los sobre experiências passadas. Os pequenos macacos-de-cheiro de poucos meses de idade, que são usados por David Lyons para seus experimentos, não podiam recorrer aos órgãos públicos para reclamar contra a crueldade psíquica à qual eram expostos. Por isso, foram separados repetidas vezes de seu grupo pelos cientistas.

Os efeitos disso sobre a vida psíquica dos macacos se evidenciaram em experimentos posteriores. No entanto, as consequências foram diferentes daquelas que uma pessoa compassiva esperaria: Quando os animais completaram um ano de idade, os pesquisadores os transferiram para outro cercado, que eles deveriam explorar. Os animais que, aos poucos meses de idade, tiveram que desenvolver certa autonomia, se mostraram muito menos tímidos do que os macacos que haviam sido criados pela mãe. Conseguiram adaptar-se melhor à nova situação e desenvolveram também um apetite mais saudável. Os cientistas encontraram na saliva dos macacos vacinados contra o estresse quantias significativamente inferiores do hormônio de estresse cortisol.

3.1 "Não fujam!"

No caso das crianças isso não parece ser muito diferente, mesmo que a pesquisa seja mais difícil. Um estudo muito interessante nessa área foi realizado com crianças adotadas. Uma equipe liderada pelo psicólogo e pedagogo Mark van Ryzin examinou crianças do mundo inteiro que haviam sido adotadas por pais norte-americanos. Os cientistas compararam suas reações de estresse com crianças que haviam sido criadas por seus pais biológicos nos Estados Unidos. Além disso, dividiram as crianças adotadas em dois grupos. As crianças do primeiro grupo haviam sido expostas a pressões constantes na primeira infância, pois haviam vivido muito tempo em orfanatos. As crianças do outro grupo haviam sido adotadas ainda como bebês – após terem passado no máximo dois meses no orfanato. Quando o estudo foi realizado, todas as crianças tinham entre 10 e 12 anos de idade.

Mark van Ryzin fez uma descoberta surpreendente: A história das crianças se revelava na quantidade de cortisol que elas produziam em situações de estresse. Mas as crianças que haviam sido adotadas apresentavam os menores níveis de estresse! As crianças norte-americanas criadas por seus pais biológicos ficavam tão estressadas quanto as crianças que haviam passado muito tempo no orfanato.

Aparentemente, o efeito positivo de um pouco de contravento ocorre também nos adultos, como revelaram as enquetes. Pessoas com uma biografia não muito fácil possuem uma saúde psíquica melhor do que pessoas com uma vida excessivamente difícil ou exageradamente fácil. Elas desenvolvem Tept com uma frequência menor, têm menos medo e costumam estar mais satisfeitas consigo mesmas e com sua situação, resume o psicólogo Mark Seery os resultados de suas pesquisas. "Além disso, as pessoas que sofreram certa medida de miséria são menos afetadas por eventos estressantes no presente", afirma ele.

O dito popular "O que não me mata me fortalece" é confirmado cada vez mais pela pesquisa, como confirma também o psicólogo de personalidade Jens Asendorpf. "Não fujam das dificuldades", é seu lema para a vida prática. "Às vezes, precisamos aceitar um desafio." Por exemplo: Uma pessoa que odeia falar na frente de estranhos e prefere a rotina familiar do escritório deveria sim aceitar o convite para fazer uma palestra, sugere Asendorpf. Na véspera, quando ela estiver preparando a palestra, é muito provável que ela se arrependa terrivelmente. E mais ainda nos minutos anteriores à apresentação. Mas depois, depois de ter feito a experiência de que tudo correu bem, a resiliência agradece, pois está fortalecida.

3.2 A curva "U" da felicidade

Normalmente, a vida aplica uma série de vacinas contra o estresse ao longo da vida, com ou contra a nossa vontade. Existe, portanto, uma possibilidade bem simples de fortalecer sua força de resistência psíquica: basta envelhecer.

Estudos recentes no campo da pesquisa da felicidade fornecem primeiros indícios. Evidentemente, a força psíquica não independe totalmente da felicidade. Pois é muito mais fácil enfrentar golpes do destino quando nos encontramos numa situação em que nos sentimos bem. Em todas as pessoas, porém, a felicidade é especialmente grande na juventude; depois ela diminui continuamente. Até os meados dos 40 anos de idade, mais ou menos, a felicidade vai desaparecendo cada vez mais. É quando ocorre a famosa e temida crise da meia-idade. Mas existe esperança: Aos mais ou menos 50 anos de idade, após passarmos pelo período de baixa, a sensação de felicidade da maioria das pessoas volta a crescer continuamente – e não para de crescer até a morte, como explica a neurocientista Tali Sharot. "Isso foi observado no mundo inteiro", explica ela. "Na Suíça e no Equador, na Romênia e na China." O que diverge é o momento em que o ponto mais baixo é vivenciado. No caso dos alemães, isso acontece em média aos 42,9 anos, os britânicos se sentem infelizes já aos 35,8 anos de idade. Os italianos vivem mais anos de felicidade antes de alcançarem o mínimo de felicidade aos 64,2 anos. Alguns nem chegam a vivenciá-lo.

Os cientistas já reuniram muitos dados sobre a curva em forma de "U" da felicidade. Mas como podemos explicá-la? Talvez isso se deva ao fato de que, entre os 30 e 40 anos de idade, a vida é especialmente cansativa, pois é o período em que tentamos impulsionar nossa carreira e, ao mesmo tempo, temos que cuidar de filhos pequenos? "Não", diz Sharot, "esta não é a razão". Pois a curva em "U" da felicidade ocorre também em pessoas sem filhos. Além disso, independe da formação, da renda e de relacionamentos. "E nós a encontramos até mesmo em hominídeos", acrescenta o pesquisador de primatas Alexander Weiss.

Recentemente, Weiss perguntou aos cuidadores de 508 símios em zoológicos como eles avaliavam o bem-estar de seus protegidos. O resultado foi surpreendente: Se acreditarmos nos cuidadores desses animais, os macacos também passam por uma crise de meia-idade. É, portanto, possível que a depressão no meio da vida não se deva à civilização humana, mas a causas biológicas, fixadas nas estruturas cerebrais desde o nascimento. É possível também que o fenômeno da recuperação após esse ponto baixo se deva simplesmente ao aprendizado social.

3.3 Crises também podem nos tornar resilientes

É provável que Emmy Werner optasse pela segunda opção. Muitas vezes, são as reviravoltas na vida que nos dão a força necessária, diz a psicóloga. Uma dessas viradas na vida pode, segundo a experiência de Werner em Kauai, ser a entrada no mercado de trabalho. A autoimagem dos jovens que haviam enfrentado problemas constantes na escola mudava repentinamente assim que conseguiam um emprego que lhes dava prazer, no qual eles podiam usar suas qualidades e eram reconhecidos. E esse tipo de mudança ocorre também na vida. Às vezes, ela resulta de um evento inicialmente desagradável – por exemplo, quando perdemos nosso emprego, mas no qual vivenciávamos mais dificuldades do que prazer.

Emmy Werner conta também que alguns dos jovens de Kauai tiveram também um "tipo de revelação". Alguns experimentaram isso após um caso de doença grave na família. "Este encontro com a morte os obrigou a contemplar a vida que eles haviam levado até então e a refletir sobre as possibilidades de uma mudança positiva", narra a psicóloga e conclui: "As crises nos tornam resilientes".

A já falecida terapeuta de famílias Rosmarie Welter-Enderlin concordava com isso: "Às vezes, a resiliência emerge apenas nas grandes crises, enquanto as crises menores sempre nos faziam sofrer." Isso vale também para os casais que unem suas forças para salvar o casamento. Welter-Enderlin explica: "Seu potencial de resiliência pode ter sido soterrado pelos conflitos diários e permanecido invisível para terceiros. Na crise, porém, eles conseguem reanimar habilidades das quais eles já haviam se esquecido".

As crises da vida de um ser humano oferecem àquele disposto a aprender com elas um rico buquê de estratégias de superação. "O importante não é dispor de determinados recursos", explica o pedagogo Michael Fingerle. "Quando precisamos superar uma dificuldade, o que importa é como usamos os recursos que temos." E isso é algo que podemos aprender. O que ajuda é, por exemplo, lembrar-nos regularmente das crises do passado – e de como nós as superamos.

O aprendizado social pode ser também a razão pela qual muitos (mesmo que não todos) eventos negativos da vida não nos pareçam mais tão ameaçadores quando ocorrem pela segunda vez. Isso vale, por exemplo, para a separação do cônjuge. "O divórcio é considerado um dos eventos mais estressantes que podemos vivenciar", escrevem os psicólogos Maike Luhmann e Michael Eid. "O segundo divórcio, porém, já é mais fácil do que o primeiro." Aparentemente, as pessoas se acostumam a divórcios repetidos. Isso não é necessariamente um efeito de embotamento. Muito provavelmente, os envolvidos simplesmente aprenderam a sair dessa situação difícil com menos ferimentos. Sabem que, algum dia, voltarão a ser felizes e, talvez, encontrarão um novo parceiro.

3.4 A serenidade dos mais velhos

Quase até o fim da vida, a resiliência continua aumentando. "Pessoas mais velhas conseguem lidar melhor com as dificuldades", confirma também o pesquisador de resiliência George Bonanno. Isso pode surpreender, afinal de contas, a partir da meia-idade, manifestam-se "numerosos processos de decomposição e de perda de funções", como diz a pesquisadora Ursula Staudinger. Por isso, os especialistas acreditaram durante muito tempo que a satisfação, a alegria e a força psíquica não podiam ser muito grandes na velhice. E isso realmente vale para as pessoas muito idosas – provavelmente, porque, em seu caso, o desempenho e a mobilidade diminuem consideravelmente. Mas até poucos anos antes da morte, ocorre o contrário. A resiliência aumenta.

"Com a idade, podemos recorrer a mais experiências", explica o psicólogo Denis Gerstorf. Isso ajuda a superar crises. "Na idade avançada, a pessoa se conhece melhor e sabe como lidar com situações difíceis." Afinal de contas, todos que já passaram alguns anos nesta terra, precisaram enfrentar algumas crises.

No entanto, as experiências não são a única coisa que importa. "Normalmente, a idade nos torna mais sociáveis, mais confiáveis e emocionalmente mais estáveis", afirma Ursula Staudinger. Isso se deve principalmente ao fato de que, ao longo dos anos, as pessoas aumentam automaticamente sua capacidade de adaptação. Isso garante redes sociais estáveis, bons relacionamentos e uma satisfação maior em relação às coisas que elas não podem mudar. Ainda não sabemos exatamente de onde vem essa magnanimidade na idade. Mas existem numerosos experimentos que comprovam sua existência.

A psicóloga de desenvolvimento Ute Kunzmann conseguiu demonstrar por meio de um experimento que as pessoas idosas têm mais compreensão por outros. Ela apresentou aos participantes uma curta sequência de vídeo que mostra a briga de um casal. Os espectadores mais velhos permaneceram bem mais calmos do que os mais jovens. Os primeiros reagiram com mais serenidade e demonstraram também mais empatia pelos brigões.

A natureza tranquila dos idosos altera, provavelmente, também seu modo de lidar com situações difíceis. "Na idade, a resiliência depende cada vez mais de recursos externos", explica Ursula Staudinger. "Os problemas são solucionados com uma frequência menor, mas eles são relativizados e aceitos." Isso gera alívio. Dessa forma, a serenidade dá uma força especial àqueles que já passaram por muito na vida.

4 Como preservar a força

É, portanto, possível adquirir resiliência. Infelizmente, porém, podemos também perdê-la a qualquer momento. Nem mesmo aquelas pessoas que já experimentaram sua força interior em muitas situações, não podem apostar nela. "A resiliência é um fenômeno muito dinâmico, que pode desaparecer e reaparecer", explica o pedagogo Michael Fingerle. Mesmo uma pessoa que atravessou a vida toda com passos firmes pode tropeçar em algum momento. Talvez, porque sua resiliência diminuiu ao longo dos anos por causa de eventos graves, talvez, porque essa situação especial atinge justamente o ponto vulnerável de sua alma.

Sabemos que as qualidades ou habilidades que nos dão força numa situação o fazem também em outra. Nenhum traço do caráter, nenhuma circunstância externa é exclusivamente positiva ou negativa. "Algo que hoje se apresenta como fator de proteção pode ser um fator de risco amanhã", diz o sociólogo Bruno Hildenbrand. Uma forte união familiar, por exemplo, pode proteger as crianças durante a infância. Mas é possível que ela represente um obstáculo mais tarde, quando o jovem precisa conquistar sua independência e iniciar sua vida própria. Outro exemplo é a espiritualidade: "Experiências espirituais podem ser uma grande ajuda na vida", explica o psicólogo Friedrich Lösel. Mas acontece também que algumas pessoas se perdem em seitas. "Tudo isso tem uma face dupla", resume Lösel. Sempre depende do momento e do lugar se fatores individuais protegem ou ameaçam a psique. O medo, por exemplo, não é visto como característica que fortalece. Mas num lar violento, as crianças medrosas não violam as regras com tanta facilidade, ao contrário de seus irmãos mais autoconscientes. Seu medo as protege de uma agressividade excessiva.

"A característica da resiliência não existe", diz o psicólogo Jens Asendorpf. A resiliência é composta de diferentes características de personalidade e de fatores externos e, por isso, se manifesta sempre de maneira diferente. "Precisamos admitir que não somos fortes em todas as situações", concorda Michael Fingerle. Conhecer seus pontos fortes e saber quais situações precisam ser evitadas pode ser uma proteção importante contra um sofrimento psíquico que perdura.

Friedrich Lösel sugere também não exigir demais de suas qualidades. "Quando você precisa se preparar para uma prova importante, não é uma boa ideia mudar para outra cidade ao mesmo tempo." Seu credo é: Exigir, mas não exagerar. "Quando nos concentramos em um ou dois desafios, é mais fácil administrar seus recursos psíquicos, do que quando precisamos enfrentar quatro ou cinco situações difíceis ao mesmo tempo."

O psiquiatra e terapeuta Urs Hepp estuda a influência de circunstâncias externas sobre a força destruidora de crises. Ao longo dos últimos anos, ele entrevistou pessoas que, a despeito de um acidente com graves consequências físicas, não sofreram ferimentos psíquicos. Ele queria saber como as próprias vítimas explicavam esse fato a si mesmas.

Havia, por exemplo, um paciente que acabara de completar 30 anos de vida. Estava embriagado e – sem a intenção de se machucar – caiu sobre os trilhos de uma ferrovia. O homem estava terrivelmente alcoolizado, mas plenamente consciente. Ele viu como o trem se aproximou, mas não conseguiu escapar. Perdeu uma perna. Por que isso não teve efeitos graves sobre sua vida psíquica? Seu chefe o visitou no hospital no primeiro dia após o acidente e lhe prometeu que ele poderia voltar para o seu emprego – independentemente de quanto tempo sua recuperação levasse, contou o homem. Isso lhe deu uma sensação de confiança e segurança, que teve um efeito positivo sobre seu processo de reabilitação.

Uma mãe de três filhos estacionou seu carro numa descida e se esqueceu de puxar o freio de mão. Quando o carro começou a descer pela ladeira, ela tentou pará-lo e acabou se ferindo gravemente. Sua alma, porém, permaneceu ilesa. "A culpa era minha. Eu não tinha como jogar a culpa em outra pessoa", ela explicou. Ela tem certeza de que teria permanecido afastada do trabalho por muito mais tempo se outra pessoa tivesse se esquecido de puxar o freio de mão.

Estas e outras histórias que os pacientes contaram a Urs Hepp ilustram o quanto a superação de uma situação difícil depende também de como as vítimas veem o ocorrido. Hepp cita um estudo da equipe de psiquiatras de Ulrich Schnyder, da Universidade de Zurique, que confirma isso. O tempo de recuperação dos pacientes após um acidente depende, em primeira linha, da avaliação subjetiva da gravidade do acidente – e muitas vezes essa avaliação não corresponde aos fatos reais.

Em vista de todas essas imponderabilidades, os especialistas aconselham que também os fortes continuem a fortalecer suas qualidades. "Preciso tentar modular minha resiliência em cada situação", diz a socióloga Karena Leppert. E Friedrich Lösel também recomenda que nós nos adaptemos flexivelmente às mudanças do nosso ambiente. "Estabeleça metas, mas não permita que elas se transformem em obrigação." Metas são algo maravilhoso. Elas podem fortalecer a autoconsciência e a expectativa de autoeficácia. "Mas não podemos nos submeter a uma pressão e tensão constantes", ele alerta. "Quando não conseguimos alcançar uma meta preestabelecida, precisamos ter a liberdade de redefini-la."

4.1 Permaneça flexível!

"Permanecer flexível" é, também, a dica mais importante da American Psychological Association (APA): "Preservar a resiliência significa preservar a flexibilidade e o equilíbrio também em situações difíceis da vida", escreve a APA. Isso pode ser feito das seguintes maneiras:

1) Permita emoções fortes. Mas perceba também quando isso não é uma boa ideia. Em alguns momentos, é preciso ignorar as emoções para garantir seu funcionamento.

2) Enfrente os problemas de forma ativa e aceite os desafios da vida cotidiana. Mas não se esqueça de pausar de vez em quando para descansar e reabastecer suas energias.

3) Passe muito tempo com as pessoas que você ama. Cada ser humano precisa de apoio e encorajamento. Mas dê esse encorajamento também a si mesmo.

4) Confie nos outros. E confie em si mesmo.

5 "Eu estou tão estressado!" – A contribuição própria para a vulnerabilidade

O estresse pode nos vacinar contra o colapso. Mas ele pode também destruir. Uma vacina eficiente precisa ter a dose certa, isso vale para todos os tipos de vacina. Vale pisar no freio a tempo, alerta a Sociedade Alemã para Psiquiatria e Psicoterapia, Psicossomática e Neurologia. O risco de um *burnout* aumenta imensamente quando "o indivíduo atribui ao seu emprego uma importância exagerada em vista de sua autorrealização". O tempo de trabalho aumenta, família e tempo livre são negligenciados. No fim, a pessoa que se identifica tanto com seu trabalho corre o risco de sofrer uma crise psíquica. "A administração de estresse e o fortalecimento dos recursos interiores se tornam imprescindíveis."

É nesse ponto que Gert Kaluza entra em ação. O psicólogo do Instituto GKM em Marburg estuda há anos o tema da superação do estresse, administra cursos e já escreveu vários livros sobre o tema.

É difícil conseguir falar com o senhor. Aparentemente, seu dia a dia também parece não estar livre de estresse.

Tenho muito trabalho, sim. Afinal de contas, não faltam pacientes.

É verdade que a vida das pessoas está se tornando cada vez mais estressante, como afirmam muitos?

Não tenho tanta certeza. Creio que, durante a Guerra dos Trinta Anos, a vida não era mais agradável do que hoje. Mas quando analisamos as enquetes vemos que as pessoas se sentem muito estressadas hoje em dia. E o número daqueles que afirmam isso também aumentou.

Já que o senhor sabe tanto sobre esse tema, por que o senhor não está deitado numa rede em alguma ilha do Pacífico?

Uma vida na rede não é o objetivo. Minha mensagem não é levar uma vida sem desafios, próxima do nível de energia zero. O que é importante é uma administração das próprias energias que favoreça a saúde. Mas não existe uma receita geral para todos.

Por que não? Afinal de contas, o estresse é um fenômeno biológico.
Correto. Mas os efeitos do estresse variam muito de pessoa em pessoa. Trata-se de uma percepção muito subjetiva. O programa biológico de estresse é acionado numa pessoa sempre que ela se encontra numa situação que perceba como importante. Sempre se trata de ideais e motivos pessoais. Ao mesmo tempo, todas as pessoas lidam de forma muito individual com o estresse. E é necessário que cada um encontre seu método pessoal de conviver com o estresse. Por isso, não existe uma receita generalizada para todos.

Mas por que preciso aprender a lidar com o estresse? Eu preferiria muito mais acabar com ele.
O estresse em si não é algo ruim. Precisamos de fases de estresse para nos aprimorar, para aprender algo novo e para ter sucesso. É assim que funciona o nosso corpo. O nosso programa biológico de estresse é um catalisador importante para sucesso e satisfação. Por isso, recomendo a todos que façam primeiro um inventário.

Que tipo de inventário?
As pessoas devem avaliar o tamanho das fases estressantes e não estressantes de sua vida. O objetivo deve ser encontrar um equilíbrio vivo entre estresse e relaxamento. Fases de pressão, de empenho e desempenho devem se alternar com fases de distanciamento, relaxamento e descanso. Esta é uma vida viva! Até mesmo no atletismo profissional precisamos de fases de regeneração. O técnico da seleção de futebol inclui essas fases em seu planejamento. Antes de um jogo importante, o treino se limita a exercícios de aquecimento. E depois do jogo, os jogadores descansam.

E como posso perceber que minha vida perdeu o equilíbrio? Muitas pessoas que trabalham muito gostam de trabalhar.
No início, sou recompensado com uma vantagem no desempenho. Comparado com o colega que desliga o computador pontualmente às cinco da tarde, eu consigo produzir mais e, talvez,

receba o reconhecimento da firma em decorrência disso. Mas em algum momento minha concentração começa a diminuir, cometo erros bobos. Este é o primeiro sinal de alerta. No início, não precisa ser algo grave. Talvez eu envie um e-mail na hora errada ou me esqueço de responder a uma carta. Muitos tentam então trabalhar ainda mais, se empenhar ainda mais.

Isso é o famoso início da Síndrome do Fósforo Queimado?

Sim, em algum momento, essas pessoas passam a depender de medicamentos para continuar: Estimulantes, por exemplo. As pessoas afetadas acreditam equivocadamente que elas não podem reduzir o estresse no trabalho. Em vez disso, tentam aumentar cada vez mais a sua capacidade. Em algum momento, elas sofrem um colapso e tudo para. A maioria dessas pessoas só busca ajuda após o colapso.

Existe algum tipo de personalidade predestinada ao burnout?

É difícil saber. Alguns traços certamente aumentam o risco. E são justamente aquelas características que a nossa sociedade preza altamente. Empenho, por exemplo, identificação com a profissão, a disposição de se empenhar pelos outros.

E estas são coisas que não queremos mudar.

E não é necessário mudar essas características fundamentais. Mas o tema do ócio é importante. Precisamos reaprender a entrega ao ócio.

Fazer nada – algumas pessoas adoram essa ideia, outras ficam aterrorizadas com essa ideia.

Sim, muitas pessoas têm dificuldades com isso. E talvez não seja o modo correto de descansar para todos. Uma pessoa que passa o dia sentada no escritório na frente do computador e que precisa ler muito talvez não queira passar as férias deitada na praia com uma pilha de livros. Pelo mesmo motivo, uma pessoa que passa o dia inteiro em reuniões e que, no final da semana, se pergunta o que ela fez o tempo todo descansa melhor trabalhando no jardim ou fazendo algum trabalho manual. A melhor forma de recuperar suas energias é fazer algo que você não faz em seu emprego.

E quem se recuperou pode então voltar a se dedicar com todas as energias ao trabalho?

É claro que sim. Quando existe um equilíbrio entre esforço e relaxamento, isso significa também que uma parte da vida pode ser difícil, cansativa ou complicada. Mas essa parte da vida não deveria ser experimentada como pressão excessiva. Ela não deveria destruir a saúde ou a paz da alma.

Estresse não é igual a estresse. Alguns tipos de estresse podem ser agradáveis, outros são terrivelmente desagradáveis. Precisamos integrar também o estresse desagradável em nosso equilíbrio?

A pergunta é se existem fatores estressantes na minha vida que eu posso mudar. Caso existam, posso aprender a impor limites e a dizer não. Isso se chama autoadministração saudável.

E o que devo fazer com as coisas desagradáveis que eu não posso mudar?

Quando existem coisas que não podemos mudar, precisamos tentar mudar nossa postura interior em relação a elas para que elas deixem de nos estressar tanto. Nós chamamos isso de competência de estresse mental. Deveríamos desenvolver uma postura favorável: aceitar a realidade como ela é. É importante reconhecer contra o que vale a pena lutar e onde é melhor pouparmos nossos recursos. Assim, torna-se mais fácil aceitar o inevitável. Muitas pessoas permitem que seu próprio perfeccionismo as domine. Essas pessoas poderiam aprender a reconhecer que é impossível satisfazer a todos.

Às vezes, não é nem o tipo de estresse, mas a mera quantia de tarefas que precisamos executar.

Nesse caso, é preciso definir suas prioridades. Não é possível fazer tudo, muito menos ao mesmo tempo. O que realmente é importante? Cada um precisa responder a essa pergunta para si mesmo, e depois enfrentar as tarefas, uma após a outra. Isso já ajuda muito para estruturar uma semana de trabalho lotada. Às vezes, coisas bem simples já podem ajudar – como reconhecer o que realmente precisa ser feito neste dia e registrar todas as outras tarefas numa lista para os próximos dias e de esquecer essa lista até o dia seguinte. As coisas urgentes, porém, que não podem ser adiadas, devem ser enfrentadas. Caso contrário, o estresse só aumenta por causa de prazos perdidos, interferindo assim no trabalho de outras pessoas. É importante estabelecer limites. E principalmente na nossa sociedade de opções múltiplas precisamos aprender urgentemente a dizer não. Também a nós mesmos: É realmente importante ter a assinatura de celular mais barata? Cinco reais mais ou menos por mês: Eu posso simplesmente decidir que não me preocuparei com mais isso.

5.1 O que é realmente estressante?

Para algumas pessoas, são as coisas do amor que podem lançá-las no abismo mais profundo. Outra pessoa se sente magoada quando os outros questionam seu trabalho. E numa terceira pessoa, o ponto fraco é a saudade. Mas nas culturas ocidentais existem também valores medianos para o nível de estresse de diversos eventos que ocorrem na vida.

Quarenta anos atrás, os psiquiatras norte-americanos Thomas Holmes e Richard Rahe desenvolveram uma lista com 43 eventos que abalam a vida das pessoas. Os dois entrevistaram mais ou menos 5 mil pessoas e perguntaram quais foram as coisas mais significativas que ocorreram nos últimos meses e as relacionaram às doenças dos entrevistados.

A Social Readjustment Rating Scale (conhecida também como Escala de Estresse de Holmes e Rahe) que resultou disso pode ajudar a avaliar a importância de determinados eventos para a sua própria saúde. Holmes e Rahe atribuíram a todos os eventos valores de estresse entre 0 e 100. Outros cientistas já demonstraram que a escala tem validade para diferentes etnias nos Estados Unidos e também para outras culturas – como, por exemplo, para as culturas malaia e japonesa.

É bom saber: A lista inclui tanto eventos que costumam ser percebidos como negativos quanto eventos que são vistos como positivos. Segundo os psiquiatras, um evento é tanto mais estressante quanto maior for o número de áreas na vida que precisam ser adaptadas às novas circunstâncias.

Posição	Evento	Valor de estresse
1	Morte do cônjuge	100
2	Divórcio	73
3	Separação do cônjuge	65
4	Pena de prisão	63
5	Morte de um membro próximo da família	63
6	Ferimento ou doença própria	53
7	Casamento	50
8	Perda do emprego	47
9	Reconciliação com o cônjuge	45
10	Aposentadoria	45
11	Mudança no estado de saúde de um membro da família	44
12	Gravidez	40
13	Dificuldades sexuais	39
14	Nascimento de um filho	39
15	Mudança no emprego	39
16	Mudança na renda	38
17	Morte de um amigo próximo	37
18	Mudança de emprego	36
19	Alteração no número de conflitos com o cônjuge	35
20	Captação de dívidas altas	31

Posição	Evento	Valor de estresse
21	Quitação de um crédito	30
22	Mudanças nas responsabilidades profissionais	29
23	Os filhos deixam a casa paterna	29
24	Conflitos com os sogros	29
25	Grande sucesso pessoal	28
26	Início ou fim da atividade profissional do cônjuge	26
27	Início ou fim de escola	26
28	Mudança nas circunstâncias de vida	25
29	Mudança dos hábitos pessoais	24
30	Conflitos com o chefe	23
31	Mudança no tempo e nas condições de trabalho	20
32	Mudança de residência	20
33	Mudança de escola	20
34	Mudança nas atividades do tempo livre	19
35	Mudança nas atividades na comunidade/na igreja	19
36	Mudança nas atividades sociais	18
37	Dívidas pequenas	17
38	Mudança nos hábitos de sono	16
39	Mudança na frequência de reuniões familiares	15
40	Mudança nos hábitos de alimentação	15
41	Férias	13
42	Natal	13
43	Pequenas violações da lei	11

6 Pequeno treinamento em atenção plena

A água cintila na luz da noite. A água, quente e agradável, escorre por entre os dedos. Uma coroa de espuma dança nas ondas.

Não é uma noite numa ilha do Pacífico que Andrea Voigt está vivenciando. Ela se encontra na cidade de Augsburg e está lavando a louça. Os restos que a máquina não conseguiu lavar precisam ser retirados a mão. Antigamente, ela teria odiado ter que esfregar pessoalmente os pratos e talheres ou as facas que custaram uma fortuna e que não podem ser lavadas a máquina.

Andrea Voigt não diria que lavar louça é uma de suas atividades prediletas. Mas ela respeita essa atividade, ela já não quer mais livrar-se dela o mais rápido possível. Ela se concentra em cada peça, lava-a sem nojo ou resistência e tenta reconhecer naquilo alguma beleza: como o aço frio esquenta sob o jato quente da água, como emerge das espumas uma panela reluzente.

Ulrike Anderssen-Reuster diria que Andrea Voigt mudou seu conceito de lavar a louça. A terapeuta psicossomática ensina às pessoas uma nova visão da vida. Ela lhes ensina atenção plena – a exemplo de um programa de redução de estresse chamado "Mindfulness-Based Stress Reduction", desenvolvido em 1979 pelo médico e biólogo molecular norte-americano Jon Kabat-Zinn.

Trata-se, portanto, de uma redução de estresse, mas também de um aumento de sensualidade. "Pessoas atentas percebem mais, isso aumenta a qualidade de vida e da vivência", afirma a psiquiatra. Seus pacientes aprendem a se concentrar no presente, a observar o ambiente e a si mesmos com a maior precisão possível sem julgar os fenômenos como positivos ou negativos. Assim, o desagradável se torna menos desagradável, pois o treinamento em atenção plena ajuda a avaliar e a julgar menos. Vale aceitar a vida como ela é.

"Atravessamos a vida com muitos conceitos", diz Anderssen-Reuster. Também muitos conceitos negativos: Por que sou sempre eu quem tem de levar o lixo para fora? é um deles. Ou: Acabei de lavar a roupa e ainda preciso estendê-la! Podemos transformar esses conceitos negativos do lixo e da roupa molhada em momentos positivos quando vivenciamos cada instante dessas atividades. Pois, na verdade, levar o lixo para fora não é tão ruim: Basta colocar um pé na frente do outro e não soltar o saco de lixo. "E quando estendemos a roupa, podemos voltar toda nossa atenção para cada peça, sentir os fios do tecido molhado e estendê-la com cuidado. Isso gera certa tranquilidade, que pode ser muito agradável", acrescenta o psicólogo Stefan Schmidt.

Quando Schmidt aconselha seus pacientes a pensar na possibilidade de praticar alguma meditação, muitos reagem assustados. Mas o psicólogo não está pensando em algo exotérico, em algum guru indiano ou em uma droga como LSD, por exemplo – coisas que os Beatles devem ter praticado quando aprenderam a meditar na Índia na década de 1960. Schmidt é diretor de um projeto de pesquisa chamado "Meditação, Atenção Plena e Neurofisiologia" na clínica da Universidade de Freiburg. Sua preocupação é a saúde. E exercícios em concentração e atenção plena podem ser favoráveis a esta. Pesquisas realizadas no mundo inteiro demonstram isso.

Já no início da década de 1970, pesquisadores da Universidade de Harvard descobriram que as técnicas de meditação não só relaxam o corpo e a mente, mas também baixam a pressão e o consumo de oxigênio. Destarte, a meditação poderia nos proteger contra os efeitos nocivos do estresse excessivo, concluiu Jon Kabat-Zinn e começou a desenvolver seu programa de redução de estresse por meio da atenção plena. Os fundamentos desse treinamento, hoje já amplamente reconhecido, podem ser adquiridos em oito semanas.

O livro *Gesundheit durch Meditation* [Saúde por meio da meditação], de Kabat-Zinn, já é lendário. Aparentemente, a técnica ajuda não só as pessoas saudáveis. Entrementes, ela é usada para combater numerosas doenças – distúrbios alimentares, dependência química, dores crônicas e depressões. E também a Sociedade Alemã para Psiquiatria e Psicoterapia, Psicossomática e Neurologia informa que, até hoje, existem apenas poucas estratégias de prevenção avaliadas como eficazes contra o *burnout*. Uma exceção é, porém, o programa de redução de estresse baseado na atenção plena.

Muitas vezes, as pessoas com depressões praticam de forma excessiva o que quase todos os nossos contemporâneos já fazem em medida exagerada: Refletem o tempo todo sobre si mesmas. "Nós nos deslocamos de um lugar para outro e ficamos pensando o tempo todo em nossos problemas", explica Anderssen-Reuster. "Mas romper esse ciclo de pensamentos obsessivos e voltar seu foco para o mundo exterior pode trazer um grande alívio."

No início, os efeitos medicinais da meditação foram constatados em mestres da meditação que já haviam avançado bastante em seu caminho para a iluminação. No entanto, não é preciso tornar-se monge tibetano e vestir-se de vermelho para lucrar com a meditação. E é justamente isso que Stefan Schmidt tenta comunicar aos seus pacientes: Os exercícios de atenção plena não ajudam apenas aos especialistas em meditação. Eles enriquecem a vida de todos – saudáveis ou doentes – que os praticam. Serenidade e um bom humor, por exemplo, também podem ser treinados por meio da atenção plena.

Mas se alguém não quiser meditar – simplesmente por ficar aterrorizado com a ideia de ter que ficar sentado cinco minutos sem fazer nada – pode começar com exercícios de atenção plena no dia a dia. O truque é "inserir-se nas coisas" em vez de achá-las chatas ou importunas ou de querer agarrar-se a elas. Isso pode diminuir as dores e também o sofrimento de preencher os formulários do imposto de renda. Até mesmo nessa atividade é possível encontrar tranquilidade e relaxamento. Basta contemplar os números como algo neutro e respirar de modo consciente. A respiração consciente é um dos exercícios básicos da atenção plena, algo que você pode treinar a qualquer momento. Por exemplo, enquanto você estiver lendo um livro sobre resiliência.

Os efeitos positivos da atenção plena não se limitam às tarefas desagradáveis. Quem estiver a caminho do trabalho e, em vez de se concentrar na pressa, prestar atenção no vento, no canto dos pássaros ou observar as muitas pessoas com seus rostos e estilos de roupa diferentes, já aproveita mais a vida. E em vez de nos irritarmos com o motorista que acaba de ignorar sua preferência, podemos simplesmente observar com interesse como a irritação emerge dentro de nós. E podemos nos perguntar se essa irritação é sensata ou se ela apenas provoca um mal-estar. Talvez o outro nem seja egoísta; talvez não tenha prestado atenção por estar enfrentando dificuldades. Esse tipo de visão torna o dia a dia mais relaxante e deixa a vida mais agradável.

"A atenção plena nos ajuda a lidar melhor com os empecilhos da vida", resume Stefan Schmidt. "E não importa que tipo de empecilhos estejamos enfrentando numa situação específica. Para a atenção plena, um chefe desagradável é um desafio muito semelhante a um câncer." O que importa são as perguntas: Como devo lidar com isso? Prefiro reagir de uma maneira que aumenta ainda mais o meu sofrimento? Como posso enfrentá-lo de modo positivo?

Cada pessoa pode treinar isso a cada momento. Mas sem a ajuda de um profissional ou sem o apoio de um grupo experiente, é mais difícil, acreditam os especialistas. "Técnicas de meditação nos ensinam a manter certo nível de atenção", afirma Schmidt. "Sem elas, é muito fácil voltar à rotina antiga."

Cada pessoa é atenta em muitas situações da vida. O treinamento em atenção plena visa ao desenvolvimento consciente dessa habilidade para aproveitá-la também no dia a dia. Quando viajamos para um país distante, por exemplo, uma vista impressionante pode nos comover profundamente e nós a absorvemos com todos os sentidos. Ou nós nos comovemos quando uma criança se senta em nosso colo e se aconchega em nossos braços. "Podemos alcançar essa mesma qualidade de vivência também com estímulos mais fracos", afirma Anderssen-Reuster.

No entanto, não há nada de errado em ser completamente desatento de vez em quando: Afinal de contas, vale aceitar a vida como ela é.

7 Instruções para o relaxamento

A tecnologia tornou a vida mais fácil. Hoje em dia, é muito mais fácil informar-se sobre a programação no cinema, conseguir um número de telefone ou retirar dinheiro da conta. Informações sobre parceiros comerciais ou produtos importantes podem ser encontradas dentro de instantes na internet. E em vez de escrever uma longa carta com ortografia perfeita, basta enviar um e-mail com poucas orações amigáveis, que nem precisam ser gramaticalmente corretas. Mesmo assim, hoje em dia, as pessoas se queixam mais sobre a carga de trabalho do que antigamente. Evidentemente, não aproveitamos a tecnologia para criar mais espaço e tempo livre. A tecnologia apenas nos ajuda a aumentar nosso desempenho. E hoje em dia gastamos mais tempo no trabalho do que antigamente.

Os funcionários modernos tendem a se explorar a si mesmos. Com a ajuda da internet e dos celulares, o trabalho pode ser feito praticamente em qualquer lugar. Às vezes, isso realmente facilita a vida: Quando não conseguimos terminar o trabalho até o fim do expediente, sabemos: Posso comprar a passagem ou responder a um e-mail também em casa. Essa sensação é boa.

Mas espera aí!

Mesmo que isso nos custe apenas alguns minutos: A ocupação constante com o trabalho também em casa ou durante as férias representa um ataque violento ao descanso tão necessário! Os pesquisadores de estresse afirmam que a sensação de férias só começa a ser percebida após duas semanas.

Talvez seja necessário dizer isso claramente ao usuário de celular, internet, e-mail e *smartphone*: Ócio não é um luxo!

Ócio é uma necessidade, pois o ser humano adoece sem paz e descanso. O ócio é necessário também porque ele é *a* fonte de novas ideias, de abordagens inusitadas a um problema e do nosso potencial criativo. Sem certa distância, é impossível obter uma nova visão de um desafio antigo. Sem ócio, voltamos a trilhar os mesmos caminhos e resolvemos as tarefas sempre da mesma forma.

Até mesmo aquelas pessoas cheias de energia e força, que ainda não se preocupam com sua saúde psíquica porque acreditam dispor de um reservatório inesgotável, deveriam saber: O cérebro precisa de descanso para se livrar dos excessos, para abrir espaço para o novo. O espaço para a criatividade só pode ser criado pela inatividade.

Quem temer pela sua produtividade pode encontrar consolo nas pesquisas: As pessoas que conseguem relaxar de noite trabalham melhor no dia seguinte. Recentemente, a psicóloga Sabine Sonnentag conseguiu demonstrar isso mais uma vez: "Quanto mais os funcionários conseguem desligar seus pensamentos do trabalho, mais descansados e menos irritados eles voltam ao trabalho na manhã seguinte", conta ela. E funcionários que realmente conseguiram se dedicar à família e ao tempo livre durante o fim de semana iniciam a semana nova com mais energia. Eles trabalham com mais empenho e com uma autonomia maior e tomam a iniciativa para novos projetos com maior frequência. "Estudos empíricos mostraram que os funcionários que conseguem se desligar do trabalho durante o fim de semana estão mais satisfeitos com a vida, apresentam um número menor de sintomas de pressão psíquica, e mesmo assim se empenham no trabalho", explica Sonnentag.

Alguns empregadores já reconheceram isso. Os funcionários da empresa Daimler® podem optar por uma função que apaga automaticamente os e-mails que eles recebem durante as férias. Os autores dos e-mails são informados e precisam entrar em contato com outra pessoa – se o assunto for realmente urgente – ou voltar a contatar o destinatário original após o término de suas férias. Na maioria dos casos, o assunto se resolve até lá. Isso significa uma preocupação a menos para o funcionário da Daimler®.

Visto, porém, que muitos funcionários não conseguem ou não querem se desligar do trabalho após o fim do expediente, a direção da Volkswagen® tomou uma medida um tanto radical: Após as 18:15h os e-mails dos funcionários não são encaminhados aos seus *smartphones*. A empresa não quer que eles se preocupem com o trabalho quando estão em casa. Eles devem voltar ao trabalho descansados no dia seguinte. Na era da internet, desligar significa "desligar". No sentido literal da palavra.

Há muito a ciência já demonstrou que o sono como forma mais intensa do ócio é não só imprescindível para a sobrevivência, mas também o fundamento do aprendizado. "Falta de sono adoece, engorda e emburrece", conclui o pesquisador de sono Jürgen Zulley. O sono processa as experiências do dia, ele as reorganiza, arquiva as coisas importantes e descarta as impressões irrelevantes. E continua a aprender. O pesquisador Robert Stickgold, da Universidade de Harvard, demonstrou isso já em 1999 com experimentos espetaculares: Pediu que alunos resolvessem tarefas no computador. Seu desafio era aprender a reconhecer códigos de barras da forma mais eficiente possível. Quando os alunos treinavam, seu desempenho melhorava. Mas seu desempenho melhorava principalmente durante a noite – enquanto dormiam.

No entanto, cada um deveria permitir-se um pouco de ócio também durante o dia – até mesmo no local de trabalho. Os intervalos no trabalho são tão importantes quanto uma boa noite de sono. Ninguém deveria ter uma consciência pesada se ficar olhando para a parede de vez em quando ou contemplar suas unhas sem pensar em algo específico. O cérebro aproveita esses momentos para reorganizar os pensamentos acumulados durante o dia.

Todos nós já tivemos momentos em que, do nada, surgiu uma ideia brilhante ou em que encontramos a solução súbita para um velho problema. Quando? Justamente naqueles momentos em que desistimos de procurar obstinadamente a solução para um problema. As melhores ideias surgem quando paramos de pensar, quando conseguimos desligar e entregar nossos pensamentos a si mesmos. Nesses momentos, uma força aparentemente mágica no nosso cérebro passa a ponderar e reorganizar tudo que sabemos até encontrar a solução. Diferentes pensamentos e lembranças cruzam os caminhos uns dos outros, e assim surgem novas perspectivas, ideias e conclusões. "Ocupe-se primeiro de modo racional e consciente com o problema, mas adie a decisão. Desvie sua atenção, durma uma noite. As conexões pré-conscientes e intuitivas em seu córtex cerebral resolvem o problema para você", sugeriu certa vez o neurólogo Gerhard Roth.

Muitas invenções inovadoras, como, por exemplo, os bilhetes autocolantes, a camada de teflon nas panelas e o velcro surgiram de uma visão completamente nova de fatos conhecidos. O sociólogo norte-americano Robert Merton foi o primeiro a reconhecer nisso um princípio que ele batizou de *serendipity* (serendipismo). "O acaso favorece o espírito preparado." Em outras palavras: Acasos ocorrem com frequência, mas eles só produzem algo novo se alguém os absorver e souber interpretá-los corretamente.

As seguintes linhas em branco lhe dão agora a oportunidade de fazer nada e relaxar:

_____

_____

_____

_____

_____

_____

_____

"Pling!"

Mas como conseguimos pensar em nada durante determinado tempo se, após menos de um minuto, ouvirmos o "Pling!" que anuncia o recebimento de um novo e-mail?

Desligue os alto-falantes do computador. Nós já temos essa compulsão natural de abrir o nosso e-mail e de assim minar nosso desempenho e concentração. Mas o toque sonoro praticamente nos obriga a voltar nossa atenção para ele. Mesmo quando decidimos não interromper nosso trabalho, nossa mente já desviou sua atenção. Os cientistas descobriram que, após a leitura de um e-mail, precisamos de alguns minutos para voltar a nos concentrar naquilo que estávamos fazendo antes. Esse desvio constante da nossa atenção é veneno para a nossa concentração e produtividade.

O que o matemático e filósofo francês Blaise Pascal pensaria a nosso respeito? Já no século XVII ele escreveu em seus "Pensamentos sobre a religião": "Toda a infelicidade do ser humano provém do fato de ele não conseguir ficar quieto numa sala". Entrementes, trazemos o mundo inteiro para dentro dessa sala.

Nosso dia a dia é totalmente segmentado pelos e-mails e telefonemas constantes. Se conseguirmos trabalhar uma ou duas horas sem interrupção, consideramos isso um luxo. É um luxo ao qual deveríamos nos dar. Feche o programa de e-mails. Não basta consultar seus e-mails três ou quatro vezes por dia? Antigamente teríamos ficado irritados se o carteiro tivesse passado várias vezes por dia para tocar a campainha e entregar cada carta individualmente.

No início, é extremamente difícil trabalhar offline. Nós já nos acostumamos tanto com a chegada constante de e-mails, com a curiosidade de querer saber o que alguém nos enviou. Ver rapidinho o que acabamos de receber – a tentação é grande. Quase sempre há algo interessante. Isso satisfaz o desejo inerente a cada ser humano de receber notícias e mensagens e de manter contato. Um e-mail significa, na maioria de vezes, que alguém pensou em você, e isso lhe passa a impressão de que você é importante de alguma forma. E, afinal de contas, é uma sensação boa poder resolver algo imediatamente, não perder nada e estar sempre ativo.

Mesmo que a sensação inicial seja estranha, que isso o incomode ou lhe pareça errado: Se você se acostumar a deixar seu celular em casa quando for fazer um passeio e a fechar o programa de e-mails durante o trabalho, seu lucro é grande.

Visto que muitas pessoas têm dificuldades de fazer isso, vários produtores de software já desenvolveram programas que nos ajudam nisso. O Programa MacFreedom, por exemplo, corta o acesso à internet durante determinado tempo. Se você quisesse acessar a internet antes do momento preestabelecido, você precisaria primeiro reiniciar o computador. Esse tipo de programa pode ser muito útil se você quiser se lembrar de como é maravilhoso trabalhar sem interrupções.

Inúmeros aventureiros já relataram suas experiências com esse tipo de "desligamentos". Todos sofreram no início. Mas logo as coisas melhoraram. Pois aprenderam de repente a perceber coisas interessantes que, até então, passaram despercebidas: a própria respiração, por exemplo. A sensação de sermos mais do que apenas uma cabeça e de que a vida é bela.

Apêndice

1

Agradecimentos

Agradeço ao meu agente literário Michael Gaeb, que me deu a ideia de escrever não só um artigo, mas um livro inteiro sobre o tema da resiliência – um tema maravilhoso que não me deixou entediada em momento algum (e espero que os meus leitores digam o mesmo).

Agradeço também à minha revisora Katharina Fester, do Deutscher Taschenbuch Verlag, que conseguiu sempre manter em vista o todo do livro, mesmo quando eu perdia a orientação. Sua experiência e sua competência foram uma grande ajuda.

Sem os numerosos interlocutores que me apoiaram com seus conhecimentos, este projeto teria sido muito mais trabalhoso. Agradeço a todos por terem compartilhado comigo os seus resultados e conhecimentos em longas conversas, de modo que eu pude repassá-los para os leitores.

Quero agradecer também ao meu colega Christian Weber por seus conselhos e as muitas conversas em que ele compartilhou comigo o seu conhecimento, e assim me poupou de muitas pesquisas exaustivas.

Agradeço sobretudo à minha mãe Irmgard Berndt, que suspendeu suas próprias atividades e atravessou a Alemanha inteira para cuidar de seus netos enquanto eu escrevia este livro.

Devo, porém, o maior agradecimento ao meu marido Peter Keulemans, que me garantiu o espaço e me fortaleceu durante um período desafiador em que eu investiguei o comércio de órgãos em clínicas universitárias da Alemanha. Eu só tive o tempo, a energia e a força de resistência (psíquica) para escrever este livro porque ele se dedicou ainda mais às nossas duas filhas.

2
Índice dos cientistas mencionados

AHNERT, Lieselotte, Prof.-Dr. Institut für Entwicklungspsychologie und Psychologische Diagnostik, Fakultät für Psychologie. Viena: Universität Wien.

ALS, Heidelise, Ph.D. Department of Psychiatry, Neurobehavioral Infant and Child Studies. Boston, Mas.: Children's Hospital.

ALVARO, Celeste, Ph.D. Department of Psychology. Burnaby: Simon Fraser University.

ANDERSSEN-REUSTER, Ulrike, Dr. Zentrum für Psychische Gesundheit Weisser Hirsch, Klinik für Psychosomatik und Psychotherapie. Dresden/Neustadt: Städtisches Krankenhaus.

ANGLEITNER, Alois, Prof.-Dr. em. Fakultät für Psychologie und Sportwissenschaft, Abteilung für Psychologie. Bielefeld: Universität Bielefeld.

ANTONOVSKY, Aaron, Ph.D. Sociólogo medicinal. Ben-Gurion-University. Falecido em 1994.

ASENDORPF, Jens, Prof.-Dr. Institut für Psychologie, Persönlichkeitspsychologie. Berlim: Humboldt-Universität.

BAKERMANS-KRANENBURG, Marian, Prof.-Dr. Faculteit der Sociale Wetenschappen, Instituut Pedagogische Wetenschappen, Algemene en Gezinspedagogiek. Universiteit Leiden.

BAMBERGER, Christoph, Prof.-Dr. Medizinisches Präventions--Centrum Hamburg. Hamburgo: Universitäts-Klinikum Hamburg--Eppendorf.

BENDER, Doris, Dr. Institut für Psychologie, Lehrstuhl für Psychologische Diagnostik. Erlangen: Universität Erlangen-Nürnberg.

222

BINDER, Elisabeth, Dr. Arbeitsgruppe Molekulare Genetik der Depression. Munique: Max-Planck-Institut für Psychiatrie.

BOEHM, Julia. Department of Social and Behavioral Sciences, Harvard School of Public Health. Cambridge, Mas.: Harvard University.

BONANNO, George, Ph.D. Department of Psychology and Education, Clinical Psychology. Nova York: Columbia University.

BORST, Ulrike, Dr. Ausbildungsinstitut für systematische Therapie und Beratung em Meilen (cantão de Zurique).

BOWLER, Rosemarie, Ph.D. Psychology Department. São Francisco, Cal.: San Francisco State University.

BOYCE, Thomas, M.D. Child and Family Research Institute, Interdisciplinary Studies and Pediatrics. Vancouver: University of British Columbia.

BRAUN, Anna Katharina, Prof.-Dr. Institut für Biologie, Abteilung Zoologie/Entwicklungsneurobiologie. Magdeburgo: Universität Magdeburg.

BRENNAN, Patricia, Ph.D. Department of Psychology, Clinical Psychology. Atlanta, Geor.: Emory University.

BULLINGER, Monika, Prof.-Dr. Institut für Medizinische Psychologie. Hamburgo: Universitätsklinikum Hamburg-Eppendorf.

CALHOUN, Lawrence, Ph.D. Department of Psychology. Charlote, Car. do N.: University of North Carolina.

CANLI, Turhan, Ph.D. Psychology Department, Biopsychology. Stony Brook, NY: Stony Brook University.

CASPI, Avshalom, Ph.D. Institute for Genome Sciences and Policy, Department of Psychology and Neuroscience Psychiatry & Behavioral Sciences. Durham, Car. do N.: Duke University.

CHALLEN, Amy. Coordinator and Lead Researcher of Resilience Programme, Center for Economic Performance. Londres: London School of Economics and Political Sciences.

COSTA, Paul, Ph.D. Scientist Emeritus, Laboratory of Behavioral Neuroscience, National Institute on Aging. Bethesda, Mar.: National Institutes of Health.

CRAIG, Jeffrey, Dr. Population Health, Genes & Environment, Early Life Epigenetics. Vitória: Royal Children's Hospital.

DANIEL, Brigid, Ph.D. Department of Applied Social Science, Social Work Subject Group. Sterling: University of Sterling.

DAVIDSON, Richard, Ph.D. Laboratory for Affective Neuroscience. Madison, Wisc.: University of Wisconsin-Madison.

DelVECCHIO, Wendy, Ph.D. Department of Psychology. Tulsa, Ok.: University of Tulsa.

DIAMOND, Jared, Ph.D. Department of Geography. Los Angeles, Cal.: University of California.

DRAGANSKI, Bogdan, Dr. Abteilung Neurologie. Leipzig: Max--Planck-Institut für Kognitions- und Neurowissenschaften.

EID, Michael, Prof.-Dr. Fachbereich Erziehungswissenschaft und Psychologie, Arbeitsbereich Methoden und Evaluation. Berlim: Freie Universität Berlin.

EIDELSON, Roy, Ph.D. Psicólogo, Eidelson Consulting. Boston, Mass.

ESTELLER, Manel, Dr. Cancer Epigenetics and Biology Program. Barcelona: Universitat de Barcelona.

FINGERLE, Michael, Prof.-Dr. Fachbereich Erziehungswissenschaften, Institut für Sonderpädagogik. Frankfurt am Main: Goethe-Universität.

FOX, Nathan, Ph.D. Department of Human Development, Child Development Lab. College, Mar.: University of Maryland.

FRANKL, Viktor, Prof.-Dr. Klinik für Neurologie und Psychiatrie. Viena: Universität Wien. Falecido em 1997.

FREDRICKSON, Barbara, Ph.D. Positive Emotions and Psychophysiology Lab. Chapel Hill, Car. do N.: University of North Carolina.

FREUDENBERGER, Herber, psicanalista. New York University e National Psychological Association for Psychoanalysis. Falecido em 1999.

GARMEZY, Norman, Ph.D. Emeritus of Psychology. Mineápolis, Min.: University of Minnesota. Falecido em 2009.

GARSSEN, Bert, Dr. Utrecht: Helen Dowling Institut.

GERSTORF, Denis, Prof.-Dr. Institut für Psychologie, Entwicklungs- und Pädagogische Psychologie. Berlim: Humboldt-Universität.

GILLHAM, Jane, Ph.D. Penn Resiliency Project, Department of Psychology, Positive Psychology Center. Filadélfia, Pens.: University of Pennsylvania.

GÖPPEL, Rolf, Prof.-Dr. Institut für Erziehungswissenschaft, Pädagogische Hochschule Heidelberg.

GREVE, Werner, Prof.-Dr. Institut für Psychologie. Universität Hildesheim.

GROB, Alexander, Prof.-Dr. Fakultät für Psychologie, Lehrstuhl für Entwicklungs- und Persönlichkeitspsychologie. Basileia: Universität Basel.

HARLOW, Harry, Ph.D. Department of Psychology. Madison, Wisc.: University of Wisconsin-Madison. Falecido em 1981.

HECKMAN, James, Ph.D. Department of Economics. Chicago, Ill.: University of Chicago.

HEGERL, Ulrich, Prof.-Dr. Klink und Poliklinik für Psychiatrie und Psychotherapie. Leipzig: Universität Leipzig. Diretor da Aliança Alemã contra a Depressão.

HEIM, Christine, Ph.D. Department of Psychiatry and Behavioral Sciences. Atlanta, Geor.: Emory University School of Medicine.

HEISENBERG, Martin, Prof.-Dr. Lehrstuhl Genetik und Neurobiologie. Würzburg: Universität Würzburg Biozentrum.

HEPP, Urs, Dr. Ausbildungsinstitut für systemische Theorie und Beratung in Meilen, Medizinische Fakultät. Zurique: Universität Zürich.

HILDENBRAND, Bruno, Prof.-Dr. Institut für Soziologie, Arbeitsbereich Sozialisationstheorie und Mikrosoziologie. Universität Jena.

HIROTO, Donald, Ph.D. Psicólogo. Santa Mônica, Cal.

HOLLAND, Jimmie, M.D. Psychiatric Oncology. Nova York: Memorial Sloan-Kettering Cancer Center.

HOLMES, Thomas, M.D. Seattle, Was.: University of Washington School of Medicine.

HOLSBOER, Florian, Prof.-Dr. Munique: Max-Planck-Institut für Psychiatrie.

HOLTMANN, Martin, Prof.-Dr. Klinik für Kinder- und Jugendpsychiatrie. Hamm: Psychotherapie und Psychosomatik im LWL--Psychatrieverbund Westfalen.

HOSSER, Daniela, Prof.-Dr. Institut für Psychologie, Lehrstuhl für Entwicklungs-, Persönlichkeits- und Forensische Psychologie. Braunschweig: Technische Universität Braunschweig.

ITTEL, Angela, Prof.-Dr. Pädagogische Psychologie, Institut für Erziehungswissenschaft. Berlim: Technische Universität Berlin.

JACOBI, Frank, Prof.-Dr. Klinische Psychologie (Verhaltenstherapei). Berlim: Psychologische Hochschule.

JAENISCH, Rudolf, Ph.D. Cambridge, Mas.: Massachusetts Institute of Technology e Whitehead Institute for Biomedical Research.

JAURSCH, Stefanie, Prof.-Dr. Institut für Psychologie. Erlangen: Universität Erlangen-Nürnberg.

KABAT-ZINN, Jon, Ph.D. Stress Reduction Clinic and Center for Mindfulness in Medicine, Health Care, and Society. Worcester, Mas.: University of Massachusetts Medical School.

KALUZA, Gert, Prof.-Dr. Marburg: GKM-Institut für Gesundheitspsychologie.

KAPPAUF, Herbert, Dr. Especialista em medicina psicossomática e psicoterapia. Starnberg: MediCenter

KENDLER, Kenneth, M.D. Virginia Institute for Psychiatric and Behavioral Genetics. Richmond, Virg.: Virginia Commenwealth University.

KILPATRICK, Dean, Ph.D. Department of Psychiatry and Behavioral Sciences. Charleston, Car. do S.: Medical University of South Carolina.

KIM-COHEN, Julia, Ph.D. Department of Psychology. New Haven, Con.: Yale University.

KIRSCHBAUM, Clemens, Prof.-Dr. Lehrstuhl für Biopsychologie. Dresden: Technische Universität Dresden.

KLENGEL, Thorsten, Dr. Arbeitsgruppe Molekulare Genetik der Depression. Munique: Max-Planck-Institut für Psychiatrie.

KOENEN, Karestan, Ph.D. School of Public Health. Cambridge, Mas: Harvard University.

KORMANN, Georg, Dr. Psicoterapeuta infantil em Mosbach e docente de psicologia na Pädagogische Hochschule em Schwäbisch Gmünd.

KUNZMANN, Ute, Prof.-Dr. Institut für Psychologie, Lehrstuhl für Entwicklungspsychologie. Leipzig: Universität Leipzig.

LAMB, Michael, Ph.D. Professor of Psychology. Cambridge: University of Cambridge.

LANDGRAF, Rainer, Prof.-Dr. Arbeitsgruppe Verhaltensneuroendokrinologie. Munique: Max-Planck-Institut für Psychiatrie.

LAUCH, Manfred, Prof. (apl.) Dr. Abteilung Psychiatrie und Psychotherapie, Arbeitsgruppe Stressbezogene Erkrankungen. Mannheim: Zentralinstitut für Seelische Gesundheit.

LEPPERT, Karena, Dr. Institut für Psychosoziale Medizin und Psychotherapie. Jena: Universitätsklinikum.

LESCH, Klaus-Peter, Prof.-Dr. Klinik und Poliklinik für Psychiatrie, Psychosomatik und Psychotherapie. Würzburg: Universitätsklinikum.

LESTER, Paul, Ph.D. Department of Behavioral Sciences and Leadership. West Point, NY: United States Military Academy.

LÖSEL, Friedrich, Prof.-Dr. Institut für Psychologie, Universität Erlangen-Nürnberg. Cambridge: Institute of Criminology, University of Cambridge.

LUCAS-THOMPSON, Rachel, Ph.D. Assistant Professor of Human Development and Family Studies. Fort Collins, Col.: Colorado State University.

LUHMANN, Maike, Dr. Fachbereich Erziehungswissenschaft und Psychologie, Arbeitsbereich Methoden und Evaluation. Berlim: Freie Universität.

LYONS, David, M.D. Department of Psychiatry & Behavioral Science. Stanford, Cal.: Stanford School of Medicine.

MAERCKER, Andreas, Prof.-Dr. Psychologisches Institut, Psychopathologie und Klinische Intervention. Zurique: Universität Zürich.

MAIER, Steven, Ph.D. Department of Psychology and Neuroscience. Boulder, Col.: University of Colorado.

MAIER, Wolfgang, Prof.-Dr. Klinik und Poliklinik für Psychiatrie und Psychotherapie, Universitätsklinikum Bonn, presidente da Deutsche Gesellschaft für Psychiatrie und Psychotherapie, Psychosomatik und Nervenheilkunde.

MAY, Arne, Prof.-Dr. Institut für Systemische Neurowissenschaften. Hamburgo: Universitätsklinikum Hamburg-Eppendorf.

MAYR, Toni, psicólogo. Munique: Staatsinstitut für Frühpädagogik.

McCRAE, Robert, Ph.D. Senior Investigator, Personality, Stress and Coping Section, Laboratory of Personality and Cognition, National Institute on Aging. Bethesda, Marl.: National Institutes of Health.

McFARLAND, Cathy, Ph.D. Department of Psychology. Burnaby, Col.: Simon Fraser University.

MEANEY, Michael, Ph.D. Departments of Psychiatry and Neurology & Neurosurgery. Montreal: McGill University.

MERTON, Robert, Ph.D. Ex-docente de sociologia. Nova York: Columbia University. Falecido em 2003.

MEYER-LINDENBERG, Andreas, Prof.-Dr. Mannheim: Zentralinstitut für Seelische Gesundheit.

MITTE, Kristin, Dr. Fakultät für Sozial- und Verhaltenswissenschaften, Institut für Psychologie. Jena: Universität Jena.

MOFFITT, Terrie, Ph.D. Institute for Genome Sciences and Policy, Department of Psychology and Neuroscience Psychiatry & Behavioral Sciences. Durham, Car. do N.: Duke University, Durham (Car. do N.). • Dunedin Multidisciplinary Health and Development Research Unit. Dunedin: Dunedin School of Medicine.

MORTIMER, Jeylan, Ph.D. Department of Sociology. Mineápolis, Min.: University of Minnesota.

MUND, Marcus, Fakultät für Sozial- und Verhaltenswissenschaften, Institut für Psychologie. Jena: Universität Jena.

NELSON, Charles, Ph.D. Division of Developmental Medicine, Laboratories of Cognitive Neuroscience. Boston, Mas.: Boston Children's Hospital.

NESTLER, Eric, M.D., Ph.D. Department of Psychiatry, Neuroscience. Nova York: Mount Sinai Medical Center.

OBRADOVIC, Jelena. Stanford, Cal.: School of Education, Stanford University.

OLSHANSKY, Stuart Jay, Ph.D. Institute of Epidemology, School of Public Health. Chicago, Ill.: University of Illinois at Chicago.

OSTENDORF, Fritz, Dr. Fakultät für Psychologie und Sportwissenschaft, Abteilung für Psychologie. Bielefeld: Universität Bielefeld.

PAUEN, Sabina, Prof.-Dr. Psychologisches Institut, Abteilung für Entwicklungspsychologie und Biologische Psychologie. Heidelberg: Universität Heidelberg.

PETERMANN, Franz, Prof.-Dr. Zentrum für Klinische Psychologie und Rehabilitation. Bremen: Universität Bremen.

PIEPER, Georg, Dr. Praxis für Trauma- und Stressbewältigung. Friebertshausen, Marburgo.

PITMAN, Roger, M.D. Department of Psychiatry. Boston, Mas.: Massachusetts General Hospital.

POLLAK, Seth, Ph.D. Department of Psychology, Child Emotion Lab. Madison, Wisc.: University of Wisconsin-Madison.

PRICE, Cathy, Ph.D. Institute of Cognitive Neuroscience. Londres: University College.

RAHE, Richard, M.D. US Navy. Seattle, Was.: University of Washington, School of Medicine.

RAINE, Adrian. Departments of Criminology, Psychiatry, and Psychology. Filadélfia, Pens.: University of Pennsylvania.

REHAN, Virender, M.D. Professor of Pediatrics, Division of Neonatology. Torrance, Cal.: Harbor-Ucla Medical Center.

REIVICH, Karen, Ph.D. Penn Resiliency Project, Department of Psychology, Positive Psychology Center. Filadélfia, Pens.: University of Pennsylvania.

RICHTER, Horst-Eberhard, Prof.-Dr. Ex-docente de psicossomática, Universität Giessen. Frankfurt a. Main: Sigmund-Freud-Institut. Falecido em 2011.

ROBERTS, Brent, Ph.D. Department of Psychology, Division Social-Personality. Urbana-Champaign, Ill.: University of Illinois.

ROBINSON, Gene, Ph.D. Department of Entomology and Institute for Genomic Biology. Urbana-Champaign, Ill.: University of Illinois.

ROSEBOOM, Tessa, Ph.D. Dutch Famine Birth Cohort Study, Academisch Medisch Centrum. Amsterdã: Universiteit van Amsterdam.

ROTH, Gerhard, Prof.-Dr. Institut für Hirnforschung, Abteilung Verhaltensphysiologie und Entwicklungsneurobiologie. Bremen: Universität.

RUCH, Willibald, Prof.-Dr. Psychologisches Institut, Fachgruppe Persönlichkeitspsychologie und Diagnostik. Zurique: Universität Zürich.

SAFFERY, Richard, Dr. Department of Cell Biology, Development and Disease, Institute of Cancer & Disease Epigenetics. Victoria: Royal Children's Hospital.

SCHARZER, Ralf, Prof.-Dr. Fachbereich Erziehungswissenschaft und Psychologie, Arbeitsbereich Gesundheitspsychologie. Berlim: Freie Universität.

SCHEITHAUER, Herbert, Prof.-Dr. Fachbereich Erziehungswissenschaft und Psychologie, Arbeitsbereich Entwicklungswissenschaft und Angewandte Entwicklungspsychologie. Berlim: Freie Universität.

SCHERL, Hermann, Prof.-Dr. em. Ex-professor de Política Social. Erlangen: Universität Erlangen-Nürnberg.

SCHMIDT, Stefan, Prof.-Dr. Institut für Umweltmedizin und Krankenhaushygiene, Komplementärmedizinische Evaluationsforschung. Friburgo: Universitätsklinikum.

SCHNYDER, Ulrich, Prof.-Dr. Prof. ordinário de Psiquiatria Policlínica e Psicoterapia, Medizinische Fakultät. Zurique: Universität Zürich.

SCHUMANN, Monika. Prof.-Dr. Fachbereich Heilpädagogik. Berlim: Katholische Hochschule für Sozialwesen.

SEERY, Mark, Ph.D. Department of Psychology. Buffalo, NY: University at Buffalo.

SELIGMAN, Martin, Ph.D. Department of Psychology. Filadélfia, Pens.: University of Pennsylvania.

SELYE, Hans, Ph.D., M.D.D. Sc. Montreal, Can.: McGill University. Falecido em 1982.

SHAROT, Tali, Ph.D. Division of Psychology and Language Sciences, Faculty of Brain Sciences. Londres: University College.

SOLDZ, Stephen, Ph.D. Boston, Mas.: Boston Graduate School of Psychoanalysis.

SONNENTAG, Sabine, Prof.-Dr. Fachbereich Psychologie, Lehrstuhl für Arbeits- und Organisationspsychologie. Universität Mannheim.

STAFF, Jeremy, Ph.D. Department of Crime, Law, and Justice and Sociology, Penn State University. Filadélfia, Pens.: University Park.

STANGL, Werner, Prof.-Dr. Abteilung für Pädagogik und Pädagogische Psychologie. Linz: Johannes-Kepler-Universität Linz.

STAUDINGER, Ursula, Prof.-Dr. Jacobs Center on Lifelong Learning and Institutional Development. Bremen: Jacobs University.

STICKGOLD, Robert, Ph.D. Division of Sleep Medicine, Center for Sleep and Cognition. Cambridge, Mas.: Harvard Medical School.

SZYF, Moshe, Ph.D. Pharmacology and Therapeutics. Montreal: McGill University.

TEDESCHI, Richard, Ph.D. Department of Psychology, Health Psychology. Charlotte, Car. do N.: University of North Carolina.

THORN, Petra, Dr. Praxis für Paar- und Familientherapie. Mörfelden.

TORDAY, John, Ph.D. Professor for Pediatrics and Obstetrics/Gynecology, Division of Neonatology. Torrance, Cal.: Harbor-Ucla Medical Center.

TSCHARNEZKI, Olaf, Dr. Werksärztlicher Dienst. Hamburgo: Unilever Deutschland.

TURECKI, Gustavo, M.D., Ph.D. McGill Group for Suicide Studies (MGSS). Montreal: McGill University.

UDDIN, Monica, Ph.D. Assistant Professor in the Center for Molecular Medicine and Genomics. Detroit, Mich.: Wayne State University School of Medicine.

ULICH, Michaela, Dr. Munique: Staatsinstitut für Frühpädagogik.

VAN RYZIN, Mark, Ph.D. Child and Family Center. Eugene, Or.: University of Oregon.

WALSH, Froma, Ph.D. Chicago Center for Family Health e Department of Psychiatry. Chicago, Il.: University of Chicago.

WEISS, Alexander, Dr. Scottish Primate Research Group, Department of Psychology, School of Philosophy, Psychology and Language Sciences. Edimburgo: The University of Edinburgh.

WELTER-ENDERLIN, Rosmarie. Ex-diretora no Ausbildungsinstitut für systemische Thearpie und Beratung em Meilen (cantão de Zurique) e docente na Universität Zürich. Falecida em 2010.

WERNER, Emmy, Ph.D. Department of Human and Community Development. Davis, Cal.: University of California.

WITTCHEN, Hans-Ulrich, Prof.-Dr. Institut für Klinische Psychologie und Psychotherapie. Dresden: Technische Universität.

WUSTMANN Seiler, Corina. Projekt Bildungs- und Resilienzförderung im Frühbereich. Zurique: Marie-Meierhofer-Institut für das Kind.

YEHUDA, Rachel, Ph.D. Department of Psychiatry and Neuroscience, Traumatic Stress Studies Division. Nova York: Mount Sinai School of Medicine.

ZEANAH, Charles, Ph.D. Psychiatry and Behavioral Sciences, Institute of Infant and Early Childhood Mental Health. Nova Orleans, Lous.: Tulane University.

ZIERATH, Juleen, Prof.-Dr. Clinical Integrative Physiology. Estocolmo: Karolinska-Institut.

ZÖLLNER, Tanja, Dr. Schön-Kliniken Roseneck. Prien: Zentrum für Psychosomatische Medizin.

ZULLEY, Jürgen, Prof.-Dr. em.. Ex-diretor do Schlafmedizinisches Zentrum am Universitätsklinikum Regensburg.

3
Índice bibliográfico*

I – Procura-se um ser humano forte

1 O estresse diário

BERNDT, C. (2010). Von allem zuviel. *Wohlfühlen*, 15/12.

LEDERBOGEN, F.; KIRSCH, P.; HADDAD, L.; STREIT, F.; TOST, H.; SCHUCH, P.; WÜST, S.; PRUESSNER, J.C.; RIETSCHEL, M.; DEUSCHLE, M. & MEYER-LINDENBERG, A. (2011). City living and urban upbringing affect neural social stress processing in humans. *Nature*, vol. 474, p. 498.

LUHMANN, M. & EID, M. (2009). Does it really feel the same? – Changes in life satisfaction following repeated life events. *Journal of Personality ans Social Psychology*, vol. 97, p. 363.

SELYE, H. (1936). A syndrome produced by diverse nocuous agents. *Nature*, vol. 138, p. 32.

2 Quando a alma não dispõe dos recursos

BOEHM, J.K.; PETERSON, C.; KIVIMAKI, M. & KUZANSKY, L.D. (2011). Heart health when life is satisfying: Evidence from the Whitehall II cohort study. *European Heart Journal*, vol. 32, p. 2.672.

Deutsche Gesellschaft für Psychiatrie und Psychotherapie, Psychosomatik und Nervenheilkunde (2012). *Positionspapier zum Thema Burn-out*, 07/03.

---

* As informações bibliográficas seguem a ordem em que as obras são mencionadas no livro.

FREUDENBERGER, H. (1974). Staff burn-out. *Journal of Social Issues*, vol. 30, p. 159.

LIESEMER, D. (2011). Ausgebrannt am Arbeitsplatz. *GEO Wissen*, 01/12.

LOHMANN-HAISLAH, A. (2012). Stressreport Deutschland – Psychische Anforderungen, Ressourcen und Befinden. *Bundesanstalt für Arbeitsschutz und Arbeitsmedizin*. Dortmund.

OLSHANSKY, S.J. (2011). Aging of US presidents. *Journal of the American Medical Association*, vol. 306, p. 2.328.

PAN, A.; SUN, Q.; OKEREKE, O.I.; REXRODE, K.M. & HU, F.B. (2011). Depression and risk of stroke morbidity and mortality: A meta-analysis and systematic review. *Journal of the American Medical Association*, vol. 306, p. 1.241.

TOWFIGHI, A.; VALLE, N.; MARKOVIC, D. & OVBIAGELE, B. (2013). Depression is associated with higher risk of death among stroke survivors. *American Academy of Neurology 2013* – Annual Meeting, Abstract 3.498.

WEBER, C. (2011). Epidemie des 21. Jahrhunderts? – Die Zahl der psychischen Störungen nimmt nicht dramatisch zu, aber ihre absolute Häufigkeit wird unterschätzt. *Süddeutsche Zeitung*, 12/03.

WITTCHEN, H.U.; JACOBI, F.; REHM, J.; GUSTAVSSON, A.; SVENSSON, M.; JÖNSSON, B.; OLESEN, J.; ALLGULANDER, C.; ALONSO, J.; FARAVELLI, C.; FRATIGLIONI, L.; JENNUM, P.; LIEB, R.; MAERCKER, A.; VAN OS, J.; PREISIG, M.; SALVADOR-CARULLA, L.; SIMON, R. & STEINHAUSEN, H.C. (2011). The size and burden of mental disorders and other disorders of the brain in Europe 2010. *European Neuropsychopharmacology*, vol. 21, p. 655.

3 Autoteste: Qual é o nível de meu estresse?

STANGL, W. [Disponível em http://arbeitsblaetter.stangl-taller.at/].

4 *As pessoas e suas crises*

4.1 A mãe órfã

HÖNSCHEID, U. (2005). *Drei Kinder und ein Engel* – Ein tödlicher Behandlungsfehler und der Kampf einer Mutter um die Wahrheit. Munique: Pendo-Verlag.

4.2 O autoexplorador

WITTE, H. (2011). Hart am Wind – Thorsten Rarreck, 47, Mannschaftsarzt des Fussball-Bundesligisten Schalke 04, über den Rücktritt des am Burn-out-Syndrom erkrankten Trainers Ralf Rangnick. *Der Spiegel*, 26/09.

[4.3 O banido]

4.4 A mulher que perdeu sua identidade

BERNDT, C. (2007). Auf der Suche nach dem Ich – Immer mehr Kinder anonymer Samenspender drängen darauf, die Namen ihrer biologischen Väter zu erfahren. *Süddeutsche Zeitung*, 17/12.

4.5 Os homens que escaparam do assassino

PRACON, A. (2012). *Hjertet mot steinen* – En overlevendes beretning fra Utoya. Oslo: Verlag Cappelen Damm.

4.6 O paciente com deficiência grave

BRUNO, M.A.; BERNHEIM, J.L.; LEDOUX, D.; PELLAS, F.; DEMERTZI, A. & LAUREYS, S. (2011). A survey on self-assessed well-being in a cohort of chronic locked-in syndrome patients: Happy majority, miserable minority. *British Medical Journal Open*, vol. 1.

LUCAS, R.E. (2007). Long-term disability is associated with lasting changes in subjective well-being: Evidence from two nationally representative longitudinal studies. *Journal of Personality and Social Psychology*, vol. 92, p. 717.

4.7 A refém

AMEND, C. (2006). "Wir können von Natascha nur lernen": Der Psychoanalytiker Horst-Eberhard Richter kritisiert den Voyeurismus seiner Kollegen im Fall Kampusch und erzählt von seinen eigenen Erfahrungen in Isolationshaft. *Die Zeit*, 21/09.

BRÜNING, A. (2006). "Der starke Wille dieser jungen Frau ist bemerkenswert": Die Psychologin Daniela Hosser über Natascha Kampusch. *Berliner Zeitung*, 08/09.

KAMPUSCH, N. (2012). *3.096 Tage*. Ullstein Taschenbuch.

II – O que caracteriza as pessoas resistentes no dia a dia?

1 A força de resistência se apoia em várias colunas

BENDER, D. & LÖSEL, F. (1997). Protective and risk effects of peer relations and social support on antisocial behaviour in adolescents from multiproblem milieus. *Journal of Adolescence*, vol. 20, p. 661.

BERNDT, C. (2010). Das Geheimnis einer robusten Seele: Wer früh erfahren hat, dass er anderen etwas bedeutet, findet auch nach Schicksalsschlägen neuen Mut. *Süddeutsche Zeitung*, 30/10.

BORST, U. (2012). Von psychischen Krisen und Krankheiten, Resilienz und "Sollbruchstellen". In: WELTER-ENDERLIN, R. & HILDENBRAND, B. (orgs.). *Resilienz* – Gedeihen trotz widriger Umstände. Heidelberg: Carl Auer.

WERNER, E. (1992). The Children of Kauai: Resiliency and recovery in adolescence and adulthood. *Journal of Adolescent Health*, vol. 13, p. 262.

WUSTMANN, C. (2005). Die Blickrichtung der neueren Resilienzforschung: Wie Kinder Lebensbelastungen bewältigen. *Zeitschrift für Pädagogik*, 2, p. 192.

2 Uma pessoa forte costuma conhecer bem a si mesma

BERNDT, C. (2011). Von der Melancholie der Insekten – Was Psychiater von Fruchtfliegen und Hamstern über Erkrankungen der menschlichen Seele lernen können. *Süddeutsche Zeitung*, 16/02.

EISENSTEIN, E.M. & CARLSON, A.D. (1997). A comparative approach to the behavior called "learned helblessness". *Behavioral Brain Research*, vol. 86, p. 149.

SELIGMAN, M.E. & MAIER, S.F. (1967). Failure to escape traumatic shock. *Journal of Experimental Psychology*, vol. 74, p. 1.

WASSELL, S. (2008). *The early years* – Assessing and promoting resilience in vulnerable children 1. Londres: Jessica Kingsley.

3 O que fortalece e o que enfraquece

LÖSEL, F. & FARRINGTON, D. (2012). Direct protective and buffering protective factors in the development of youth violence. *American Journal of Preventive Medicine*, vol. 43, p. 8.

4 A falácia da felicidade constante: resiliência e saúde

BOWLER, R.M.; HARRIS, M.; LI, J.; GOCHEVA, V.; STELLMAN, S.D.; WILSON, K.; ALPER, H.; SCHWARZER, R. & CONE, J.E. (s.d.). Longitudinal mental health impact among police responders to the 9/11 terrorist attack. *American Journal of Industrial Medicine*, vol. 55, p. 297.

GARMEZY, N. (1991). Resilience in children's adaption to negative life events and stressed environments. *Pediatric Annals*, vol. 29, p. 459.

MANCINI, A.D. & BONANNO, G.A. (2010). Resilience to potential trauma: toward a lifespan approach. In: REICH, J.; ZAUTRA, A.J. & HALL, J.S. (orgs.) (2010). *Handbook of adult resilience.* Nova York: Guilford Press.

SCHRÖDER, K.; SCHWARZER, R. & KONERTZ, W. (1998). Coping as a mediatior in recovery for cardiac surgery. *Psychology and Health*, vol. 13, p. 83.

STRAUSS, B.; BRIX, C.; FISCHER, S.; LEPPERT, K.; FÜLLER, J.; RÖHRIG, B.; SCHLEUSSNER, C. & WENDT, T.G. (2007). The influence of resilience on fatigue in cancer patients undergoing radiation therapy (RT). *Journal of Cancer Research and Clinical Oncology*, vol. 133, p. 511.

WALSH, F. (1998). The resilience of the field of family therapy. *Journal of Marital and Family Therapy*, vol. 24, p. 269.

WELTER-ENDERLIN, R. & HILDENBRAND, B. (orgs.) (2012). *Resilienz* – Gedeihen trotz widriger Umstände. Heidelberg: Carl Auer.

[5 Uma pessoa resiliente se recupera melhor de experiências negativas]

6 É permitido reprimir

BONANNO, G.A.; BREWIN, C.R.; KANIASTY, K. & LA GRECA, A.M. (2010). Weighing the costs of disaster: Consequences, risks, and resilience in individuals, families, and communities. *Psychological Science in the Public Interest*, vol. 11, p. 1.

GARSSEN, B. (2007). Repression: Finding our way in the maze of concepts. *Journal of Behavioral Medicine*, vol. 30, p. 471.

MUND, M. & MITTE, K. (2012). The costs of repression: A meta-analysis on the relation between repressive coping and somatic diseases. *Health Psychology*, vol. 31, p. 640.

SHAROT, T.; KORN, C.W. & DOLAN, R.J. (2011). How unrealistic optimism is maintained in the face of reality. *Nature Neuroscience*, vol. 14, p. 1.475.

WEBER, C. (2012). Der Körper schlägt zurück. Seit Sigmund Freud erstmals über Verdrängung geschrieben hat, streiten Forscher über diesen Begriff. Eine Studie zeigt nun, dass unterdrückte Gefühle mit Krankheiten zumindest zusammenhängen. *Süddeutsche Zeitung*, 30/11.

7 Crescer com a calamidade

FRANKL, V.E. (2005). *Der Wille zum Sinn*. Berna: Hans Huber.

FREDRICKSON, B.L.; TUGADE, M.M.; WAUGH, C.E. & LARKIN, G.R. (2003). What good are positive emotions in crises? A prospective study of resilience and emotions following the terrorist attacks on the United States on September 11th, 2001. *Journal of Personality and Social Psychology*, vol. 84, p. 365.

HOLLAND, J.C. & LEWIS, S. (2001). *The human side of cancer:* living with hope, coping with uncertainty. Nova York: Harper Perennial.

McFARLAND, C. & ALVARO, C. (2000). The impact of motivation on temporal comparisons: Coping with traumatic events by perceiving personal growth. *Journal of Personality and Social Psychology*, vol. 79, p. 327.

NIETZSCHE, F. (2005). *Ecce homo* – Wie man wird, was man ist. Munique: Deutscher Taschenbuch.

PAULSEN, S. (2009). Wenn das Leben ins Wanken gerät. *GEO Wissen*, 01/06.

SMITH, S.G. & COOK, S. (2004). Are reports of PTG positively biased? *Journal of Trauma and Stress*, vol. 12, p. 353.

TEDESCHI, R.G. & CALHOUN, L.G. (1996). The posttraumatic growth inventory: Measuring the positive legacy of trauma. *Journal of Traumatic Stress*, vol. 9, p. 455.

TEDESCHI, R.G.; PARK, C.L. & CALHOUN, L.G. (orgs.) (1998). *Posttraumatic growth*: positive changes in the aftermath of crisis. Nova York: Psychology Press.

WORTMAN, C.B. (2004). Posttraumatic growth: progress and problems. *Psychological Inquiry*, vol. 15, p. 81.

ZOELLNER, T. & MAERCKER, A. (2006). Posttraumatic growth in clinical psychology – a critical review and introduction of a two component model. *Clinical Psychology Review*, vol. 26, p. 626.

ZOELLNER, T.; RABE, S.; KARL, A. & MAERCKER, A. (2008). Posttraumatic growth in accident survivors: openness and optimism as predictors of its constructive or illusory sides. *Journal of Clinical Psychology*, vol. 64, p. 245.

8 Quem é o sexo forte?

HOLTMANN, M. & LAUCHT, M. (2007). Biologische Aspekte der Resilienz. In: OPP, G. & FINGERLE, M. (orgs.). *Was Kinder stärkt* – Erziehung zwischen Risiko und Resilienz. Munique: Ernst-Reinhardt-Verlag.

ITTEL, A. & SCHEITHAUER, H. (2008). Geschlecht als "Stärke" oder "Risiko"? – Überlegungen zur geschlechterspezifischen Resilienz. In: OPP, G. & FINGERLE, M. (orgs.). *Was Kinder stärkt* – Erziehung zwischen Risiko und Resilienz. Munique: Ernst-Reinhardt-Verlag.

9 Autoexame – Qual é a minha resiliência?

HILDENBRAND, B. (2012). Resilienz, Krise und Krisenbewältigung. In: WELTER-ENDERLIN, R. & HILDENBRAND, B. (orgs.). *Resilienz* – Gedeihen trotz widriger Umstände. Heidelberg: Carl Auer.

LEPPERT, K.; KOCH, B.; BRÄHLER, E. & STRAUSS, B. (2008). Die Resilienzskala (RS) – Überprüfung der Langform RS-25 und einer Kurzform RS-13. *Klinische Diagnostik und Evaluation*, vol. 2, p. 226ss.

SCHUMACHER, J.; LEPPERT, K.; GUNZELMANN, T.; STRAUSS, B. & BRÄHLER, E. (2005). Die Resilienzskala: Ein

Fragebogen zur Erfassung der psychischen Widerstandsfähigkeit als Personmerkmal. *Zeitschrif für Klinische Psychologie, Psychiatrie und Psychotherapie*, vol. 53, p. 16.

III – Os fatos concretos sobre as pessoas fortes – De onde vem a força de resistência?

1 Como o mundo de vivência modela a vida de uma pessoa (ambiente social)

ALS, H.; LAWHON, G.; DUFFY, F.H.; McANULTY, G.B.; GIBES-GROSSMAN, R. & BLICKMAN, J.G. (1994). Individualized developmental care for the very low-birth-weight preterm infant. Medical and neurofunctional effects. *Journal of the American Medical Association*, vol. 272, p. 853.

BORGE, A.I.H.; RUTTER, M.; CÔTÉ, S. & TREMBLAY, R.E. (2004). Early childcare and physical aggression: Differentiating social selection and social causation. *Journal of Child Psychology and Psychiatry*, vol. 45, p. 367.

BRENNAN, P.A.; RAINE, A.; SCHULSINGER, F.; KIERKEGAARD-SORENSEN, L.; KNOP, J.; HUTCHINGS, B.; ROSENBERG, R. & MEDNICK, S.A. (1997). Psychophysiological protective factors for male subjects at high risk for criminal behavior. *American Journal of Psychiatry*, vol. 154, p. 853.

HARLOW, H.F. (1959). Love in infant monkeys. *Scientific American*, vol. 200, p. 68.

HARLOW, H.F.; DODSWORTH, R.O. & HARLOW, M.K. (1965). Total social isolation in monkeys. *Proceedings of the National Academy of Sciences of the USA*, vol. 54, p. 91.

LAUCHT, M.; ESSER, G. & SCHMIDT, M.H. (2001). Differential development of infants at risk for psychopathology: The moderating role of early maternal responsivity. *Developmental Medicine and Child Neurology*, vol. 43, p. 292.

NELSON, C.A.; ZEANAH, C.H.; FOX, N.A.; MARSHALL, P.J.; SMYKE, A.T. & GUTHRIE, D. (2007). Cognitive recovery in socially deprived young children: the Bucharest early intervention project. *Science*, vol. 318, p. 1.937.

RAINE, A.; VENABLES, P.H. & WILLIAMS, M. (1995). High autonomic arousal and electrodermal orienting at age 15 years as protective factors against criminal behavior at age 29 years. *American Journal of Psychiatry*, vol. 152, p. 1.595.

RAINE, A.; LIU, J.; VENABLES, P.H.; MEDNICK, S.A. & DALAIS, C. (2010). *Cohort profile*: the Mauritius child health project, vol. 39, p. 1.441.

SHIRTCLIFF, E.A.; COE, C.L. & POLLAK, S.D. (2009). Early childhood stress is associated with elevated antibody levels to herpes simplex virus type 1. *Proceedings of the National Academy of Sciences of the USA*, vol. 106, p. 2.963.

2 O que acontece no cérebro (neurobiologia)

CANLI, T. & LESCH, K.P. (2007). Long story short: The serotonin transporter in emotion regulation and social cognition. *Nature Neuroscience*, vol. 10, p. 1.103.

DAVIDSON, R.J. & FOX, N.A. (1982). Asymmetrical brain activity discriminates between positive and negative affective stimuli in human infants. *Science*, vol. 218, p. 1.235.

GILBERTSON, M.W.; SHENTON, M.E.; CISZEWSKI, A.; KASAI, K.; LASKO, N.B.; ORR, S.P. & PITMAN, R.K. (2002). Smaller hippocampal volume predicts pathologic vulnerability to psychological trauma. *Nature Neuroscience*, vol. 5, p. 1.242.

VON DEM HAGEN, E.A.H.; PASSAMONTI, L.; NUTLAND, S.; SAMBROOK, J. & CALDERA, A.J. (2011). The serotonin transporter gene polymorphism and the effect of baseline on amygdala response to emotional faces. *Neuropsychologica*, vol. 49, p. 674.

HEIM, C.; NEWPORT, D.J.; HEIT, S.; GRAHAM, Y.P.; WILCOX, M.; BONSALL, R.; MILLER, A.H. & NEMEROFF, C.B.

(2000). Pituitary-adrenal and autonomic responses to stress in women after sexual and physical abuse in childhood. *Journal of the American Medical Association*, vol. 284, p. 592.

HELMEKE, C.; POEGGEL, G. & BRAUN, K. (2001). Differential emotional experience induces elevated spine densities on basal dendrites of pyramidal neurons in the anterior cingulate cortex of Octodon degus. *Neuroscience*, vol. 104, p. 927.

MEANEY, M.J. (2001). Maternal care, gene expression, and the transmission of individual differences in stress reactivity across generations. *Annual Review of Neuroscience*, vol. 24, p. 1.161.

MURMU, M.S.; SALOMON, S.; BIALA, Y.; WEINSTOCK, M.; BRAUN, K. & BOCK, J. (2006). Changes of spine density and dendritic complexity in the prefrontal cortex in offspring of mothers exposed to stress during pregnancy. *European Journal of Neuroscience*, vol. 24, p. 1.477.

SHAKESPEARE-FINCH, J.E.; SMITH, S.G.; GOW, K.M.; EMBLETON, G. & BAIRD, L. (2003). The prevalence of posttraumatic growth in emergency ambulance personnel. *Traumatology*, vol. 9, p. 58.

3 No que contribuem os genes (genética)

BAKERMANS-KRANENBURG, M.J.; VAN IJZENDOORN, M.H.; PIJLMAN, F.T.; MESMAN, J. & JUFFER, F. (2008). Experimental evidence for differential susceptibility: Dopamine D4 receptor polymorphism (DRD4 VNTR) moderates intervention effects on toddlers' externalizing behavior in a randomized controlled trial. *Developmental Psychology*, vol. 44, p. 293.

BELSKY, J.; BAKERMANS-KRANENBURG, M.J. & VAN IJZENDOORN, M.H. (2007). For better and for worse: Differential susceptibility to environmental influences. *Current Directions in Psychological Science*, vol. 16, p. 300.

BOUCHARD, T.J. & McGUE, M. (2003). Genetic and environmental influences on human psychological differences. *Journal of Neurobiology*, vol. 54, p. 4.

CANLI, T.; QIU, M.; OMURA, K.; CONGDON, E.; HAAS, B.W.; AMIN, Z.; HERRMANN, M.J.; CONSTABLE, R.T. & LESCH, K.P. (2006). Neural correlates of epigenesis. *Proceedings of the National Academy of Sciences of the USA*, vol. 103, p. 16.033.

CASPI, A.; McCLAY, J.; MOFFITT, T.E.; MILL, J.; MARTIN, J.; CRAIG, I.W.; TAYLOR, A. & POULTON, R. (2002). Role of genotype in the cycle of violence in maltreated children. *Science*, vol. 297, p. 851.

CASPI, A.; SUGDEN, K.; MOFFITT, T.E.; TAYLOR, A.; CRAIG, I.W.; HARRINGTON, H.; McCLAY, J.; MILL, J.; MARTIN, J.; BRAITHWAITE, A. & POULTON, R. (2003). Influence of life stress on depression: Moderation by a polymorphism in the 5-HTT gene. *Science,* vol. 301, p. 386.

KARG, K.; BURMEISTER, M.; SHEDDEN, K. & SEN, S. (2011). The serotonin transporter promoter variant (5-HTTLPR), stress, and depression meta-analysis revisited: Evidence of genetic moderation. *Archives of General Psychiatry*, vol. 68, p. 444.

KENDLER, K.S.; KUHN, J.W.; VITTUM, J.; PRESCOTT, C.A. & RILEY, B. (2005). The interaction of stressful life events and a serotonin transporter polymorphism in the prediction of episodes of major depression: a replication. *Archives of General Psychiatry*, vol. 62, p. 529.

KILPATRICK, D.G.; KOENEN, K.C.; RUGGIERO, K.J.; ACIERNO, R.; GALEA, S.; RESNICK, H.S.; ROITZSCH, J.; BOYLE, J. & GELERNTER, J. (2007). The serotonin transporter genotype and social support and moderation of posttraumatic stress disorder and depression in hurricane-exposed adults. *American Journal of Psychiatry*, vol. 164, p. 1.693.

KOENEN, K.C.; AIELLO, A.E.; BAKSHIS, E.; AMSTADTER, A.B.; RUGGIERO, K.J.; ACIERNO, R.; KILPATRICK, D.G.;

GELERNTER, J. & GALEA, S. (2009). Modification of the association between serotonin transporter genotype and risk of posttraumatic stress disorder in adults by county-level social environment. *American Journal of Epidemiology*, vol. 169, p. 704.

LESCH, K.-P.; BENGEL, D.; HEILS, A.; SABOL, S.Z.; GREENBER, B.D.; PETRI, S.; BENJAMIN, J.; MULLER, C.R.; HAMER, D.H. & MURPHY, D.L. (1996). Association of anxiety-related traits with a polymorphism in the serotonin transporter gene regulatory region. *Science*, vol. 274, p. 1.527.

MUELLER, A.; ARMBRUSTER, D.; MOSER, D.A.; CANLI, T.; LESCH, K.P.; BROCKE, B. & KIRSCHBAUM, C. (2011). Interaction of serotonin transporter gene-linked polymorphic region and stressful life events predicts cortisol stress response. *Neuropsychopharmacology*, vol. 36, p. 1.332.

MURGATROYD, C.; PATCHEV, A.V.; WU, Y.; MICALE, V.; BOCKMÜHL, Y.; FISCHER, D.; HOLSBOER, F.; WOTJAK, C.T.; ALMEIDA, O.F. & SPENGLER, D. (2009). Dynamic DNA methylation programs persistent adverse effects of early-life stress. *Nature Neuroscience*, vol. 12, p. 1.559.

OBRADOVIC, J.; BUSH, N.R.; STAMPERDAHL, J.; ADLER, N.E. & BOYCE, W.T. (2010). Biological sensitivity to context: the interactive effects of stress reactivity and family adversity on socio-emotional behavior and school readiness. *Child Development*, vol. 81, p. 270.

RADTKE, M.; RUF, M.; GUNTER, H.M.; DOHRMANN, K.; SCHAUER, M.; MEYER, A. & ELBERT, T. (2011). Transgenerational impact of intimate partner violence on methylation in the promoter of the glucocorticoid receptor. *Translational Psychiatry*, vol. 1, p. e21.

RUTTER, M. (2002). Nature, nurture, and development: From evangelism through science toward policy and practice. *Child Development*, vol. 73, p. 1.

RYTINA, S. & MARSCHALL, J. (2010). Gegen Stress geimpft. *Gehirn und Geist*, vol. 3, p. 51.

4 Como os pais transmitem involuntariamente suas próprias experiências para os filhos (epigenética)

BARRÈS, R.; YAN, J.; EGAN, B.; TREEBAK, J.T.; RASMUS-SEN, M.; FRITZ, T.; CAIDAHL, K.; KROOK, A.; O'GOR-MAN, D.J. & ZIERATH, J.R. (2012). Acute exercise remodels promoter methylation in human skeletal muscle. *Cell Metabolism*, vol. 15, p. 405.

CALDJI, C.; HELLSTROM, I.C.; ZHANG, T.-Y.; DIORIO, J. & MEANEY, M. (2011). Environmental regulation of the neural epigenome. *Febs Letters*, vol. 585, p. 2.049.

CASPI, A.; WILLIAMS, B.; KIM-COHEN, J.; CRAIG, I.W.; MILNE, B.J.; POULTON, R.; SCHALKWYK, L.C.; TAYLOR, A.; WERTS, H. & MOFFITT, T.E. (2007). Moderation of breast-feeding effects on the IQ by genetic variation in fatty acid metabo-lism. *Proceedings of the National Academy of Sciences of the USA*, vol. 104, p. 18.860.

FRAGA, M.F.; BALLESTAR, E.; PAZ, M.F.; ROPERO, S.; SE-TIEN, F.; BALLESTAR, M.L.; HEINE-SUÑER, D.; CIGU-DOSA, J.C.; URIOSTE, M.; BENITEZ, J.; BOIX-CHORNET, M.; SANCHEZ-AGUILERA, A.; LING, C.; CARLSSON, E.; POULSEN, P.; VAAG, A.; STEPHAN, Z.; SPECTOR, T.D.; WU, Y.Z.; PLASS, C. & ESTELLER, M. (2005). Epigenetic differences arise during the lifetime of monozygotic twins. *Proceedings of the National Academy of Sciences of the USA*, vol. 26, p. 10.604.

GORDON, L.; JOO, J.E.; POWELL, J.E.; OLLIKAINEN, M.; NOVAKOVIC, B.; LI, X.; ANDRONIKOS, R.; CRUICK-SHANK, M.N.; CONNEELY, K.N.; SMITH, A.K.; ALISCH, R.S.; MORLEY, R.; VISCHER, P.M.; CRAIG, J.M. & SAFFERY, R. (2012). Neonatal DNA methylation profile in human twins is specified by a complex interplay between intrauterine environmen-tal and genetic factors, subject to tissue-specific influence. *Genome Research*, vol. 22, p. 1.395.

KIM-COHEN, J. & GOLD, A.L. (2009). Measured gene-environment interactions and mechanisms promoting resilient development. *Current Directions in Psychological Science*, vol. 18, p. 138.

KIM-COHEN, J.; MOFFITT, T.E.; CASPI, A. & TAYLOR, A. (2004). Genetic and environmental processes in young children's resilience and vulnerability to socioeconomic deprivation. *Child Development*, vol. 75, p. 651.

KLENGEL, T.; MEHTA, D.; ANACKER, C.; REX-HAFFNER, M.; PRUESSNER, J.C.; PARIANTE, C.M.; PACE, T.W.; MERCER, K.B.; MAYBERG, H.S.; BRADLEY, B.; NEMEROFF, C.B.; HOLSBOER, F.; HEIM, C.M.; RESSLER, K.J.; REIN, T. & BINDER, E.B. (2013). Allele-specific FKBP5 Dann demethylation mediates gene-childhood trauma interactions. *Nature Neuroscience*, vol. 16, p. 33.

KOENEN, K.C.; UDDIN, M.; CHANG, S.C.; AIELLO, A.E.; WILDMAN, D.E.; GOLDMANN, E. & GALEA, S. (2011). SLC6A4 methylation modifies the effect of the number of traumatic events on risk for posttraumatic stress disorder. *Depression and Anxiety*, vol. 28, p. 639.

LABONTÉ, B.; SUDERMAN, M.; MAUSSION, G.; NAVARO, L.; YERKO, V.; MAHAR, I.; BUREAU, A.; MECHAWAR, N.; SZYF, M.; MEANEY, M.J. & TURECKI, G. (2012). Genome--wide epigenetic regulation by early-life trauma. *Archives of General Psychiatry*, vol. 69, p. 722.

McGOWAN, P.O.; SASAKI, A.; D'ALESSIO, A.C.; DYMOV, S.; LABONTÉ, B.; SZYF, M.; TURECKI, G. & MEANEY, M.J. (2009). Epigenetic regulation of the glucocorticoid receptor in human brain associates with childhood abuse. *Nature Neuroscience*, vol. 12, p. 342.

NESTLER, E.J. (2012). Stress makes its molecular mark. *Nature*, vol. 490, p. 171.

PHILLIPS, A.C.; ROSEBOOM, T.J.; CARROLL, D. & DE ROOIJ, S.R. (2012). Cardiovascular and cortisol reactions to acute psychological stress and adiposity: cross-sectional ans prospective associations in the Dutch famine birth cohort study. *Psychosomatic Medicine*, vol. 74, p. 699.

REHAN, V.K.; LIU, J.; NAEEM, E.; TIAN, J.; SAKURAI, R.; KWONG, K.; AKBARI, O. & TORDAY, J.S. (2012). Perinatal nicotine exposure induces asthma in second generation offspring. *BMC Medicine*, vol. 10, p. 129.

ROSEBOOM, T.J.; VAN DER MEULEN, J.H.; RAVELLI, A.C.; OSMOND, C.; BARKER, D.J. & BLEKER, O.P. (2001). Effects of prenatal exposure to the Dutch famine on adult disease in later life: An overview. *Molecular and Cellular Endocrionology*, vol. 10, p. 129.

SPORK, P. (2010). *Der zweite Code: Epigenetik oder* – Wie wir unser Erbgut steuern können. Reinbek: Rowohlt-Verlag.

SUN, H.; KENNEDY, P.J. & NESTLER, E.J. (2013). Epigenetics of the depressed brain: Role of histone acetylation and methylation. *Neuropsychopharmacology*, vol. 38, p. 124.

WEAVER, I.C.; CERVONI, N.; CHAMPAGNE, F.A.; D'ALESSIO, A.C.; SHARMA, S.; SECKL, J.R.; DYMOV, S.; SZYF, M. & MEANEY, M.J. (2004). Epigenetic programming by maternal behavior. *Nature Neuroscience*, vol. 7, p. 847.

YEHUDA, R.; BELL, A.; BIERER, L.M. & SCHMEIDLER, J. (2008). Maternal, not paternal, PTSD is related to increased risk for PTSD in offspring of Holocaust survivors. *Journal of Psychiatric Research*, vol. 42, p. 1.104.

IV – Como fortalecer as crianças

1 "As crianças não devem ser embrulhadas em plástico bolha"

KIM-COHEN, J. & TURKEWITZ, R. (2012). Resilience and measured gene-environment interactions. *Development and Psychopathology*, vol. 24, p. 1.297.

1.1 O princípio da resiliência invade os planos educacionais dos jardins de infância

BEELMANN, A.; JAURSCH, S. & LÖSEL, F. (2004). *Ich kann Probleme lösen:* Soziales Trainingsprogramm für Vorschulkinder. Universität Erlangen-Nürnberg, Institut für Psychologie.

GÖPPEL, R. (2007). *Lehrer, Schüler und Konflikte.* Bad Heilbrunn: Julius Klinkhardt.

KORMANN, G. (2007). Resilienz – Was Kinder stärkt und in ihrer Entwicklung unterstützt. In: PLIENINGER, M. & SCHUMACHER, E. (orgs.). *Auf den Anfang kommt es an* – Bildung und Erziehung im Kindergarten und im Übergang zur Grundschule. *Gmünder Hochschulreihe*, n. 27, p. 37.

LÖSEL, F. & BENDER, D. Von generellen Schutzfaktoren zu spezifischen protektiven Prozessen: Konzeptuelle Grundlagen und Ergebnisse der Resilienzforschung. In: OPP, G. & FINGERLE, M. (orgs.) (2007). *Was Kinder stärkt. Erziehung zwischen Risiko und Resilienz.* Munique: Ernst-Reinhardt-Verlag.

LÖSEL, F.; BEELMANN, A.; STEMMLER, M. & JAURSCH, S. (2006). Prävention von Problemen des Sozialverhaltens im Vorschulalter: Evaluation des Eltern- und Kindertrainings Effekt. *Zeitschrift für Klinische Psychologie und Psychotherapie*, vol. 35, p. 127.

LÖSEL, F.; HACKER, S.; JAURSCH, S.; RUNKEL, D.; STEMMLER, M. & EICHMANN, A. (2006). *Training im Problemlösen (TIP). Sozial-kognitives Kompetenztraining für Grundschulkinder.* Universität Erlangen-Nürnberg, Institut für Psychologie.

MAYR, T. & ULICH, M. (2006). Basiskompetenzen von Kindern begleiten und unterstützen – der Beobachtungsbogen Perik. *Kindergarten Heute*, 6/7, p. 26.

OPP, G. & FINGERLE, M. (orgs.) (2007). *Was Kinder stärkt* – Erziehung zwischen Risiko und Resilienz. Munique: Ernst-Reinhardt-Verlag.

OPP, G. & TEICHMANN, J. (orgs.) (2008). *Positive Peerkultur:* Best Practices in Deutschland. Bad Heilbrunn: Julius Klinkhardt.

SCHICK, A. & CIERPKA, M. (2010). Förderung sozial-emotionaler Kompetenzen mit Faustlos: Konzeption und Evaluation der Faustlos-Curricula. *Bildung und Erziehung*, vol. 63, p. 277.

2 Qual a presença que a mãe precisa ter na vida da criança?

ADI-JAPHA, E. & KLEIN, P.S. (2009). Relations between parenting quality and cognitive performance of children experiencing varying amounts of childcare. *Child Development*, vol. 80, p. 893.

AHNERT, L. (2010). *Wieviel Mutter braucht ein Kind?* – Bindung - Bildung - Betreuung. Heidelberg: Spektrum Akademischer.

AHNERT, L.; RICKERT, H. & LAMB, M.E. (2000). Shared caregiving: Comparison between home and child care. *Developmental Psychology*, vol. 36, p. 339.

BERNDT, C. (2008). Der gebildete Säugling – Nie wieder lernen Menschen so viel wie in den ersten Jahren ihres Lebens. Kinder früh zu fördern, bringt der Gesellschaft mehr Gewinn als jede Eliteuniversität. *SZ Wissen*, 10/05.

BREDOW, R. (2010). "Mütter, entspannt euch!" – Die Entwicklungspsychologin Lieselotte Ahnert über emotionale Bedürfnisse von Kleinkindern, Anforderungen an die Eltern und die Fremdbetreuung bei Naturvölkern. *Der Spiegel*, 08/03.

CAMPBELL, F.A.; RAMEY, C.T.; PUNGELLO, E.P.; SPARLING, J. & MILLER-JOHNSON, S. (2002). Early childhood education: young adult outcomes from the Abecedarian project. *Applied Developmental Science*, vol. 6, p. 42.

FRITSCHI, T. & OESCH, T. (2008). Volkswirtschaftlicher Nutzen von frühkindlicher Bildung in Deutschland – Eine ökonomische Bewertung langfristiger Bildungseffekte bei Krippenkindern. *Bertelsmann Stiftung*. Bielefeld.

HECKMAN, J.; MOON, S.H.; PINTO, R.; SAVELYEV, P. & YAVITZ, A. (2010). Analyzing social experiments as implemented: a reexamination of the evidence from the HighScope Perry Preschool Program. Forschungsinstitut zur Zukunft der Arbeit (IZA). *DP*, n. 5.095.

HUSTON, A.C. & ROSENKRANTZ, A.S. (2005). Mothers' time with infant and time in employment as predictors of motherchild relationships and children's early development. *Child Development*, vol. 76, p. 467.

JAURSCH, S. & LÖSEL, F. (2011). Mütterliche Berufstätigkeit und kindliches Sozialverhalten. *Kindheit und Entwicklung*, vol. 20, p. 164.

LUCAS-THOMPSON, R.G.; GOLDBERG, W.A. & PRAUSE, J.A. (2010). Maternal work early in the lives of children and its distal associations with achievement and behavior problems: A metaanalysis. *Psychological Bulletin*, vol. 136, p. 915.

NICHD/Early Child Care Research Network (1997). The effects of infant child care on infant-mother attachment security: Results of the Nichd study of early child care. *Child Development*, vol. 68, p. 860.

NICHD/Early Child Care Research Network (2000). The relation of child care to cognitive and language development. *Child Development*, vol. 71, p. 960.

NICHD/Early Child Care Research Network (2001). Nonmaternal care and family factors in early development: An overview of the Nichd Study of Early Child Care. *Applied Developmental Psychology*, vol. 22, p. 457.

NICHD/Early Child Care Research Network (2003). Does amount fo time spent in child care predict socioemotional adjustment during the transition to kindergarten? *Child Development*, vol. 74, p. 976.

NICHD/Early Child Care Research Network (2005). Duration and developmental timing of poverty and children's cognitive and social development from birth through third grade. *Child Development*, vol. 76, p. 795.

RAMEY, C.T.; CAMPBELL, F.A.; BURCHINAL, M.; SKINNER, M.L.; GARDNER, D.M. & RAMEY, S.L. (2000). Persistent effects of early intervention on high-risk children and their mothers. *Applied Developmental Science*, vol. 4, p. 2.

SCHERL, H. (2007). Für viele Kinder wäre es ein Segen, wenn sie betreut würden. *Die Zeit*, 14/06.

SCHEUER, J. & DITTMAN, A. (2007). Berufstätigkeit von Müttern bleibt kontrovers. Einstellungen zur Vereinbarkeit von Beruf und Familie in Deutschland und Europa. *Informationsdienst Soziale Indikatoren*, vol. 38, p. 1.

V – Lições para o dia a dia

1 As pessoas podem mudar

COSTA, P.T. & McCRAE, R.R. (2006). Age changes in personality and their origins: comment on Roberts, Walton, and Viechtbauer. *Psychological Bulletin*, vol. 132, p. 26.

DRAGANSKI, B.; GASER, C.; KEMPERMANN, G.; KUHN, H.G.; WINKLER, J.; BÜCHEL, C. & MAY, A. (2006). Temporal and spatial dynamics of brain structure changes during extensive learning. *The Journal of Neuroscience*, vol. 26, p. 6.314.

RAKIC, P. (2002). Neurogenesis in adult primate neocortex: An evaluation of the evidence. *Nature Reviews Neuroscience*, vol. 3, p. 65.

RAMSDEN, S.; RICHARDSON, F.M.; JOSSE, G.; THOMAS, M.S.; ELLIS, C.; SHAKESHAFT, C.; SEGHIER, M.L. & PRICE, C.J. (2011). Verbal and non-verbal intelligence changes in the teenage brain. *Nature*, vol. 479, p. 113.

ROBERTS, B.W. & DelVECCHIO, W.F. (2000). The rank-order consistency of personality traits from childhood to old age: A quantitative review of longitudinal studies. *Psychological Bulletin*, vol. 126, p. 3.

SRIVASTAVA, S.; JOHN, O.P.; GOSLING, S.D. & POTTER, J. (2003). Development of personality in early and middle adulthood: Set like plaster or persistent change? *Journal of Personality and Social Psychology*, vol. 84, p. 1.041.

Os *Big Five*

BORKENAU, P. & OSTENDORF, F. (2008). *NEO-Fünf-Faktoren-Inventar nach Costa und McCrae (NEO-FFI)*. 2. ed. Göttingen: Hogrefe.

COSTA, P.T. & McCRAE, R.R. (1992). Revised NEO Personality Inventory (NEO-PI-R) and NEO Five-Factor Inventory (NEO-FFI) manual. *Psychological Assessment Resources*. Odessa, Flór.

2 A resiliência costuma se desenvolver cedo – Como podemos adquiri-la na idade adulta

AMERICAN PSYCHOLOGICAL ASSOCIATION (2002). *The Road to Resilience* [Disponível em http://www.apa.org/helpcenter/road-resilience.aspx]. • Este material foi originalmente publicado em inglês sob os títulos *Ten Ways to build resilience* e *Staying flexible*. Direitos autorais 2002: American Psychological Association. Traduzido e adaptado com autorização. A American Psychological Association não é responsável pela precisão dessa tradução. Essa tradução não pode ser reproduzida ou distribuída sem permissão escrita e prévia da APA.

ASENDORPF, J.B. & VAN AKEN, M.A. (1999). Resilient, overcontrolled, and undercontrolled personality prototypes in childhood: Replicability, predictive power, and the trait-type-issue. *Journal of Personality and Social Psychology*, vol. 77, p. 815.

BONANNO, G.A.; MANCINI, A.D.; HORTON, J.L.; POWELL, T.M.; LEARDMANN, C.A.; BOYKO, E.J.; WELLS, T.S.; HOOPER, T.I.; GACKSTETTER, G.D. & SMITH, T.C. (2012). Trajectories of trauma symptoms and resilience in deployed U.S.

military service members: prospective cohort study. *British Journal of Psychiatry*, vol. 200, p. 317.

CHALLEN, A.; NODEN, P.; WEST, A. & MACHIN, S. (2009). UK Resilience Programme Evaluation Interim Report. *Department for Children, Schools and Families Research Report* (DCSF-RR), n. 094.

CORNUM, R.; MATTHEWS, M.D. & SELIGMAN, M.E. (2011). Comprehensive soldier fitness: Building resilience in a challenging institutional context. *The American Psychologist*, vol. 66, p. 4.

EIDELSON, R. & SOLDZ, S. (2012). Does comprehensive soldier fitness work? – CSF research fails the test. *Coalition for an Ethical Psychology*, working paper, n. 1, mai.

EIDELSON, R.; PILISUK, M. & SOLDZ, S. (2011). The dark side of comprehensive soldier fitness. *American Psychologist*, vol. 66, p. 643.

GANDER, F.; PROYER, R.T.; RUCH, W. & WYSS, T. (2012). Strength-based positive interventions: Further evidence on their potential for enhancing well-being and alleviating depression. *Journal of Happiness Studies*.

GILLHAM, J.E.; JAYCOX, L.H.; REIVICH, K.J.; SELIGMAN, M.E.P. & SILVER, T. (1990). The Penn Resiliency Program. Manuscrito. Filadélfia, Pens.: University of Pennsylvania [inédito].

GILLHAM, J.E.; REIVICH, K.J.; BRUNWASSER, S.M.; FRERES, D.R.; CHAJON, N.D.; KASH-MACDONALD, V.M.; CHAPLIN, T.M.; AVENAVOLI, R.M.; MATLIN, S.L.; GALLOP, R.J. & SELIGMAN, M.E. (2012). Evaluation of a group cognitive-behavioral depression prevention program for young adolescents: a randomized effectiveness trial. *Journal of Clinical Child and Adolescent Psychology*, vol. 41, p. 621.

GILLHAM, J.E.; REIVICH, K.J.; FRERES, D.R.; CHAPLIN, T.M.; SHATTÉ, A.J.; SAMUELS, B.; ELKON, A.G.; LITZINGER, S.; LASCHER, M.; GALLOP, R. & SELIGMAN, M.E. (2007). School-based prevention of depressive symptoms: A randomized controlled study of the effectiveness and specificity of the Penn Resilience Program. *Journal of Consulting and Clinical Psychology*, vol. 75, p. 9.

HIROTO, D.S. & SELIGMAN, M.E.P. (1975). Generality of learned helplessness in man. *Journal of Personality and Social Psychology*, vol. 31, p. 311.

LESTER, P.B.; HARMS, P.D.; HERIAN, M.N.; KRASIKOVA, D.V. & BEAL, S.J. (2011). The comprehensive soldier fitness program evaluation, Report #3: Longitudinal analysis of the impact of master resilience. *Training on Self-Reported Resilience and Psychological Health Data.*

McNALLY, R.J. (2012). Are we winning the war against posttraumatic stress disorder? *Science*, vol. 336, p. 872.

PROYER, R.T.; RUCH, W. & BUSCHOR, C. (2012). Testing strengths-based interventions: A preliminary study on the effectiveness of a program targeting curiosity, gratitude, hope, humor and zest for enhancing life satisfaction. *Journal of Happiness Studies.*

REIVICH, K.J.; SELIGMAN, M.E.P. & McBRIDE, S. (2011). Master resilience training in the U.S. Army. *American Psychologist*, vol. 66, p. 25.

RENDON, J. (2012). Post-traumatic stress's surprisingly positive flip side. *New York Times*, 22/03.

RUCH, W. & PROYER, R.T. (2011). Positive Interventionen: Stärkenorientierte Ansätze. In: FRANK, R. (org.). *Therapieziel Wohlbefinden*. 2. ed. Berlim/Heidelberg: Springer-Verlag.

SELIGMAN, M.E. (2012). *Flourish* – Wie Menschen aufblühen: Die Positive Psychologie des gelingenden Lebens. Munique: Kösel-Verlag.

SELIGMAN, M.E.; STEEN, T.A.; PARK, N. & PETERSON, C. (2005). Positive psychology progress: emprical validation of interventions. *American Psychologist*, vol. 60, p. 410.

3 Vacinado contra o estresse

GUNNAR, M.R.; FRENN, K.; WEWERKA, S.S. & VAN RYZIN, M.J. (2009). Moderate versus severe early life stress: Associations with stress reactivity and regulation in 10-12-year-old children. *Psychoneuroendocrinology*, vol. 34, p. 62.

LEPPERT, K. & STRAUSS, B. (2011). Die Rolle von Resilienz für die Bewältigung von Belastungen im Kontext von Altersübergängen. *Zeitschrift für Gerontologie und Geriatrie*, vol. 44, p. 313.

LEPPERT, K.; GUNZELMANN, T.; SCHUMACHER, J.; STRAUSS, B. & BRÄHLER, E. (2005). Resilienz als protektives Persönlichkeitsmerkmal im Alter. *Psychotherapie, Psychosomatik, Medizinische Psychologie*, vol. 55, p. 365.

MORTIMER, J. & STAFF, J. (2004). Early work as a source of developmental discontinuity during the transition to adulthood. *Development and Psychopathology*, vol. 16, p. 1.047.

PARKER, K.J.; BUCKMASTER, C.L.; SCHATZBERG, A.F. & LYONS, D.M. (2004). Prospective investigation of stress inoculation in young monkeys. *Archives of General Psychiatry*, vol. 61, p. 933.

RICHTER, D. & KUNZELMANN, U. (2011). Age differences in three facets of empathy: Performance-based evidence. *Psychology and Aging*, vol. 26, p. 60.

SEERY, M.D.; HOLMAN, E.A. & SILVER, R.C. (2010). Whatever does not kill us: cumulative lifetime adversity, vulnerability, and resilience. *Journal of Personality and Social Psychology*, vol. 99, p. 1.025.

STAUDINGER, U.M. & BALTES, P.B. (1996). Weisheit als Gegenstand psychologischer Forschung. *Psychologische Rundschau*, vol. 47, p. 1.

STAUDINGER, U.M. & GREVE, W. (2007). Resilienz im Alter aus der Sicht der Lebensspannen-Psychologie. In: OPP, G. & FINGERLE, M. (orgs.). *Was Kinder stärkt* – Erziehung zwischen Risiko und Resilienz. Munique: Ernst-Reinhardt-Verlag.

WEISS, A.; KING, J.E.; INOUE-MURAYAMA, M.; MATSUZA-WA, T. & OSWALD, A.J. (2012). Evidence for a midlife crises in great apes consistent with the U-shape in human well-being. *Proceedings of the National Academy of Sciences of the USA*, vol. 109, p. 19.949.

4 Como preservar a força

American Psychological Association: Road to resilience, staying flexible, Internet Psychology Help Center [Disponível em http://www.apa.org/helpcenter/road-resilience.aspx].

HEEP, U. (2012). Trauma und Resilienz – Nicht jedes Trauma traumatisiert. In: WELTER-ENDERLIN, R. & HILDENBRAND, B. (orgs.) (2012). *Resilienz* – Gedeihen trotz widriger Umstände. Heidelberg: Carl Auer.

SCHNYDER, U.; MOERGELI, H.; KLAGHOFER, R.; SENSKY, T. & BUCHI, S. (2003). Does patient cognition predict time off from work after life-threatening accidents? *American Journal of Psychiatry*, vol. 160, p. 2.025.

5 "Eu estou tão estressado!" – A contribuição própria para a vulnerabilidade

KALUZA, G. (2011). *Stressbewältigung:* Trainingsmanual zur psychologischen Gesundheitsförderung. 2. ed. Heidelberg: Springer-Verlag.

KALUZA, G. (2012). *Gelassen und sicher im Stress: Das Stresskompetenzbuch* – Stress erkennen, verstehen, bewältigen. 4. ed. rev. Heidelberg: Springer-Verlag.

O que é realmente estressante?

HOLMES, T.H. & RAHE, R.H. (1967). The social adjustment rating scale. *Journal of Psychosomatic Research*, vol. 11, p. 213.

6 Pequeno treinamento em atenção plena

KABAT-ZINN, J. (2011). *Gesundheit durch Meditation*: Das grosse Buch der Selbstheilung. Munique: Knaur Verlag.

7 Instruções para o relaxamento

MERTON, R.K. (1949). *Social theory and social structure*. Nova York: Free Press.

PASCAL, B. (1840). *Gedanken über die Religion und einige andere Gegenstände*. Berlim: Wilhelm Besser.

SCHNEIDER, M. (2006). *Teflon, Post-it und Viagra* – Grosse Entdeckungen durch kleine Zufälle. Weinheim: Wiley-VCH.

SCHWENKE, P. (2008). Niemand ist frei: Ein Gespräch mit dem Gehirnforscher Gerhard Roth über schwierige Entscheidungen, den freien Willen und warum Menschen ihr Verhalten nur schwer ändern können. *Zeit Campus*, 11/04.

SONNENTAG, S. (2012). Psychological detachment from work during leisure time: the benefits of mentally disengaging from work. *Current Directions in Psychological Science*, vol. 21, p. 114.

STICKGOLD, R.; SCOTT, L.; RITTENHOUSE, C. & HOBSON, J.A. (1999). Sleep-induced changes in associative memory. *Journal of Cognitive Neuroscience*, vol. 11, p. 182.

4
Índice de abreviações e siglas

5-HTT – O transportador de serotonina ou transportador de 5-hidroxitriptamina viabiliza o transporte do mensageiro serotonina no cérebro. Serotonina é chamada também de hormônio da felicidade.

ALS2 – Esse gene contém o plano de produção para a proteína alsina. Esta exerce um papel, por exemplo, na esclerose lateral amiotrófica, uma doença que destrói as células nervosas responsáveis pelo movimento muscular. O gene parece ser responsável também pela mutabilidade do cérebro.

APA – American Psychological Association (= Associação Psicológica Norte-Americana).

BDNF – Esse fator de crescimento dos nervos (ingl. Brain-Derived Neurotrophic Factor) incentiva o crescimento de novas células nervosas e protege células nervosas existentes.

CHRM2 – Algumas variações desse gene para o receptor muscarínico (Cholinergic Receptor, muscarinic 2) parecem ser relevantes para lembranças e a memória. Alguns distúrbios neuropsiquiátricos apresentam uma falta de CHRM2. Além disso, algumas variantes do gene parecem aumentar o risco de agressões, violações de regras e alcoolismo em famílias difíceis.

CRHR-1 – Corticotropin-releasing Hormone Receptor-1, um ponto de recuperação para hormônios.

CRP – Proteína C-reativa, um parâmetro de infecção, que aponta um risco de AVC e outras doenças cardiovasculares.

CSF – Comprehensive Soldier Fitness, um programa de treinamento.

DGPPN – Deutsche Gesellschaft für Psychiatrie und Psychotherapie, Psychosomatik und Nervenheilkunde (= Associação Alemã para Psiquiatria e Psicoterapia, Psicossomática e Neurologia).

DNA – Ácido desoxirribonucleico, a molécula que contém as informações genéticas.

DRD4 – O receptor de dopamina D4 é, no cérebro, um ponto de recuperação do mensageiro dopamina. Ele parece transmitir curiosidade; variantes de DRD4 são consideradas também uma predisposição para o Tdah.

Effekt – Entwicklungsförderung in Familien: Eltern und Kindertraining (= Incentivo de desenvolvimento em famílias: treinamento de pais e filhos). O programa desenvolvido pela Universidade de Erlangen-Nürnberg pretende ajudar no desenvolvimento de resiliência.

FK506 – Também conhecido como tracolimo é um imunossupressor natural.

FKBP5 – FK506 binding protein 5, exerce uma função na regulamentação imunológica.

fMRT – Tomografia de ressonância magnética funcional; esse procedimento permite observar processos fisiológicos em tempo real.

ICD-10 – Classificação estatística internacional das doenças e de problemas relacionados à saúde, décima edição.

IKPL – Ich kann Probleme lösen (= Eu consigo solucionar problemas). Um treinamento de fortalecimento para alunos do jardim de infância, desenvolvido pelo Instituto de Psicologia da Universidade de Erlangen-Nürnberg.

MAO-A – A enzima monoamina oxidase-A se encontra sobretudo em células nervosas e participa da redução da serotonina, o chamado hormônio da felicidade.

NEO-FFI – Inventário NEO dos cinco fatores, um teste de personalidade que é aplicado em nível internacional.

Nichd – National Institute of Child Health and Development.

OMS – Organização Mundial de Saúde.

Perik – Positive Entwicklung und Resilienz im Kindergartenalter (=Desenvolvimento positivo e resiliência na idade pré-escolar). Um questionário desenvolvido pelo Staatsinstitut für Frühpädagogik em Munique e é aplicado em jardins de infância da Bavária.

PTG – Posttraumatic Growth (ingl.) = Crescimento pós-traumático.

QI – Quociente de inteligência.

Tdah – Transtorno de *déficit* de atenção com hiperatividade, um distúrbio comportamental que pode se manifestar na infância.

Tept – Transtorno de estresse pós-traumático.

TIP – Training im Problemlösen (= Treinamento na solução de problemas). Um treinamento de fortalecimento para crianças do ensino fundamental, desenvolvido pelo Instituto de Psicologia da Universidade de Erlangen-Nürnberg.

WTCHP – World Trade Center Health Program.

5
Índice de pessoas

Ahnert, Lieselotte 163s., 167, 169
Als, Heidelise 112
Alvaro, Celeste 92
Anderssen-Reuster, Ulrike 209s., 212
Angleitner, Alois 176
Antonovsky, Aaron 97
Asendorpf, Jens 76, 79, 177, 194, 199

Bakermans-Kranenburg, Marian 132s.
Bamberger, Christoph 15
Bender, Doris 66, 155
Binder, Elisabeth 141, 145
Boehm, Julia 29
Bonanno, George 82, 88, 183, 187, 197
Borst, Ulrike 83
Bowler, Rosemarie 81
Boyce, Thomas 131s.
Braun, Anna Katharina 117s.
Brennan, Patricia 114
Bullinger, Monika 15

Calhoun, Lawrence 90s., 93, 98
Canli, Turhan 127
Caspi, Avshalom 121s., 124s.
Challen, Amy 188
Clinton, Bill 29, 59, 63
Costa, Paul 175, 178
Craig, Jeffrey 137s.

Daniel, Brigid 75
Davidson, Richard 120

DelVecchio, Wendy 177
Diamond, Jared 164
Draganski, Bogdan 177

Eid, Michael 18s., 197
Eidelson, Roy 187
Esteller, Manel 136s.

Fingerle, Michael 62, 74, 160, 197, 199
Fox, Nathan 113
Frankl, Viktor 97
Fredrickson, Barbara 98
Freud, Sigmund 84, 174
Freudenberger, Herbert 21

Galton, Sir Francis 128
Garmezy, Norman 80
Garssen, Bert 88
Gerstorf, Denis 18, 198
Gillham, Jane 187
Göppel, Rolf 160
Greve, Werner 177, 179
Grob, Alexander 167, 169

Harlow, Harry 111
Heckman, James 166
Hegerl, Ulrich 25s., 30
Heim, Christine 117
Heisenberg, Martin 70-72
Hepp, Urs 200
Hildenbrand, Bruno 107, 199
Hiroto, Donald 184
Holland, Jimmie C. 93
Holmes, Thomas 206s.
Holsboer, Florian 144
Holtmann, Martin 101, 114, 118, 127
Hosser, Daniela 56

Ittel, Angela 99-104

Jacobi, Frank 27s.
Jaenisch, Rudolf 136
Jaursch, Stefanie 162s., 168

Kabat-Zinn, Jon 209s.
Kaluza, Gert 202
Kampusch, Natascha 11, 56-58, 67
Kappauf, Herbert 86
Kendler, Kenneth 124
Kilpatrick, Dean 126
Kim-Cohen, Julia 127-130, 149, 192s.
Kirschbaum, Clemens 15
Klengel, Torsten 141
Koenen, Karestan 143
Kormann, Georg 160s., 182
Kunzmann, Ute 198

Lamb, Michael 168
Landgraf, Rainer 133
Laucht, Manfred 101, 114, 118, 127
Lederbogen, Florian 19
Leppert, Karena 64, 67, 69, 75, 83, 88, 104, 173, 181s., 201
Lesch, Klaus-Peter 122-124, 127, 133
Lester, Paul 186
Lösel, Friedrich 20, 62s., 65s., 68s., 73, 75, 77, 80, 100, 130, 149, 158s., 163, 199, 201
Lucas-Thompson, Rachel 162, 164
Luhmann, Maike 18s., 197
Lyons, David 193

Maercker, Andreas 92-96, 98
Maier, Steven 71
Maier, Wolfgang 26
May, Arne 177
Mayr, Toni 155-157
McCrae, Robert 175, 178
McFarland, Cathy 92
Meaney, Michael 116s., 120, 139s.
Merton, Robert 215

Meyer-Lindenberg, Andreas 19
Mitte, Kristin 85s.
Moffitt, Terrie 121s., 124-126
Mortimer, Jeylan 192
Mund, Marcus 85s.

Nelson, Charles 113
Nestler, Eric 139s., 144
Nietzsche, Friedrich 91

Obama, Barack 29, 73
Obradovic, Jelena 131
Olshansky, Stuart Jay 29
Ostendorf, Fritz 176

Pascal, Blaise 216
Pauen, Sabina 165, 167-169
Petermann, Franz 104
Pieper, Georg 87, 91
Pitman, Roger 120
Pollak, Seth 112
Price, Cathy 178s.

Rahe, Richard 206s.
Raine, Adrian 115
Rehan, Virender 143
Reivich, Karen 187
Richter, Horst-Eberhard 57
Roberts, Brent 177
Robinson, Gene 134
Roseboom, Tessa 142
Roth, Gerhard 215
Ruch, Willibald 189

Saffery, Richard 137
Schavan, Annette 26
Scheithauer, Herbert 99-101, 103s.
Scherl, Hermann 165
Schmidt, Stefan 209-212

Schnyder, Ulrich 200
Schumann, Monika 63, 73, 76, 156
Schwarzer, Ralf 76, 80-84, 96, 191
Seery, Mark 194
Seligman, Martin 71, 184-189
Selye, Hans 14
Sharot, Tali 87, 195
Soldz, Stephen 187
Sonnentag, Sabine 213
Spork, Peter 135
Staff, Jeremy 192
Stangl, Werner 30
Staudinger, Ursula 197s.
Stickgold, Robert 214
Szyf, Moshe 139s.

Tedeschi, Richard 90s., 93, 98
Thorn, Petra 48
Torday, John 143
Tscharnezki, Olaf 23
Turecki, Gustavo 138
Uddin, Monica 143
Ulich, Michaela 155, 157

Van Ryzin, Mark 194

Walsh, Froma 80
Weiss, Alexander 196
Welter-Enderlin, Rosmarie 80, 196
Werner, Emmy 60-62, 80, 99, 124, 154, 174, 196
Wittchen, Hans-Ulrich 27
Wustmann Seiler, Corina 67, 69, 73s., 160

Yehuda, Rachel 143

Zeanah, Charles 113
Zierath, Juleen 137
Zöllner, Tanja 89, 92-98
Zulley, Jürgen 214

6
Índice temático

Abertura/postura aberta 35, 60, 64, 67, 95, 130, 157, 175, 178, 180
Aconchego/segurança 115
Administração de estresse 106, 201s.
Adoecimento
  físico 28, 84, 106
  psíquico 24, 26-28, 61, 66, 69, 84, 123, 128
Adrenalina 15, 84
Agressão, agressividade 67, 77, 100, 102s., 112, 114s., 121, 131, 151, 160, 164, 199
Álcool 60, 66, 102s., 110, 131
Alegria de viver 37, 39, 189, 197
Alimentação 26, 29, 43, 110, 115, 136, 141
Ambição 18, 41
Ambiente social 16, 29, 34, 60, 64, 66, 69, 96, 112, 130
Amígdala 19s., 127
Aposentadoria antecipada 24
Asma 85, 144
Ataques de pânico 11, 27
Atenção 63s., 111s., 151
  plena 16s., 30, 208-212
Atrofia óssea 30
Ausências no emprego 23
Autoconfiança 68, 74, 147, 151, 158, 161
Autoconsciência 11, 14, 35, 56, 61, 74, 147, 160
Autoestima 18, 74, 76s., 93, 149
Autonomia 104
Autopersuasão 17
AVC 28s., 55

Big Five 175-178, 180
Burnout 10, 14, 16, 21-25, 30, 43, 67, 128, 202, 204, 210

Câncer 83, 85s., 93, 96, 142
Capacidade de
  desempenho 13, 198, 216
  se impor 35, 67, 77
  suportar pressão 106, 129, 203
Centro de angústia 19, 112s.
Cidade grande; cf. Vida urbana
Competência
  de estresse 16, 205
  social 103, 132s., 157s.
"Comprehensive Soldier Fitness" (CSF) 183, 185s., 188
Condições de trabalho 23s.
Condutibilidade da pele 114
Córtex pré-frontal 119s.
Cortisol 19, 116s., 139-141, 143, 193s.
Crescimento pós-traumático 90, 92-98
Crianças de creches 162s., 164-168
Criatividade 18, 28, 213
Crise da meia-idade 195s.
Cultura de colegas/peers 160

Debriefing 87s.
Delírio 11
Depressão 10s., 14, 16, 19, 22, 25-30, 71s., 74, 82, 102s., 106,
  112s., 120, 123-125, 128, 131, 139-143, 163, 185, 187s.,
  192, 210
Descanso 98, 119, 203, 213
Desempenho máximo 15, 21s., 116
Desemprego 14, 18, 124, 196
Diabetes 83, 85, 142

Distúrbio
 alimentar 102, 210
 autista 100
 de angústia 19, 22, 27, 112, 140, 145
Divórcio 69, 153, 172, 179, 197
DNA 123, 134-139, 141
Doenças cardiocirculatórias 22, 85
Dores na coluna 22, 24
Drogas 14, 25, 27, 65s., 82, 103, 136, 141

Educação 16, 62, 65, 69, 78, 110s., 113, 115, 133, 147, 151, 154,
 160, 164, 174
Efeito das lentes rosadas 87
Energia 14s., 18, 37s., 40, 67
Entusiasmo 64, 175, 180
Enxaqueca 27, 123
Epigenética 110, 134s., 137-145
Epistasia 133
Equilíbrio 66, 77, 126
Escala de Estresse de Holmes e Rahe 206
Espiral de desempenho 9
Espiritualidade 68, 78, 95, 191, 199
Esportes 26, 29, 43
Esquizofrenia 19, 128
Estratégias de superação 11, 16, 25, 34s., 60, 67, 75, 95, 99, 107,
 147, 202
Estresse 13-20, 23s., 26, 28-31, 76, 100, 114-118, 120, 123, 127,
 132, 136, 138, 141, 148, 157, 161, 172, 187, 192, 202-207, 209s.
Estudo(s) de
 invulnerabilidade/resiliência de Bielefeld 66, 73, 80
 Kauai 62s., 154
 Nichd 168
 Whitehall 29
 Estupro 68, 88, 90
 Excesso de estímulos 19

Exigências 10, 13
Expectativa de
  autoeficácia 73s., 76s., 82-84, 153, 158, 191
  vida 27
Extroversão 64, 130, 175, 180

Fadiga 83
Falta de ânimo 72
Família extensa 10
Fases de descanso 18, 43
Fatores
  ambientais 10s., 60, 104, 123, 127-133, 138, 140s., 145, 172,
    176, 178, 182
  estressantes 128, 205
Filhos
  dentes-de-leão 132, 145
  de orquídeas 132, 145
Flexibilidade 28, 66s., 77, 106s., 201
Frequência cardíaca 114s.
Frustração 10, 24, 34s., 59, 67, 72, 79
Fumar 29, 136, 144

Gêmeos 120, 124, 128s., 136s.
"Gene da espiral de violência" 126s., 131
"Gene da felicidade" 125
"Gene da resiliência" 123s., 131
"Gene da tristeza" 125, 127, 131
Genes 110, 121-131, 133-140, 144, 147, 174, 176
Genética 110, 121, 125
Golpe do destino 10s., 14, 33s., 37, 45, 59s., 67, 79, 81, 92, 94s.,
  106, 124, 195
Gyrus cinguli 118

Hipocampo 120, 127, 138
"Hormônio da felicidade"; cf. Serotonina

Hormônio de estresse; cf. Cortisol
Humor 60, 68, 77, 189

Impotência adquirida 71s., 77, 184
Impulsividade 66, 77
Imunidade 80, 122
Incapacidade de trabalhar 23
Infarto 26, 28s., 142
Inteligência 35, 60, 68, 77, 113, 166, 174, 178s.
Interação entre genes e meio ambiente 127-129, 133
Invulnerabilidade 80
Ioga 16

Licença médica 10, 21, 23s., 27, 52
Luto 10, 14, 35, 37s., 51, 58, 67, 79, 82, 84, 88, 179

Mecanismo de
  defesa 85, 88
Meditação 16, 90, 210s.
Medo/angústia 19s., 47, 51s., 54, 82, 85, 87, 110, 113, 116, 122s.,
  127, 142, 152, 157, 160, 163, 180, 194
Menopausa 102
Meticulosidade 40, 180

Narcisismo 74
Neurobiologia 110, 115s.
Neuroticismo 123, 175, 178, 180
Nicotina; cf. Fumar

Otimismo 60, 68, 76, 84, 86s., 93, 98, 184s., 187, 189s.

Passatempos/*Hobbies* 13, 29, 69, 77
Pausas 23, 214s.
Persistência 74, 76s.
Pesquisa da felicidade 195

Pessoa de referência 63s., 66, 78, 155, 158
Poderes de autocura 87
Preguiça/fazer nada 13, 172, 204s., 213, 216
Pressão(ões) 9, 15-17, 68s., 75s., 116s., 127, 148, 157, 162, 172, 182, 194, 214
  alta 14, 19, 29, 84s., 123, 210
  de desempenho 21s.
Prevenção psíquica 23, 210
Prioridades 20, 91, 206
Profecia que se realiza a si mesma 76
Programa
  de prevenção de violência 158
  Effekt 158
  para fortalecer Zurique 189
Psicologia Positiva 11, 184
Psicossomática 22, 24, 27s.
Puberdade 100s., 104, 153s., 171

Qigong 16
Qualidade de vida 83
Questionário Perik 155s.
Quociente de Inteligência, QI 172s.

Raiva 51, 67
Reação, padrões de reação 15, 42, 46s., 63, 66s., 77, 82s., 85, 94, 101, 103s., 106, 112, 114, 119s., 124, 128, 132, 151, 167, 188, 194
Rede social 60, 82, 87, 126, 188s., 198
Reflexo de susto 118s.
Relacionamento 78
  cf. tb. Vínculo
Relaxamento muscular progressivo 16s.
Religiosidade 78
Repressão 84-88, 96
Represser 85s., 88s.

Resistência
à frustração 35
ao estresse 118, 124
Responsabilidade 67, 69, 74, 97, 144, 147, 150, 161, 180
Ressonância magnética 19, 36, 86, 119, 127, 177, 179
Reumatismo 84
Risco à saúde 13, 15
Road to Resilience (plano de dez passos) 189

Salutogênese 97
Satisfação 17, 20s., 29, 54, 62, 78, 92, 98, 100, 179, 194, 197,
203, 214
Saúde psíquica 14, 19
Serenidade 17, 197s.
Serotonina 122-126
Sinapse 118, 177
Sistema imunológico 41, 112
Sobrepeso 29
Sociedade de desempenho 13
Sono (distúrbio de) 24, 27, 214
Suicídio/pensamentos suicidas 82, 124, 140, 187
Superproteção 147, 149, 167

Tai Chi Chuan 16
Tdah 100, 113, 133
Tédio 13
Temperamento 64, 66, 77, 114, 130, 174, 181
Teste
de estresse 30s., 132
de personalidade 175s.
NEO-FFI 175
Timidez 76, 83, 116, 118, 122, 138, 157, 160, 173s., 180,
193, 199
Tolerância à frustração 67, 72, 77, 100
Transportador de serotonina 122-127, 131, 143

Transtorno de estresse pós-traumático (Tept) 81s., 94-96, 126, 143s., 183, 185-187, 194

Trauma 61, 68, 81, 87s., 90, 94-98, 117, 120, 126, 138-141, 144, 152, 183

Treinamento
antiestresse 16, 18, 145
autógeno 16s.

Tristeza 15, 78s., 89, 102, 123

Vacina contra o estresse 192s., 195, 201s.

Vida urbana 19

Vínculo 35, 58, 63, 153, 155, 167s., 181, 197s.

Violência 35, 59, 65s., 91, 95, 110, 112-114, 126-128, 141, 199

Visão do mundo (positiva) 68, 186

Vulnerabilidade 66, 79s., 96, 100-104, 110, 120, 123, 127, 131, 152s., 199

7

Índice geral

Sumário, 7

Introdução, 9

I – Procura-se um ser humano forte, 13
1 O estresse diário, 14
2 Quando a alma não dispõe dos recursos, 21
3 Autoteste: Qual é o nível de meu estresse?, 30
4 As pessoas e suas crises, 33
    4.1 A mãe órfã, 35
    4.2 O autoexplorador, 40
    4.3 O banido, 43
    4.4 A mulher que perdeu sua identidade, 46
    4.5 Os homens que escaparam do assassino, 48
    4.6 O paciente com deficiência grave, 53
    4.7 A refém, 56

II – O que caracteriza as pessoas resistentes no dia a dia?, 59
1 A força de resistência se apoia em várias colunas, 60
    1.1 A chave para a força é o laço, 62
    1.2 A força de resistência é também uma questão da frustração, 65
    1.3 Personalidade e ambiente social, 68
2 Uma pessoa forte costuma conhecer bem a si mesma, 70
    2.1 A fé em si mesmo fortalece, 72
3 O que fortalece e o que enfraquece, 77
4 A falácia da felicidade constante: resiliência e saúde, 78
5 Uma pessoa resiliente se recupera melhor de experiências negativas, 81
6 É permitido reprimir, 84
7 Crescer com a calamidade, 89
    7.1 Autoilusão ou crescimento real?, 93

8 Quem é o sexo forte?, 99
   8.1 As meninas têm uma competência social maior, 103
9 Autoexame – Qual é a minha resiliência?, 104
   9.1 Em que medida as seguintes declarações se aplicam a
       você?, 105
   9.2 Avaliação, 106
   9.3 Avaliação comparativa, 106

III – Os fatos concretos sobre as pessoas fortes – De onde vem a força de resistência?, 109
1 Como o mundo de vivência modela a vida de uma pessoa
  (ambiente social), 110
2 O que acontece no cérebro (neurobiologia), 115
   2.1 Sustos no cérebro, 117
   2.2 Como medir a força psíquica, 118
3 No que contribuem os genes (genética), 121
   3.1 À procura do gene da resiliência, 123
   3.2 Os genes não são o único fator, 125
   3.3 Violência como herança, 126
   3.4 Interações entre genes e meio ambiente: uma nova área de
       pesquisas, 127
   3.5 Efeitos recíprocos altamente complexos, 130
   3.6 A face dupla dos genes de resiliência: dente-de-leão e
       orquídea, 131
4 Como os pais transmitem involuntariamente suas próprias
  experiências para os filhos (epigenética), 134
   4.1 A química dos genes mudos, 135
   4.2 Um processo dinâmico, 136
   4.3 O padrão epigenético do trauma, 138
   4.4 A peça do quebra-cabeça que faltava, 141
   4.5 O meio ambiente herdado, 141
   4.6 Mudança é possível, 143

IV – Como fortalecer as crianças, 147
1 "As crianças não devem ser embrulhadas em plástico bolha", 148
   1.1 O princípio da resiliência invade os planos educacionais
       dos jardins de infância,154

1.2 Forte e esperto, 156

1.3 Ênio e Beto como mediadores, 158

1.4 Toda criança tem talentos, 160

2 Qual a presença que a mãe precisa ter na vida da criança?, 162

2.1 Os efeitos de um ambiente estimulante, 164

V – Lições para o dia a dia, 171

1 As pessoas podem mudar, 172

1.1 As cinco dimensões da personalidade, 175

2 A resiliência costuma se desenvolver cedo – Como podemos adquiri-la na idade adulta, 181

2.1 Um experimento psicológico gigantesco, 183

2.2 Como treinar as qualidades do caráter, 188

2.3 Os dez caminhos para a resiliência, 189

3 Vacinado contra o estresse, 191

3.1 "Não fujam!", 193

3.2 A curva "U" da felicidade, 195

3.3 Crises também podem nos tornar resilientes, 196

3.4 A serenidade dos mais velhos, 197

4 Como preservar a força, 198

4.1 Permaneça flexível!, 201

5 "Eu estou tão estressado!" – A contribuição própria para a vulnerabilidade, 201

5.1 O que é realmente estressante?, 206

6 Pequeno treinamento em atenção plena, 208

7 Instruções para o relaxamento, 212

Apêndice, 219

1 Agradecimentos, 221

2 Índice dos cientistas mencionados, 222

3 Índice bibliográfico, 235

4 Índice de abreviações e siglas, 261

5 Índice de pessoas, 264

6 Índice temático, 269

CULTURAL

Administração
Antropologia
Biografias
Comunicação
Dinâmicas e Jogos
Ecologia e Meio Ambiente
Educação e Pedagogia
Filosofia
História
Letras e Literatura
Obras de referência
Política
Psicologia
Saúde e Nutrição
Serviço Social e Trabalho
Sociologia

CATEQUÉTICO PASTORAL

Catequese
　Geral
　Crisma
　Primeira Eucaristia

Pastoral
　Geral
　Sacramental
　Familiar
　Social
　Ensino Religioso Escolar

TEOLÓGICO ESPIRITUAL

Biografias
Devocionários
Espiritualidade e Mística
Espiritualidade Mariana
Franciscanismo
Autoconhecimento
Liturgia
Obras de referência
Sagrada Escritura e Livros Apócrifos

Teologia
　Bíblica
　Histórica
　Prática
　Sistemática

REVISTAS

Concilium
Estudos Bíblicos
Grande Sinal
REB (Revista Eclesiástica Brasileira)

VOZES NOBILIS

Uma linha editorial especial, com importantes autores, alto valor agregado e qualidade superior.

PRODUTOS SAZONAIS

Folhinha do Sagrado Coração de Jesus
Calendário de mesa do Sagrado Coração de Jesus
Agenda do Sagrado Coração de Jesus
Almanaque Santo Antônio
Agendinha
Diário Vozes
Meditações para o dia a dia
Encontro diário com Deus
Guia Litúrgico

VOZES DE BOLSO

Obras clássicas de Ciências Humanas em formato de bolso.

CADASTRE-SE
www.vozes.com.br

EDITORA VOZES LTDA.
Rua Frei Luís, 100 – Centro – Cep 25689-900 – Petrópolis, RJ
Tel.: (24) 2233-9000 – Fax: (24) 2231-4676 – E-mail: vendas@vozes.com.br

UNIDADES NO BRASIL: Belo Horizonte, MG – Brasília, DF – Campinas, SP – Cuiabá, MT
Curitiba, PR – Fortaleza, CE – Goiânia, GO – Juiz de Fora, MG
Manaus, AM – Petrópolis, RJ – Porto Alegre, RS – Recife, PE – Rio de Janeiro, RJ
Salvador, BA – São Paulo, SP